高等院校规划教材·计算机科学与技术系列

Java面向对象程序设计

王爱国　关春喜　编著

机械工业出版社

本书是一部面向对象编程的实践教程，全书结合大量的典型实例，重点介绍了 Java 程序设计的编程技术和面向对象的编程思想。本书内容包括 Java 的基本语法、面向对象的编程思想、Java GUI 编程、Java 异常处理机制、Java 多线程编程、输入/输出、Java 网络编程、Java 数据库编程、Java 多媒体技术等。书中所选实例具有广泛的实用性和代表性，广大读者能够从中受益。

本书重点突出面向对象的编程思想和编程方法。内容精练、表达简明、实例丰富、技术全面，非常适合作为高等院校计算机专业及相关专业的教材，也可以作为培训机构相关专业的培训教材。

本书配套授课电子课件，需要的教师可登录 www.cmpedu.com 免费注册、审核通过后下载，或联系编辑索取（QQ：2399929378，电话：010-88379753）。

图书在版编目（CIP）数据

Java 面向对象程序设计 / 王爱国，关春喜编著. —北京：机械工业出版社，2014.2（2023.2 重印）

高等院校规划教材·计算机科学与技术系列

ISBN 978-7-111-45545-5

Ⅰ. ①J… Ⅱ. ①王… ②关… Ⅲ. ①JAVA 语言－程序设计－高等学校－教材 Ⅳ. ①TP312

中国版本图书馆 CIP 数据核字（2014）第 014923 号

机械工业出版社（北京市百万庄大街 22 号　邮政编码 100037）

责任编辑：郝建伟　孙文妮

责任印制：单爱军

北京虎彩文化传播有限公司印刷

2023 年 2 月第 1 版·第 4 次印刷

184mm×260mm·21.25 印张·524 千字

标准书号：ISBN 978-7-111-45545-5

定价：59.00 元

电话服务

客服电话：010-88361066

010-88379833

010-68326294

网络服务

机　工　官　网：www.cmpbook.com

机　工　官　博：weibo.com/cmp1952

金　　书　　网：www.golden-book.com

机工教育服务网：www.cmpedu.com

出 版 说 明

计算机技术在科学研究、生产制造、文化传媒、社交网络等领域的广泛应用，极大地促进了现代科学技术的发展，加速了社会发展的进程，同时带动了社会对计算机专业应用人才的需求持续升温。高等院校为顺应这一需求变化，纷纷加大了对计算机专业应用型人才的培养力度，并深入开展了教学改革研究。

为了进一步满足高等院校计算机教学的需求，机械工业出版社聘请多所高校的计算机专家、教师及教务部门针对计算机教材建设进行了充分的研讨，达成了许多共识，并由此形成了教材的体系架构与编写原则，策划开发了“高等院校规划教材”。

本套教材具有以下特点：

1）涵盖面广，包括计算机教育的多个学科领域。

2）融合高校先进教学理念，包含计算机领域的核心理论与最新应用技术。

3）符合高等院校计算机及相关专业人才培养目标及课程体系的设置，注重理论与实践相结合。

4）实现教材“立体化”建设，为主干课程配备电子教案、素材和实验实训项目等内容，并及时吸纳新兴课程和特色课程教材。

5）可作为高等院校计算机及相关专业的教材，也可作为从事信息类工作人员的参考书。

对于本套教材的组织出版工作，希望计算机教育界的专家和老师能提出宝贵的意见和建议。衷心感谢广大读者的支持与帮助！

机械工业出版社

前 言

市面上有很多“Java 程序设计”的图书或教材，它们多强调编程技术细节，而忽略了面向对象的编程思想和编程方法，从而可能造成编程实践与编程思想相脱节，编写出来的程序模块化、可重用性和扩展性较差。如果采用结构化编程方法编写 Java 程序，而忽视面向对象的编程思路，则很难为读者提供一个如何分析类、定义类的指导思想或者分析、设计案例。这样的话，读者在学习完“Java 程序设计”课程后，还是不明白面向对象的分析、设计方法，也不能把面向对象的编程思想融合到 Java 程序设计实践中去。为了解决这一难题，本书将以面向对象思想为指导，在编程实践中学习面向对象的分析方法、设计思路和编程方法。

本书强调面向对象的分析思想、设计思路和编程方法；强调如何分析类、定义类的思路和方法；强调程序的模块化、可重用性和扩展性。本书知识讲解深入浅出，文字表达通俗易懂，问题定义清晰，解题思路明确，具体特点如下：

1）强调面向对象的分析思路和设计思想。通过生动的实例阐明封装、继承、多态等概念，以典型的例子再现封装、继承、多态等概念在实例中的应用。

2）强调如何编写自定义类。学生使用系统类时觉得非常简单，然而，当他们试着定义自己的类时，却感到非常困难。因此，本书将介绍类设计思路和类定义方法。

3）内容组织。强调知识的系统性、连贯性、实用性。基本概念、编程方法由易到难逐层展开，内容表达一环扣一环，读者易学易用。

4）知识表达方法。知识表达方法采用框架到细节，即首先对知识进行概要描述，然后分解知识，简化知识，对知识进行详细描述，这样，将复杂概念、原理、方法简单化，抽象问题具体化。

5）问题定义清晰，解题思路明确。对于应用较复杂的案例，提供了分析、设计过程，使读者领悟到正确的解题的思路、解题方法，把编程理论与编程实践完美地结合在一起。

本书分为 4 篇共 17 章。第 1 篇 Java 程序设计基础（第 1～4 章），介绍了 Java 语言的特点、运行环境、Java 数据类型、控制语句和方法的定义，学习简单的 Java 语言编程。第 2 篇面向对象程序设计（第 5～8 章），介绍了类、对象和接口、字符串和数组的使用，以及如何利用类的继承和对象的多态性开发出灵活性、重用性和模块化的软件，学习和体会面向对象的设计思想、编程思想、编程风格。第 3 篇图形程序设计（第

9～11 章），介绍了 Java 图形程序设计的 API 结构，包括事件驱动程序设计、创建图形用户界面和编写 applet 程序。第 4 篇高级技术（第 12～17 章），介绍了 Java 程序设计的几个高级技术，学习如何使用这些高级技术开发综合应用程序。

本书适合 Java 初学者和进阶者阅读。书中以面向对象的编程思路为主线，以应用为目标，运用实例系统地介绍了 Java 技术的基本概念、设计技术和编程方法，整体构思科学合理，理论与应用配合紧密，文字表达通俗易懂，既可作为高等院校计算机专业及相关专业的教材，也可以作为培训机构相关专业的培训教材。

本书第 1 章由东风日产高级工程师关春喜编写，第 2～17 章由东软集团高级工程师王爱国编写。全书由王爱国统稿。本书编者过去十多年中曾在大型软件公司从事计算机系统分析、设计和实现工作，积累了丰富的编程思想和编程方法，近几年又从事了高校计算机教学工作。编者既有丰富的系统开发经验，又有丰富的教学经验，是主讲 TCP/IP、计算机网络、软件工程、UML 统一建模、设计模式和 Java 技术的一线教师。

书中实例虽然经过了多次测试，但难免会存在疏漏，恳请读者批评指正。如有好的建议或在学习中遇到疑难问题，欢迎大家发电子邮件与本书编者联系（110698818@qq.com）。本书配备了教学大纲和课件，请需要者与出版社联系。

编　者

目录

第2篇 面向对象程序设计

第 3 篇 图形程序设计

第 4 篇 高级技术

第 1 篇　Java 程序设计基础

第 1 章　Java 语言入门

本章将介绍 Java 程序的特点、运行环境、组成和开发步骤，以及 Java 程序的 3 种类型。

1.1　Java 的诞生

1995 年 Java 首次发布。1996 年 1 月 23 日 Sun Microsystems 发布了 JDK1.0，本版包括了两部分：运行环境（即 JRE）和开发环境（即 JDK）。

1998 年，JDK1.2 版发布。同时 Sun 发布了 JSP/Servlet、EJB 规范，并将 Java 分成了 J2EE、J2SE 和 J2ME。这表明了 Java 开始向企业、桌面应用和移动设备 3 大领域扩展。

2000 年，JDK1.3 版发布；2002 年，JDK1.4 发布；2004 年，JDK1.5 发布，同时 JDK1.5 改名为 J2SE5.0；2006 年，J2SE6.0 测试版推出。

Java 语言在各种家用电器和 Internet 上的广泛应用推动了 Java 技术的快速发展。尽管 Internet 上的计算机、各种家用电器使用的操作系统和 CPU 芯片不同，但只要安装了 Java 虚拟机就能够执行相同的 Java 程序。

1.2　Java 的特点

Java 是目前使用最广泛的网络编程语言，具有简单、面向对象、与平台无关、解释型、多线程、安全稳定、动态、健壮及分布式等特点。下面介绍 Java 语言的主要特点：

- 简单。从语法角度上看，Java 要比 C++简单，如 C++中的指针、运算符重载、联合数据类型、类的多重继承等难以理解和使用的概念、功能都已在 Java 中消失。
- 面向对象。Java 程序是以类、对象和接口为基本编程单元来组织程序。程序员主要是利用 Java 语言预定义类、第三方类库来实现软件系统的功能。
- 与平台无关。用其他语言编写的程序，随着操作系统的变化，处理器指令集的不同，源程序需要重新编译后才能运行。而用 Java 编写的程序可以在任何安装了 Java 虚拟机（JVM）的计算机上正确运行。
- 解释型。Java 源程序通过编译器编译为字节码程序（二进制代码），字节码程序通过 Java 虚拟机（JVM）解释执行。Java 是将源程序编译为称作字节码的一种“中间码”，字节码是接近机器码的文件，可以在安装了 Java 虚拟机（JVM）的任何操作系统上被解释执行。

- 多线程。因为 Java 语言预定义了线程类，程序员只须扩展预定义的线程类来定义自己的线程类。C++语言本身没有对多线程提供支持，因此其多线程功能是由操作系统来实现的。
- 安全。第一，Java 是强类型的语言，以保证数据类型的合法性；第二，Java 不支持指针，杜绝了内存的非法访问；第三，Java 程序执行时对加载的类进行身份的合法性检查，防止非法类的加载执行；第四，Java 提供了异常处理机制，可以对运行时出现的错误进行控制和处理。
- 动态加载。一个 Java 程序由多个类组成，程序执行时才将需要的类装入内存，这就使得 Java 可以在分布式环境中动态地维护程序及类库，而不像 C++那样，每当其类库升级之后，相应的程序都必须重新修改、编译。
- 稳定健壮。Java 程序在编译时进行语法检查，在运行时进行异常检查，Java 删除了指针，这就消除了内存泄漏和数据崩溃的可能。
- 图形功能强。Applet 程序嵌入到网页后使 Internet 网页增加了多媒体图形效果，增强了可视化的互动对话，为计算机图形学、计算机多媒体通信提供了良好的支持。
- 体系结构中立。Java 将源程序编译为体系结构中立的字节码文件，而字节码文件可以很容易地翻译成本地机器代码。

1.3 Java 程序的开发工具

常用的 Java 开发工具有以下 6 种：

1. Visual J# .NET

Visual J# .NET 是微软出品的 Visual Studio .NET 家族中的一种开发 Java 的工具，它取代了 Visual Studio 中的 Visual J++。

2. JBuilder X

JBuilder X 是 Borland 公司推出的 Java 开发工具。与之前的版本相比，JBuilder X 更加注重网络服务和数据库功能的开发，并且支持各种版本的计算机系统。

3. JCreator

JCreator 是由 Xinox Software 公司开发的 Java 开发工具。JCreator 对计算机系统要求不高，比其他大多数具有集成开发环境的软件运行速度要快，而且还允许程序员自定义窗口界面等功能。

4. FreeJava

FreeJava 是一个免费的 Java 开发工具，其主要特点是可以快捷方便地查阅 Java 类库和函数、帮助编辑源程序、快速编译和运行 Java 程序、用不同颜色显示关键字，以及双击编译错误进行提示等。使用 FreeJava 之前必须要先安装 Java 2 JDK。

5. Java 2 SDK

Java 2 SDK 是 SUN 公司提供的 Java 开发环境，只能在 DOS 命令窗口下编译和运行，但是操作简单，初学者非常容易掌握。

6．**Eclipse（或 MyEclipse）**

Eclipse 不仅可以当作 Java IDE 来使用，它还包括插件开发环境（Plug-in Development Environment，PDE），这个组件主要针对希望扩展 Eclipse 的软件开发人员，它允许构建与 Eclipse 环境无缝集成的工具。

编者建议，在学习 Java 语言的前六周，最好采用 Java 2 SDK 为开发工具，使用记事本作为编辑器。从第七周开始，使用 MyEclipse 集成开发环境，且必须首先安装 JDK 或 SDK。

1.4 Java 运行环境

开发 Java 程序必须首先安装 JDK（Java Development Kit，Java 开发工具包），安装 JDK 后，系统便为 Java 应用程序和 Applet 程序提供了开发环境和运行环境（JRE）。

1.4.1 JDK 的下载与安装

读者可以登录 Sun 公司的网站获取免费的 JDK。本书使用的 JDK 版本为 JDK 6.19（JDK1.5 版以后改称为 SDK），操作系统平台为 Windows XP。

1．**下载 JDK 6u19**

登录 Sun 公司的网站（http://java.sun.com/javase/downloads/index.jsp）获取版本为 Java SE Development Kit with JavaFX（JDK 6u19 / FX 1.2.3）的开发工具包。下载的程序文件名为 jdk-6u19-javafx-1_2_3-windows-i586，文件大小约 124.33MB。

2．**安装 JDK 6u19**

安装 JDK 6u19 的步骤如下：

1）双击开发工具包程序（jdk-6u19-javafx-1_2_3-windows-i586）弹出“许可证”对话框，如图 1-1 所示。

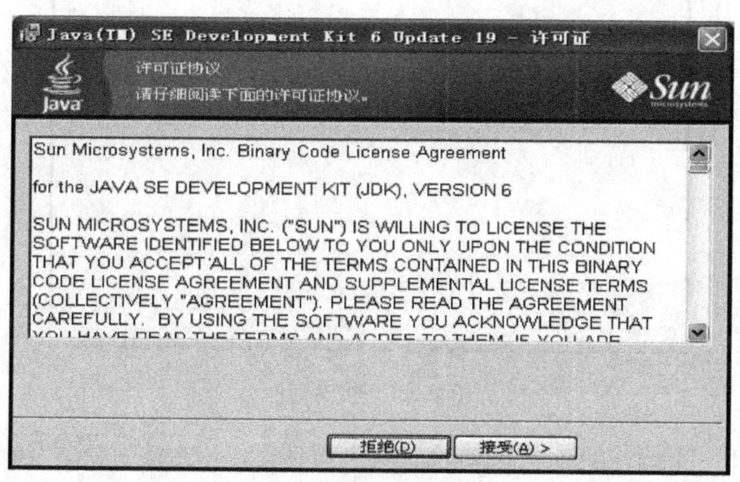

图 1-1　许可证对话框

2）单击按钮 接受(A) > ，即接受许可协议，弹出自定义安装对话框，如图 1-2 所示。

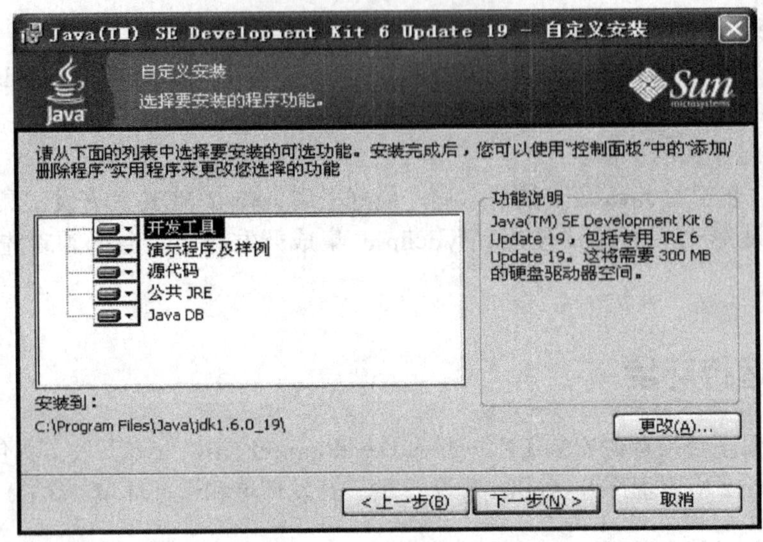

图 1-2　自定义安装对话框

3）选择安装路径。单击按钮 更改(A)... ，弹出一个对话框，把其中的安装路径改为 D:\java（D:\java 被称为主目录），然后单击按钮 确定 ，回到"自定义安装"对话框。单击按钮 下一步(N) > ，弹出进度对话框（开始初始化安装），如图 1-3 所示。

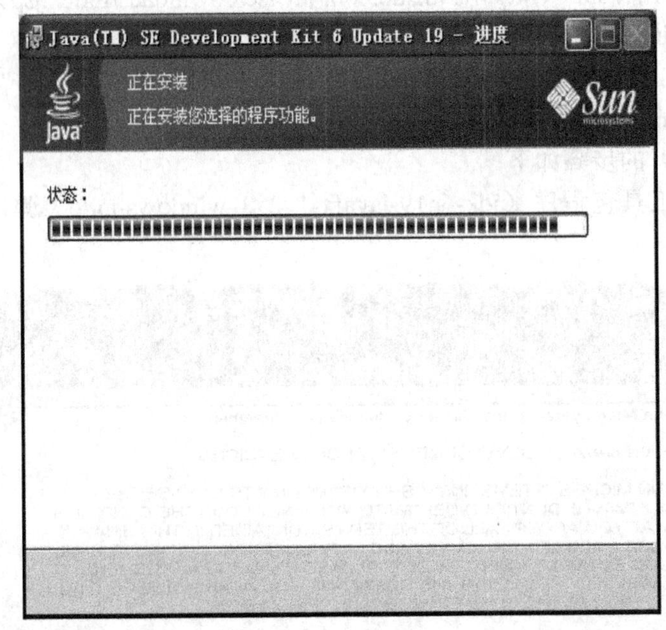

图 1-3　进度对话框

4）中途弹出"Java 安装 — 目标文件夹"对话框，单击按钮 更改(A)... ，弹出"Java 安装"对话框，将默认的安装路径 C:\Program Files\Java\jre6\中的 C:\Program Files\部分修改为刚才所设置的 D:\java\，最终路径是 D:\java\java\jre6\，单击"确定"按钮，再单击 下一步(N) > 按钮，系统进入自动安装状态，最后弹出完成对话框，如图 1-4 所示。

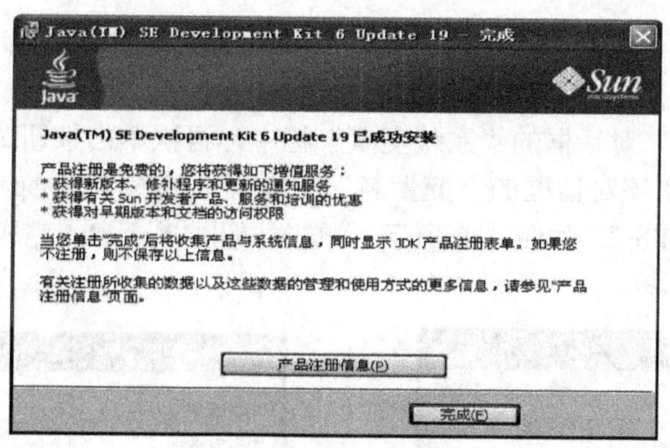

图 1-4　完成对话框

5）单击按钮 完成(F) ，完成 JDK 工具包的安装。

注意：在此，JDK 开发包安装在主目录 D:\java 下。这样 Java 编译器和解释器在 D:\java\bin 目录下；Java 系统类库在 D:\java\lib 目录下。

1.4.2　配置 Java 运行环境

因为程序员编写的 Java 程序要用到 Java 系统的类库，需要知道 Java 系统类库所在的路径，因此有必要为 Java 类库配置搜索路径（classpath）。编译和执行 Java 程序时，需要知道编译器和解释器所在的路径，因此，需要为编译器和解释器配置命令搜索路径（path）。配置 path 和 classpath 步骤如下：

1）在 Windows 桌面上右击"我的电脑"图标，在弹出的快捷菜单中选择"属性"命令，弹出"系统属性"对话框。在"系统属性"对话框中选择"高级"选项卡，如图 1-5 所示。

2）在"高级"选项卡中单击按钮 环境变量(N) ，弹出"环境变量"对话框，如图 1-6 所示。

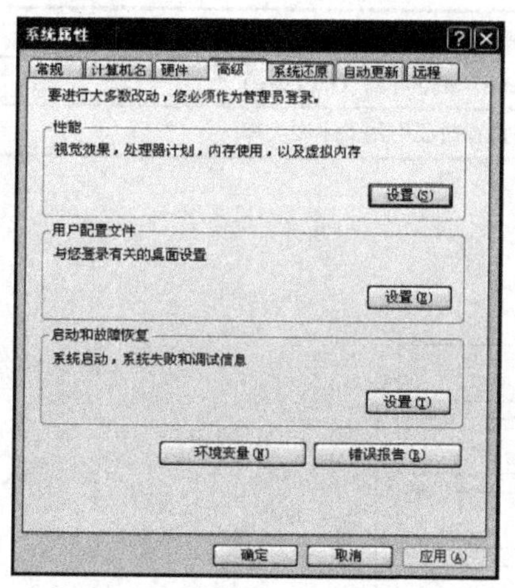

图 1-5　"系统属性"对话框

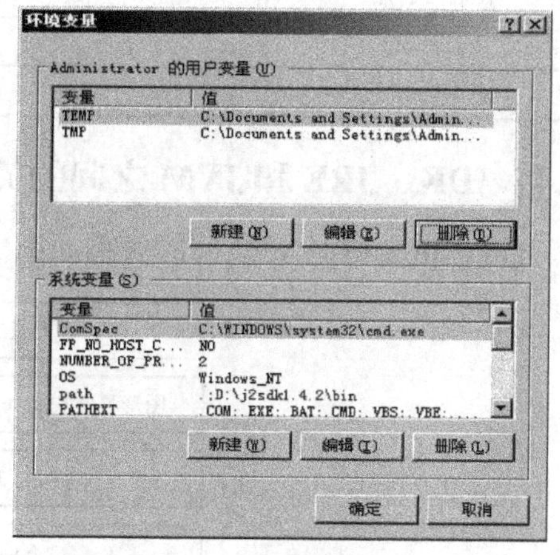

图 1-6　"环境变量"对话框

3）在弹出的"环境变量"对话框的"系统变量"栏中单击按钮 新建(W)... ，弹出"新建系统变量"对话框。在该对话框的"变量名"文本框中输入"path"，在"变量值"文本框中输入“.;D:\java\bin;”，如图 1-7 所示。单击按钮 确定 ，完成 path 的设置，返回到“环境变量”对话框。

4）在“环境变量”对话框的“系统变量”栏中，再次单击按钮 新建(W)... ，弹出“新建系统变量”对话框。在该对话框的“变量名”文本框中输入“classpath”，在“变量值”文本框中输入“.;D:\java\lib;”，如图 1-8 所示。单击按钮 确定 ，完成 classpath 的设置，返回到“环境变量”对话框。

图 1-7 “新建系统变量”对话框（1）

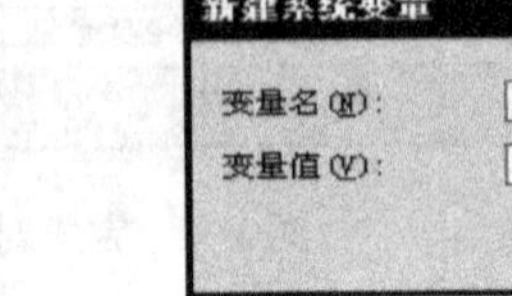

图 1-8 “新建系统变量”对话框（2）

5）在“环境变量”对话框中单击按钮 确定 ，返回到“系统属性”对话框。在“系统属性”对话框中单击按钮 确定 ，退出该对话框，完成环境变量的配置。

注意：classpath 环境变量设置中的“.”表示 Java 应用程序执行时，加载当前目录（DOS 界面下，光标所在的目录）中的 Java 类。“;”表示路径间的分隔符号。

如果只想运行 Java 程序，则可以只安装 Java 运行环境 JRE。JRE 由 Java 虚拟机、Java 的核心类以及一些支持文件组成。

1.4.3 JDK 6u19 开发工具包的目录结构

在前文中将 JDK 开发工具包安装在主目录 D:\java\下，在编写 Java 程序前，有必要先来了解主目录 D:\java\下的 2 个子目录的作用。作用如表 1-1 所示。

表 1-1 主目录 D:\java 下的 2 个子目录作用

子目录名	作用
D:\java\bin	存放编译器（javac.exe）和解释器（java.exe）
D:\java\lib	存放 Java 应用程序执行时要引用的主要类库

1.4.4 JDK、JRE 和 JVM 之间的关系

JDK、JRE 和 JVM 之间的关系如图 1-9 所示。

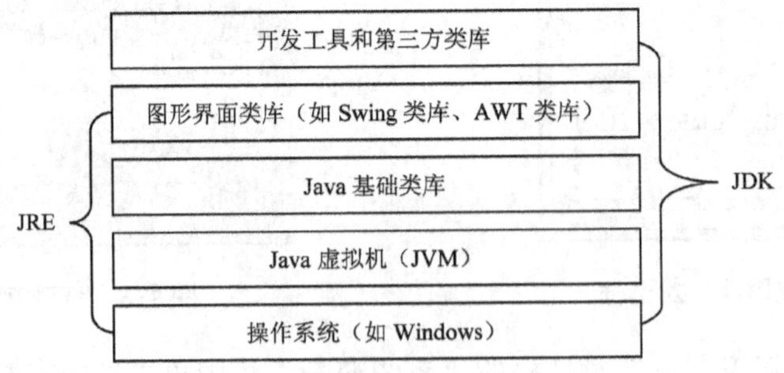

图 1-9 JDK、JRE 和 JVM 之间的关系

1.5　Java 程序组成

从程序代码角度看，Java 程序由多个独立的类及接口组成。从程序执行角度来看，Java 程序是由多个动态创建的对象相互协作组成的集合。

1．Java 源文件

一个 Java 程序可以由多个 Java 源文件组成，一个 Java 源文件可以包含多个类和接口。Java 源文件名的扩展名是：Java。如，Demo.java 就是一个 Java 源文件。

2．Java 类的结构

一个类由类声明和类体组成。类体可以包含多个变量和多个方法。下面以圆类（Circle）为例，说明类的基本结构。

```
public class Circle                                    //本行是类声明
{                                                      //类体起始行
    private    double radius;                          //变量 radius 表示圆的半径
    //下面的方法用来构造一个圆对象
    public Circle(double   radius)
    {
        this.radius = radius;
    }
    //下面的方法用来计算圆的面积
    public double getArea()
    {
        return radius*radius*Math.PI;
    }
    //下面的方法用来计算圆的周长
    public double getPerimeter()
    {
        return 2*radius*Math.PI;
    }
}                                                      //类体结束行
```

1.6　Java 程序的开发步骤

Java 程序的开发过程主要包括以下 3 个步骤，如图 1-10 所示。

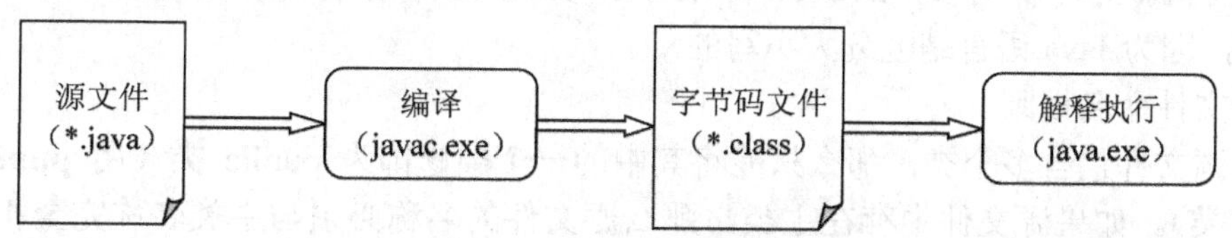

图 1-10　Java 程序的开发步骤

1）用编辑器（如 UltraEdit、“记事本”或集成开发工具）编写源文件。

2）用编译器（javac.exe）将源文件（*.java）编译为字节码文件（*.class）。

3）用解释器（java.exe）执行字节码文件。

1.7 Java 程序分类

不同的 Java 程序运行在不同的环境中，习惯上将运行环境相同的 Java 程序归为一类，按此分类方法，Java 程序可以分为以下 3 类。

- Java 应用程序：能独立在本地虚拟机上（JVM）执行的完整的程序。该程序包含一个 main(String []arg)方法。main(String []arg)方法是该应用程序执行的起点。
- Applet 小程序：必须嵌入在 HTML 页面中才能执行。小程序部署在 Web 服务器上，但是，它在浏览器中的虚拟机上（JVM）执行。
- Servlet 程序：部署和运行在 Web 服务器中。由 Web 服务器中的虚拟机执行。

1.7.1 Java 应用程序

一个 Java 应用程序可以包含多个类，但是有且仅有一个类包含 main()方法。main()方法是程序执行的起点。

在编写源文件前，首先创建一个应用目录，用来保存程序员编写的 Java 源文件。本书创建的应用目录为 D:\user。

Java 应用程序的开发步骤如下：

1．编写源文件

打开记事本，输入下面的代码。本程序执行时在控制台上输出“开始学习 Java 语言”。

```
public class Hello
{
  public static void main (String args[])            //方法声明
  {                                                   //方法体起始行
    System.out.println("开始学习 Java 语言");
  }                                                   //方法体结束行
}
```

注意：在编写源代码时，程序中所有的符号，如，分号（;）、逗号（,）、括号（()）等，要求键盘处于英文状态下录入。否则，编译时会出错。

（1）保存文件

现在将源文件保存到 D:\user\目录中，并将文件命名为：Hello.java。不要写成 hello.java，因为 Java 语言是区分大小写的。

（2）文件命名规则

如果源文件包含多个类，那么只能将其中的一个类修饰为 public 类（用 **public 修饰的类称为主类**）。如果源文件中存在主类，那么源文件的名称必须与主类名称完全相同；如果源文件没有主类，那么源文件的名称可以与其中任何类的名称相同即可。

（3）分析源文件（Hello.java）

该源文件只包含一个类，类名是 Hello。类名由程序员自己命名。public、class 都是关键字，都是修饰 Hello 的。其中，class 表示 Hello 是一个类，public 表示 Hello 是一个公有类。

该类体中只包含一个方法。方法名是 main。一个 Java 应用程序只能有一个 main 方法。public、static 和 void 分别是对 main 方法的声明。main 方法必须被声明为 public static void。

2．编译源文件

创建了 Hello.java 源文件后，还要使用 Java 编译器（javac.exe）对其进行编译。在 DOS 窗口中进入 D:\user 目录，执行以下命令。

```
D:\user\>javac Hello.java                    //按 Enter 键，编译 Hello.java
```

编译完成后将生成一个 Hello.class 文件，该文件称为字节码文件。编译器自动把这个字节码文件（Hello.class）与源文件存放在相同的目录中（D:\user）。

如果 Java 源文件包含了多个类，那么对源文件完成编译后就将生成多个扩展名为.class 的字节码文件，即，源文件中的每个类对应生成一个扩展名为.class 的字节码文件，每字节码文件名与对应的类的名称相同。

3．运行程序

下面使用 Java 解释器（java.exe）运行应用程序。

```
D:\user\>java   Hello          //按 Enter 键，运行应用程序
```

此时屏幕上将显示如下信息：

```
开始学习 Java 语言
```

注意：如果 Java 源文件包含了多个类，那么，用 Java 解释器运行程序时，解释器命令（java）后的字节码文件名必须是包含了 main 方法的那个类的名称。

1.7.2　Applet 小程序

一个 Applet 小程序必定是扩展了 Applet 类或 JApplet 类的主类，并用 public 修饰。小程序可以包含若干个类，但是，类中不需要 main 方法。

1．编写源程序

```
import java.applet.*;
import java.awt.*;
public class Display extends Applet
{
  public void paint(Graphics g)
  {
    g.setColor(Color.blue);
    g.drawString("我们在学习 Applet 小程序呢",30,50);
  }
}
```

（1）文件的保存

现在将源文件保存到 D:\user\目录中，并命名为 Display.java。注意，不要写成 display.java，因为 Java 语言是区分大小写的。

（2）import 语句

程序中用到了 Applet 类（系统预定的类），因此在程序中要用 import 语句导入该类。Applet 类在包 java.applet 中。在 Java 语言中，将一些类放在一起构成一个包，包相当于文件夹。如这里的 java.applet 便是一个包的名称。

2．编译源文件

```
D:\user\>javac  Display.java              //按 Enter 键，编译 Display.java
```

编译成功后，D:\user\目录下会生成一个 Display.class 文件。如果源文件有多个类，将生成多个.class 文件（字节码文件），所有字节码文件与源文件在同一文件夹中。

注意：如果修改了源文件，那么，必须重新编译源文件，然后才能够解释执行修改后的字节码程序。

3．运行 Applet 小程序

Java Applet 必须在浏览器中运行，必须编写一个超文本文件（.html），将 Java Applet 小程序嵌入到超文本文件（.html）中。

下面用“记事本”编写一个文件，命名为 Display.html（也可以命名为其他名称，但文件扩展名必须是 html 或 htm），将它保存在 D:\user\目录下，即与 Display.class 文件在同一目录下。Display.html 文件的内容如下：

```
<applet code= Display.class height=300 width=500>

</applet>
```

（1）在 HTML 文件中指定小程序的主类名

code 属性用来指定 Applet 小程序主类对应的字节码文件名。

（2）指定小程序的显示高度和宽度

width、height 指定了这个 Java Applet 的宽度和高度，单位是像素。要想让浏览器运行一个 Java Applet 小程序，则<applet…> </applet>标记中的 code、height、width 属性都必须赋值。

（3）测试小程序

使用 JDK 提供的 appletviewer 来调试小程序，如在 DOS 命令窗口中执行如下命令。

```
D:\user\>appletviewer Display.html       //按 Enter 键，运行小程序
```

1.7.3 Servlet 程序

Servlet 是使用 Servlet API 编写的 Java 程序。它是部署和运行在 Web 服务器上的独立模块。在实际应用中，用户可以灵活地加载和卸下 Servlet 模块，以此扩展 Web 服务器的功能。

1.8 本章小结

Java 语言是面向对象的编程语言，该语言编写的软件具有简单、面向对象、稳定健壮、与平台无关、解释型、分布式、多线程、动态等特点。

从代码角度看，Java 程序由多个独立的类、接口组成；从程序执行角度来看，Java 程序是由多个动态创建的对象相互协作组成的集合。

开发一个 Java 程序需要经过 3 个步骤：编写源文件、编译源文件和执行字节码文件。

Java 程序分为 3 类：Java 应用程序、Applet 小程序和 Servlet 程序。

1.9 习题

1．开发 Java 应用程序需要经过哪些主要步骤？

2．Java 区分大小写吗？

3．编译 Java 源程序的命令是什么？解释器是什么？

4．Java 源程序的扩展名是什么？字节码文件的扩展名是什么？

5．Java 程序是由什么组成的？一个程序中必须要有 public 类吗？

6．创建一个 Java 源文件，源文件名为：Welcome.java，其代码如下：

```
public class Welcome
{    public static void main(String args[])
     {   System.out.println("我们正在学习 Java!");
     }
}
```

1）编辑源文件 Welcome.java 的文件。

2）编译源文件、运行字节码。

3）在程序中用“我在做练习”代替“我们正在学习 Java!”。保存、编译、运行程序。

4）用 Main 代替 main，重新编译源代码。由于 Java 程序区分大小写，编译器将会返回什么错误信息？

5）使用命令 javac welcome.java 代替命令 javac Welcome.java，会发生什么现象？

6）使用命令 java Welcome.class 代替命令 java Welcome，会发生什么现象？

第2章 标识符、数据类型

Java程序通常要用到标识符、关键字、常量、变量和数据类型。本章将介绍这些内容。

2.1 标识符

1. 标识符的概念

用来给类名、变量名、常量名、接口名、包名、方法名、数据类型名、数组名和文件名起名字的字符串称为标识符。标识符就是一个名称。

2. 标识符组成规范

Java语言规定标识符的组成遵循以下规范：

- 标识符必须由大小写字母、数字、下画线和美金符号$组成。字母、数字、下画线和美金符号$统称为字符。例如，liu、_zhao、$wang等都是合法的标识符。
- 标识符的第一个字符不能是数字。例如：567kan，chen#，@meng都不是合法的标识符。
- Java语言严格区分大小写。例如：Love和love表示两个完全不同的标识符。
- 标识符的长度没有限制，但是不宜过长。

每个标识符由多个字符组成。Java语言使用Unicode标准字符集（字符的集合），该字符集最多可以表示65 536个字符。Unicode标准字符集中的前128个字符与ASCII字母表对应。每个国家的字母表都是Unicode标准字符集的一个子集。

2.2 关键字

关键字是Java语言系统专门使用的标识符，程序员不能使用这些标识符给类名、变量名、常量名、接口名、包名、方法名、数据类型名、数组名和文件名命名。Java语言的关键字主要包括：implements、import、instanceof、int、interface、long、nativenew、null、package、private、public、this、throw、true、try、void、while 、abstract、boolean、break、byte、case、catch、char、continue、do、double、else extends、false、find、finally、float、for、return、short、static、super、swith、synchronized等。

2.3 数据类型

变量名代表内存中一块存储空间，我们称这类空间为**变量**。这类存储空间中的数据在程序运行过程中可以发生改变。

常量名也是代表内存中的一块存储空间，我们称这类空间为**常量**。这类存储空间中的数据在程序运行过程中不会发生改变。

常量和变量所代表的存储空间都是用来存储数据的，而数据有类型之分，因此，常量和变量也有类型之分。在使用常量和变量保存数据以前，必须定义常量和变量的数据类型。

定义常量或变量的数据类型后，可以通过赋值语句给常量或变量赋予数据。常量只能赋值一次值，变量可以多次赋值。

Java 数据类型分两大类：基本数据类型和引用数据类型（也称对象型）。Java 基本数据类型包括布尔类型、字符类型、整数类型和浮点类型 4 种。

2.3.1 布尔数据

布尔数据类型用关键字 boolean 表示，该类型数据在内存中占 2 字节。

（1）布尔常量

布尔常量只有两个值：true、false。

（2）布尔变量的定义

使用关键字 boolean 来定义布尔变量。如定义布尔变量 a1、a2、a3 的格式如下：

```
boolean   a1, a2, a3;   //定义时没有给变量赋值，编译时由系统给变量赋予默认值(false)
```

定义时给变量赋初值的格式如下：

```
boolean   a1=true,   a2=false,   a3;   //在同一行定义多个变量时，变量间用逗号隔开。
```

2.3.2 整型数据

整型数据分为四种：byte（字节型）、short（短整型）、int（整型）和 long（长整型）。

（1）byte

byte 数据在内存中占 1 字节。如，定义 byte 型变量 a1、a2、a3 的格式如下：

```
byte a1, a2, a3;   //定义时没有给变量赋值，编译时由系统给变量赋予默认值(0)
```

定义时给变量赋初值的格式如下：

```
byte a1=63, a2=-12, a3=77;
```

（2）short

short 数据在内存中占 2 字节。如，定义 short 型变量 a1、a2、a3 的格式如下：

```
short a1, a2, a3;   //定义时没有给变量赋值，编译时由系统给变量赋予默认值(0)
```

定义时给变量赋初值的格式如下：

```
short a1=12, a2=-174, a3=999;
```

（3）int

int 数据在内存中占 4 字节。如，定义 int 型变量 a1、a2、a3 的格式如下：

```
int a1, a2, a3;   //定义时没有给变量赋值，编译时由系统给变量赋予默认值(0)
```

定义时给变量赋初值的格式如下：

```
int a1=33, a2=-155, a3;
```

（4）long

long 数据在内存中占 8 字节。如，定义 long 型变量 a1、a2、a3 的格式如下：

```
long a1, a2, a3;    //定义时没有给变量赋值，编译时由系统给变量赋予默认值(0)
```

定义时给变量赋初值的格式如下：

```
long a1=18, a2=777, a3=6655l;
```

表示 long 型常量的方法是在整数后面加字母 l，例如，4561 ，789l。

（5）常量表示方法

表示十进制的整数，如，123（用十进制表示整数时首位不能为 0）；表示八进制的整数，如，0567（首位为 0，代表八进制数）；表示十六进制的整数，如，0x9ABCD（首位是 0x，代表十六进制数）

2.3.3　字符数据

字符数据类型用关键字 char 表示，该类型数据在内存中占 2 字节。

（1）字符型常量

一个字符常量用单引号括起，如'A'、'b'、'c'、'!'、'7'、'爱' 等都是字符型常量。

（2）字符型变量定义

使用关键字 char 来定义字符型变量。如定义 char 型变量 a1、a2、a3 的格式如下：

```
char a1, a2, a3;    //定义时没有给变量赋值，编译时由系统给变量赋予默认值('\u0000')
```

定义时给变量赋初值的格式如下：

```
char a1='?', a2='12', a3='来';
```

char 型常量在内存中以正整数（int 型）的方式保存，因此，最高位不是用来表示符号的。

（3）转义字符

一些控制字符不能显示出来。表 2-1 表示了这些控制字符的含义。

表 2-1　控制字符的含义

控制字符	描　述
'\n'	换行，将光标移到下一行的开始位置
'\t'	将光标移到下一个制表符的位置
'\r'	按 Enter 键，将光标移到当前行的开始，不是移到下一行
'\\'	输出一个反斜杠
'\''	输出一个单引号
'\"'	输出一个双引号

（4）字符型数据在内存中的表示

字符型数据在内存中以 int 型数据表示。如，字符常量'd'在内存中的值是 100。

要想知道一个字符在内存中保存的数字大小，只要将字符型数据转换成 int 型数据即可。如，System.out.println(**int**）'h')语句，就能把字符'h'对应的数字输出来。

2.3.4 浮点数据

浮点型数据分为两种：float（单精度型）和 double（双精度型）。

1．float

float 数据在内存中占 4 字节。

（1）常量

例如，567.539f、7889.3f、987.2f、777.00f。书写单精度常量数据时，在数据最后必须加 f，否则，表示的常量是双精度数据。如，888.0 表示的是双精度数据。

（2）变量定义

使用关键字 float 来定义单精度浮点型变量。如定义 float 型变量 a1、a2、a3 的格式如下：

```
float a1, a2, a3;    //定义时没有给变量赋值，编译时由系统给变量赋予默认值(0.0)
```

定义时给变量赋初值的格式如下：

```
float a1=13.78f, a2=-99.7f, a3;
```

2．double

double 数据在内存中占 8 字节。

（1）常量

例如，5678.577d（d 可以省略）、908.55、4567.000d，都是双精度常量。

（2）变量定义

使用关键字 double 来定义双精度型变量。如定义 double 型变量 a1、a2、a3 的格式如下：

```
double a1, a2, a3;      //定义时没有给变量赋值，编译时由系统给变量赋予默认值(0.0)
```

定义时给变量赋初值的格式如下：

```
double a1=113.8567, a2=-12.78d, a3=8901.66;
```

2.3.5 常量声明

如果要声明一个常量，只要在定义变量时，在数据类型前加一关键字 final，则该变量就变成了常量。例如：

```
final double PI = 3.14159;   //声明一个 double 型常量 PI
final int   KU = 123457;     //声明一个 int 型常量 KU
final char   CH = 'a'        //声明一个 char 型常量 CH
```

【例 2-1】 让用户输入圆的半径，程序计算出圆的面积并显示。

程序清单 2-1　MyInput.java。该类方法从键盘读取 int, double, and string 型值。

```
import java.io.*;
public class MyInput
{ public static String readString()          //从键盘读取 string 数据
  {     BufferedReader br = new BufferedReader(new InputStreamReader(System.in), 1);
        String string = "";
        try
          {   string = br.readLine();      }
        catch (IOException ex)
          {     System.out.println(ex);     }
        return string;
  }
  public static int readInt()                //从键盘读取 int 型数据
  {     return Integer.parseInt(readString());   }
  public static double readDouble()          //从键盘读取 double 型数据
  {   return Double.parseDouble(readString());   }
   public static byte readByte()             //从键盘读取 byte 型数据
  {   return Byte.parseByte(readString());   }
   public static short readShort()           //从键盘读取 short 型数据
  {   return Short.parseShort(readString());   }
   public static long readLong()             //从键盘读取 long 型数据
  {   return Long.parseLong(readString());   }
  public static float readFloat()            //从键盘读取 float 型数据
  {   return Float.parseFloat(readString());   }
}
```

程序清单 2-2　ComputeArea.java（计算圆的面积）

```
public class ComputeArea
{   public static void main(String[] args)
  {   double radius;
      double area;
      final double PI = 3.14159;          //声明一个常量 PI
      System.out.print("请输入半径: ");
      radius = MyInput.readDouble();
      area = radius*radius*PI;            //计算面积
      System.out.println("半径为  " +   radius + "的圆的面积是" + area);
  }
}
```

必须将文件 MyInput.java 和 ComputeArea.java 放在同一目录下编译、执行。

2.4　数据类型转换

数据类型转换出现在表达式和赋值语句中。数据类型的转换有两种形式，一种是自动转换，即不需要程序员干预，系统自动进行的转换；另一种是强制转换，即程序员必须使用类型转换符进行转换。强制转换可能导致精度的损失。

1．数据类型精度排序

数据类型按精度从低到高的排列顺序如下：

byte　short　int　long　float　double

低 → 高

2．自动转换

从低精度向高精度转换属于自动转换。

（1）赋值语句中的转换

```
float xx=500;   //把整数 500 转换为浮点数
```

这里将整数 500 赋给浮点型变量 xx，是从低精度向高精度转换，系统自动进行。如果输出 xx 的值，结果将是 500.0。

（2）表达式中的数据转换

```
int      h=73;
float    y1=27.6f;
double   f=h+y1;
```

混合数据类型表达式 h+y1 包含两个不同类型的数据，即整数 h 和单精度型数据 y1。在计算表达式以前，系统自动将低精度的数据 h 转换为高精度的 float 型数据，转换后将两个数据进行求和，最后将结果数据（float 型）转换为更高精度的 double 型数据并赋给变量 f。

3．强制转换

从高精度向低精度转换属于强制转换。强制转换的语句格式如下：

```
(type)data   //将数据 data 的类型转换为 type 型
```

data 为需要转换的变量或常量。type 取值为 byte、short、int、long、float、double。

（1）赋值语句中的转换

```
int   x=(int)600.78f;
```

这里将 float 型数据 600.78f 赋给整型变量 x，是从高精度向低精度转换，需要在被转换的数据前使用目标类型转换符(int)。如果输出 x 的值，结果将是 600。

（2）表达式中的数据转换

```
int      m=23;
float    f1=27.6f;
int      k=m+(int)f1;
```

混合数据类型表达式 m+(int)f1 包含两个不同类型的数据，即整数 m 和单精度型数据 f1。在计算表达式以前，先将单精度型数据 f1 通过类型转换符（int）转换为整型数据。如果输出 k 的值，则结果将是 50。

【例 2-2】 将一种数据类型转换成另外一种数据类型。

程序清单 2-3　TypeConver.java

```
public class TypeConvert
{       public static void main(String args[])
        {   int x;
            double y;
            y=2009.04;    x=(int)y;      y=x;
            System.out.println("转换后 x 的值是："+x);
            System.out.println("转换后 y 的值是："+y);
            }
}
```

语句 x=(int)y;将导致精度的丢失。

2.5　编程风格

书写程序的风格决定了程序的外观。如果将整个程序写在一行，则它也会正确编译和运行，但是，程序可读性将会很差。好的编程风格会降低程序出错的几率，并能提高程序的可读性。下面给出关于 Java 编程风格和文档的一些原则。

2.5.1　文档注释

程序开头应该编写一个摘要，说明程序的目的和主要特点，解释所用的重要数据结构和独特技术。对难懂的语句和语句块也要加上注释，注释要简明。

2.5.2　命名规范

为变量、常量、类和方法所选择的描述性名称应该是简明易懂的。为了程序易读和编程的规范，我们制定了一些标识符命名规则：

- 对变量和方法来说，常用小写。如果名称包括几个单词，则将它们联成一个整体，第一个单词的字母小写，后面每个单词的首字母大写。例如，变量 radius 和 area 及方法 readDouble。
- 对类来说，每个单词的首字母大写，如类名 ComputeArea。
- 常量中的所有字母都大写，两个单词间要用下画线连接。例如，常量 PI 和常量 MAX_VALUE。

注意：命名类名时，不要选择已经在 Java 标准包中使用了的类名。例如，Java 已定义了 String 类，就不应该再用 String 命名类了。

2.5.3　程序风格

一致的缩进风格会使程序清晰易懂。缩进用于描述程序中间的结构关系。语句适当的对齐能够使我们更容易阅读和维护代码。在嵌套结构中，每个内层成分或语句应该比外层缩进两格。同时应该使用空行将代码分段，以使程序更容易阅读。

2.5.4 块对齐方式

块是由花括弧围成的一组语句。块的编写有多种方式，例如下面的语句是等价的。

（1）第一种风格

```
public class Test
{
    public static void main(string[ ] args)
    {
        System.out.printIn("Block Styles");
    }
}
```

（2）第二种风格

```
public class Test{
    public static void main(string[ ] args){
        System.out.printIn("Block Styles");
    }
}
```

前者称为次行（next-line）风格，后者称为行尾（end-of-line）风格。在次行风格中，开括弧和闭括弧位于同一列，所以容易看出块的起始和末尾。这也是本书采用次行风格的原因。

2.6 程序错误分类

程序错误分为 3 种：编译错误、运行时错误和逻辑错误。

2.6.1 编译错误

在编译过程中出现的错误称为编译错误或语法错误。编译错误是由代码中的语法引起的，如写错关键字，丢掉必要的标点，或者只有开括弧没有对应的闭括弧等。这些错误通常很容易查出，因为编译器会指出它们错在哪儿、原因是什么。例如，编译下面的程序会出现此类错误，如图 2-1 所示。

```
public class ShowSyntaxErrors
{
    public static void main(String [ ] args)
    {   int j=10;
        i=30;
        System.out.printIn(i+j);
    }
}
```

在编译时，编译器指出了两个错误，这两个错误都是因为没有定义变量 i 的数据类型引起的。一个错误常常会引起很多行编译错误，因此从最上面的行开始向下调试是个很好的习惯。排除了前面出现的错误，可能就改掉了程序中后面出现的重复的错误。

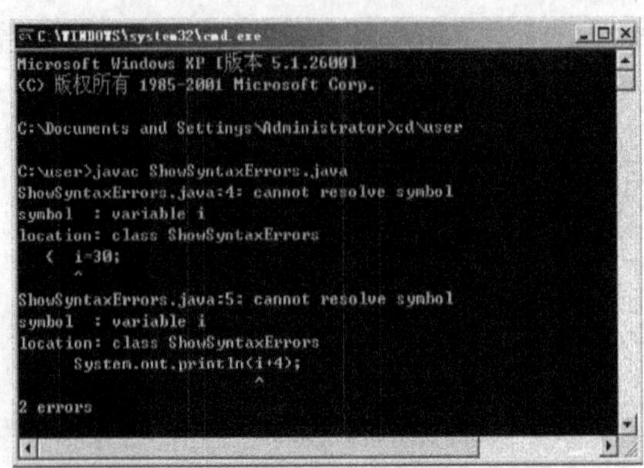

图 2-1　编译器查出语法错误

2.6.2　运行时错误

运行时错误是使程序非正常中断的错误。运行应用程序时，当系统检测到一个不可能执行的操作时，就会出现运行时错误。输入错误是典型的运行时错误。

当用户输入一个程序不能处理的值时，就会发生输入错误。例如，如果程序要求读入一个数，而用户却输入一个字符串，就会引起程序的数据类型错误。为避免输入错误，程序应该提醒用户输入类型正确的值。从键盘读入整数之前，可以显示“请输入一个整数”之类的提示信息。

另一个常见的运行时错误是零作除数。在整数除法中，当除数为 0 时，就可能引发这种情况。例如，下面的程序将会导致运行时错误，结果如图 2-2 所示。

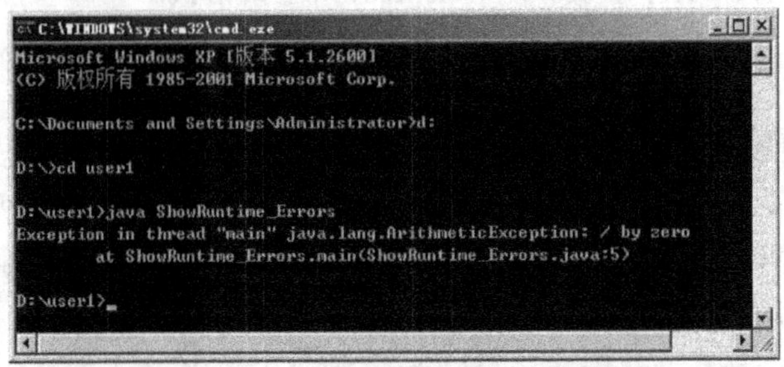

图 2-2　运行时错误导致程序中断

```
public class ShowRuntime_Errors
{
    public static void main(String[ ] args)
    {
        int  k,  i=3;
        k=i/0;
    }
}
```

2.6.3 逻辑错误

逻辑错误是指程序没有按设计的要求执行。发生这种错误的原因有很多。例如，假设下述程序的目的是显示一个数是否在 1～100（包括 1 和 100）的信息。

```
//下面程序包含一个逻辑错误
public class ShowLogicErrors
{    //Determine if a number is between 1 and 100 inclusively
     public static void main(String[ ] args)
     {
          System.out.println("请用户输入整数")
          int number = MyInput.readInt();
          //显示结果
          System.out.println("The number is between 1 and 100,"+
           "inclusively?"+((1<number)&&(number<100)));
     }
}
```

程序没有语法错误和运行时错误，但对于数 1 不能得出正确的结果。语句 println()中的布尔表达式有错误，应该如下书写：

```
((1<=number)&&(number<=100))
```

2.7 调试

因为编译器指出了错误的位置和原因，因此很容易发现和纠正编译错误。运行时错误也容易找出来，因为 Java 解释器在程序异常中止时将显示错误原因。然而，查找逻辑错误就比较困难了。

逻辑错误也称为“小虫子”。查找和改正错误的过程称为调试。调试的一般途径是采用各种方法逐步缩小程序中错误所在的范围，可以手工跟踪程序，或者插入输入语句，显示变量的值或程序的执行流程。这种方法适用于短小、简单的程序。对于庞大、复杂的程序，最有效的调试方法是使用调试工具。

JDK 带有一个命令调试器（JDB），它本身是一个类。JDB 自己也是一个 Java 程序，在 Java 解译器上运行自己的副本。所有的 Java 集成工具，如 JBuilder、Visual J++和 Visual Café 等都带有集成的调试器。调试工具可以跟踪程序的执行，它们由于系统不同而有所不同，但是基本都具有下列特点。

- 一次执行一条语句：调试器允许一次执行一条语句，所以能够看清每条语句的执行结果。
- 进入或跳过方法：在执行方法时，可以要求调试器进入方法内部，并在方法中一次执行一条语句，也可以要求它跳过整个方法。如果已经知道方法可行，就应该跳过该方法。例如，跳过系统提供的方法，如 system.out.println。
- 设置断点：也可以在特定的语句上设置断点。当遇到断点时，程序将暂停执行，并且显示断点所在的行。根据需要可以设置多个断点。当知道错误从哪一行开始时，断点特别有用，可以在该行设置一个断点，程序执行到该断点处将暂停。

- 显示变量：调试器允许选择几个变量，并显示它们的值。当跟踪程序时，变量内容继续更新。
- 利用调用栈：调试器允许跟踪所有的方法调用，并列出所有未执行的方法。当需要搞清大型程序执行流程图时，这个特点很有用。
- 修改变量：有些调试器允许在调试时修改变量的值。如果想用不同例子测试程序，又不想离开调试器时，便可利用这个特点。

注意：建议初学 Java 的程序员在程序中采用插入打印语句的方法来跟踪程序。

2.8 本章小结

Java 语言规定标识符由字母、下画线、美元符号和数字组成。注意，第一个字符不能是数字。

Java 语言将数据分为两大类型，即基本数据类型和引用类型。基本数据类型包括布尔类型、整数类型、字符类型和浮点类型。

常量和变量都属于某种数据类型。在使用变量前，先要声明其所属数据类型。

程序错误分为 3 种：编译错误、运行时错误和逻辑错误。

2.9 习题

1．上机运行下列程序，输出的结果是什么?

```
public class   Test
{
   public static void main(String args[]
   {   for (int I=1;I<20;I++)     System.out.println((char)I);
        System.out.println(I/5);
   }
}
```

2．编写程序计算圆柱的体积。读入半径和高，用下列公式计算体积：

面积=半径*半径*3. 14，

体积=面积*高。

3．编写程序，读入 10～1000 的一个整数并将其各位数字之和赋给一个整数。如，整数 932，各位数字之和为 14。

（提示：利用%运算符分解数字，并用/运算符去除分解出来的数字。如 932%10=2，932/10=93）

4．编写程序，读入 double 型数，并检验该数是否在 1～100。如果输入 5，则输出如下：

```
The number 5 between 1 and 100 is true.
```

若输入 120，则输出如下：

```
The number 120 between 1 and 1000 is false.
```

5．解释关键字的概念。关键字与标识符有什么区别？

6．下列哪些是 Java 的关键字？

```
class，public，int，x，y，radius，import ,final
```

7．分别找出 byte、short、int、long、float 和 double 的最大值和最小值，其中哪个数据类型要求的存储空间最小？

8．表达式 27/4 的结果是什么？想得到浮点数的结果，应该怎样重写表达式？

9．如何用 Java 书写下述算术表达式？

$$\frac{4}{3(r+34)}-9(a+bc)+\frac{3+d(2+a)}{a+bd}$$

10．如何将十进制数字符串转换成为 folat 值？如何将整型字符串转换为 int 值？

第 3 章　运算符和语句

在 Java 程序中，用运算符将各种类型的数据和变量连接在一起便构成一个表达式。一个表达式的最后加上一个分号就构成了一个表达式语句。

3.1　运算符

运算符规定了数据计算的规则。运算符有两种分类方法：一种按运算符功能分类，另一种按运算符连接数据个数分类。

运算符按功能分为 7 种：赋值运算符、算术运算符、关系运算符、逻辑运算符、条件运算符、位运算符、其他运算符。

运算符按连接数据个数分为 3 种：一元运算符（连接 1 个数据）、二元运算符（连接 2 个数据）、三元运算符（连接 3 个数据）。

3.1.1　赋值运算符

赋值运算符是二元运算符，其优先级别为 14 级，结合方向为从右到左。它的左边必须是变量，右边是一个表达式。

1．赋值运算的格式

赋值运算符是“=”。其格式如下：

变量名=表达式；//首先计算表达式的值，然后把计算的结果赋给左边的变量

2．赋值运算符的运用

赋值运算符的作用是给符号“=”的左边的变量赋值。例如：

```
int   y=1 ;               //把 1 赋给 y
float   z=y*22+78;      //把 98 赋给 z
```

3.1.2　算术运算符

1．算术一元运算符

（1）算术一元运算符

算术一元运算符包括“+”“-”。例如：

```
-99  //表示负数
+88  //表示正数
```

（2）自增自减运算符

自增运算符（++）使变量值增 1；自减运算符（--）使变量值减 1。这里的变量必须是

整型或浮点型。例如：

```
++x        //先使 x 的值加 1，再使用 x
--x        //先使 x 的值减 1，再使用 x
x++        //先使用 x 之后，再使 x 的值加 1
x--        //先使用 x 之后，再使 x 的值减 1
```

++x 和 x++的区别：++x 是先执行 x=x+1 再使用 x 的值；而 x++是先使用 x 的值再执行 x=x+1。如果 x 的原值是 9，则有如下计算。

```
k=++x;     //该语句执行后， k 的值是 10，x 的值是 10
k=x++;     //该语句执行后，k 的值为 9， x 的值为 10
```

2．算术二元运算符

（1）加减运算符

加减运算符的优先级是 4 级，其结合方向是从左到右。加减运算符的操作数据类型是整型或浮点型。例如：

```
7+8-5      //先计算 7+8，然后将得到的结果减 5
```

（2）乘除和求余运算符

"*"（乘）、"/"（除）和"%"（求余）运算符的优先级是 3 级，其结合方向是从左到右。乘除运算符的操作数据类型是整型或浮点型。例如：

```
5*3/5    //先计算 5*3，然后将得到的结果除以 5
12%5     //求余运算，计算的结果是 2。其计算过程：12 除以 5，得到的余数是 2
```

3．算术表达式

用算术运算符和括号连接起来的式子称为算术表达式。例如：

```
x+2*y-30+3(y+5)
```

3.1.3 关系运算符

1．关系运算符

关系运算符用来比较两个数据的大小关系，其结合方向是从左到右，运算结果是 boolean 型。关系运算符的操作数据类型可以是表达式、常量、变量。关系运算符如表 3-1 所示。

表 3-1 关系运算符

运 算 符	含 义	举 例	运 算 结 果	优 先 级
>	大于	5>3	true	6
<	小于	6<3	false	6
>=	大于等于	'b'>='a'	true	6
<=	小于等于	5<=5	true	6
==	等于	5==3	false	7
!=	不等于	7!=7	false	7

注意：两个字符型数据比较大小时，以其对应的编码值为比较的依据。

2．关系表达式

用关系运算符和括号连接起来的式子称为关系表达式。关系表达式的结果值为 boolean 类型。例如：

```
'w'>'t'         //运算后的结果为 true
(x+y)>80        //假设 x=30，y=20，运算后的结果是 false
```

3.1.4 逻辑运算符

1．逻辑运算符

逻辑运算符包括“&&”、“||”、“!”，其操作数据必须是 boolean 型。参与逻辑运算的数据可以是关系表达式。表 3-2 给出了逻辑运算符的含义。

表 3-2 逻辑运算符

运 算 符	含 义	举 例	运 算 结 果	优 先 级	结 合 方 向
&&	逻辑与	(5>3) && (3<6)	true	11	左到右
||	逻辑或	(6<3) || true	true	12	左到右
!	逻辑非	!(9>8)	false	2	右到左

2．逻辑运算规则

假设 X、Y 是 boolean 型数据，则对 X，Y 进行与、或、非运算的规则如表 3-3 所示。

表 3-3 逻辑运算规则

X	Y	X&&Y	X||Y	!X
true	true	true	true	false
true	false	false	true	false
false	true	false	true	true
false	false	false	false	true

（1）运算符“&&”

“&&”连接的两个表达式都是 true 时，运算后的结果才是 true，否则结果是 false。

（2）运算符“||”

“||”连接的两个表达式都是 false 时，运算后的结果才是 false，否则结果是 true。

（3）运算符“!”

“!”运算符表示对表达式进行逻辑求反。例如，!(4>5)的值是 true,!(6>3)的值是 false。

3．逻辑表达式

用逻辑运算符和括号连接起来的符合 Java 语法规则的式子称为逻辑表达式，逻辑表达式的运算结果是 boolean 型。例如：

```
!(3>5) || (10<6) && ('g'>'a')
```

3.1.5 条件运算符

条件运算符包括“?”和“:”，是三元运算符。条件表达式的格式如下：

```
conditionExpression ?  dataExpression1 : dataExpression2
```

conditionExpression 是逻辑或关系表达式。若 conditionExpression 的值是 true，则整个表达式的值是 dataExpression1；若 conditionExpression 的值是 false，则整个表达式的值是 dataExpression2。例如：

```
int a=5, b=2, result;
if(a>b)
    result=a-b;
else
    result=b-a;
```

以上的 if 语句等价于下面的语句：

```
result=a>b ? a-b : b-a ;
```

3.1.6 位运算符

按位运算是指把要操作的数据转换为二进制后，对二进制的每比特位（bit）进行运算。Java 的按位操作数据只能是整型、char 型、boolean 型数据。

1. 整型数据的二进制表示

整型数据在内存中以二进制的形式表示，例如一个 int 型的变量在内存中占 4 字节，共 32 位。

（1）正整数的二进制表示

例如（int 型数据）+6 的二进制表示如下：

00000000 00000000 00000000 00000110

（2）负整数的二进制表示

负数在内存中以补码的形式表示。

假设 x 是正整数，则求负数(-x)的补码步骤是：首先，求负数的绝对值，并用二进制数表示；其次，对绝对值对应的二进制数按位取反；第三，对取反后的二进制数加 1。

例如，求-5（假设是 int 型数据）的补码过程如下：

第一步，求负数的绝对值，并用二进制数表示（int 型整数占 4 字节）。

-5 的绝对值是 5，因是 int 型数据，占 4 字节，其二进制表示如下：

00000000 00000000 00000000 00000101

第二步，对二进制数按位取反。对上面数据按位取反后的结果如下：

11111111 11111111 11111111 11111010

第三步，对取反后的二进制数加 1。

11111111 11111111 11111111 11111011

2. “按位”运算符

位运算符有：非(~)、与(&)、或(|)、异或(^)、右移(>>)、左移(<<)等等。如表 3-4 所示是位运算符规则。

表 3-4　位运算符规则

位(a)	位(b)	按位与(a&b)	按位或(a|b)	按位异或(a^b)	按位非(~b)
0	0	0	0	0	1
1	0	0	1	1	1
0	1	0	1	1	0
1	1	1	1	0	0

假设 a，b 都是 byte 型数据（占一字节），a=3，b=5，下面是几种按位运算的例子。

（1）按位与（&）

假设 x，y 分别是二进制数中的一位数。则 x，y 进行按位与运算时，只有当 x，y 都是 1 时，其计算结果才是 1，否则是 0。

a：00000011

b：00000101

&__________

00000001

（2）按位或（|）

假设 x，y 分别是二进制数中的一位数。则 x，y 进行按位或运算时，只有当 x，y 都是 0 时，其计算结果才是 0，否则是 1。

a：00000011

b：00000101

|__________

00000111

（3）按位异或（^）

假设 x，y 分别是二进制数中的一位数。则 x，y 进行按位异或运算时，当 x，y 不同时，其计算结果是 1，相同是 0。

a：00000011

b：00000101

^__________

00000110

（4）按位非（~）

假设 x 是二进制数中的一位数。当 x 是 0 时，则按位非运算的结果是 1；当 x 是 1 时，则按位非运算的结果是 0。

b：00000101

~__________

11111010

3.1.7　其他运算符

1．点运算符

点运算符“.”用来访问对象（或类）的成员变量或成员方法。

2．new 运算符

可以用 new 运算符创建一个对象或一个数组。

3．instanceof 运算符

instanceof 运算符是二元运算符。常用格式如下：

```
object   instanceof   type_name
```

上面是一个表达式，其运算结果的数据类型是 boolean 类型。其中，object 是一个对象，type_name 是一个类。当 object 是 type_name 类创建的对象时，该运算符运算的结果是 true，否则是 false。

3.1.8 运算符优先级和结合方向

运算符的优先级决定了表达式中数据计算的先后顺序。在编写程序时，应尽量使用“()”运算符来实现所需运算次序。例如把 x<y && !z 写成 (x<y) &&(!z) ，这样的程序更易于阅读。

在表达式中，数据计算的先后顺序决定于两个方面：1）对优先级不同的运算符来说，系统首先选择优先级最高的运算符，对它连接的数据进行计算，然后选择次优先级的运算符，对它连接的数据进行计算，以此类推。2）对于级别相同的运算符，按运算符的结合性（结合方向），对它连接的数据进行计算。

如表 3-5 所示列出了部分 Java 运算符的优先级和结合性。有些运算符没有介绍，读者可参见相关书籍。

表 3-5　运算符的优先级和结合性

运　算　符	运算符优先级	运算符分类	结 合 方 向
，； []()	1	分隔符	
++ -- ! +=	2	自增，自减运算，逻辑非	右向左
* / %	3	算术乘除运算	左向右
+ -	4	算术加减运算	左向右
>> << >>>	5	移位运算	左向右
< <= >= > instanceof	6	大小关系运算，对象类型测试	左向右
== !=	7	相等关系运算	左向右
&	8	按位与运算	左向右
^	9	按位异或运算	左向右
|	10	按位或运算	左向右
&&	11	逻辑与运算	左向右
||	12	逻辑或运算	左向右
? :	13	三目条件运算	左向右
= *=; /=; %=; <<=; >>=; >>>=;&=;!=; ^=	14	赋值运算	右向左

3.2 Java 语句

Java 语句按格式分为 6 类。在 Java 源文件中，包命名语句（package）和包引用语句

（import）放在类和接口定义之外（其中包命名语句放在 Java 源文件的第一行），其他的语句都放在方法体中。每个语句的最后必须有分号。

1．方法调用语句

在方法最后加上一个分号，就构成了一个方法调用语句。例如：

```
System.out.println("方法调用语句");  //该语句是调用方法 println()
```

2．表达式语句

一个表达式的最后加上一个分号，就构成了一个表达式语句。例如：

```
z=a+b+23;
```

3．复合语句

用{}把一些语句括起来便构成了复合语句。例如：

```
{   z=x+y+123;
    t=n+v+z;
    System.out.println("Hello world"+t);
}
```

4．package 语句

包命名语句的作用是为包命名。包命名语句必须放在源文件的第一行。例如：

```
package java.wang;          //将包命名为 java.wang
```

5．import 语句

包引用语句主要用于引用包中的类。例如：

```
import   java.liu.*;          //引用包 java.liut 中的所有类，以便使用其中的类
```

6．控制语句

控制语句用于控制程序执行的顺序。控制语句包括选择语句、循环语句和跳转语句。

3.2.1 选择语句

选择语句依据条件表达式的值，可以改变程序执行的顺序。选择语句分为两大类，即条件语句和开关语句（switch）。

1．条件语句

条件语句可分为三种。

（1）if 语句

if 语句的格式：

```
if  (条件表达式)
{
    语句组;
}
```

if 语句的执行过程：

当条件表达式的值为 true 时，则执行后面的语句组；当表达式的值为 false，则跳到 if 语句下面的语句开始执行。

【例 3-1】 用 if 语句实现检测分数是否及格。

程序清单 3-1　scoreOrder.java

```
public class scoreOrder
{   public static void main(String args[])
    {   int score=59,pass=60;
        if(score<pass) {System.out.print("不及格");}
        if(score>=pass) {System.out.print("及格");}
    }
}
```

（2）if...else 语句

if...else 语句的格式如下：

```
if  (条件表达式)
   {语句组-1; }
else
   {语句组-2}
```

if...else 语句的执行过程：

当条件表达式的值为 true 时，则执行语句组-1；当条件表达式的值为 false，则执行语句组-2。

【例 3-2】 判断分数是否及格。

程序清单 3-2　ScoreLevel.java

```
public class ScoreLevel
{   public static void main(String args[])
    {   int stu1_score=48,stu2_score=97;
        if (stu1_score>=60)
           {System.out.println("学生 1 的成绩及格");}
        else
           {System.out.println("学生 1 的成绩不及格");}
        if(stu2_score>=60)
           {System.out.println("学生 2 的成绩及格");     }
        else
           {System.out.println("学生 2 的成绩不及格");   }
    }
}
```

（3）if...else if 嵌套语句

if...else if 嵌套语句的格式如下：

```
if  (条件表达式 1)
```

```
        {语句组-1}
    else if (条件表达式 2)
        {语句组-2}
    …
    else if (条件表达式 n)
         {语句组-n}
```

if…else if 嵌套语句的执行过程：

java 解释器从上到下依次测试条件表达式的值，当某个条件表达式的值为 false 时，继续测试下一个条件表达式的值；当某个条件表达式的值为 true 时，则执行该条件表达式后的语句组，忽略其余语句组。

2．switch 开关语句

switch 语句是多分支的开关语句。

（1）switch 语句格式

```
switch (表达式)
{
    case   常量 1:
           多个语句;
           break;
    case   常量 2:
           多个语句;
           break ;
    …
    case   常量 n:
           多个语句;
           break ;
  [ default:   多个语句; ]
}
```

其中，switch 、case、default、break 是关键字，[]中的 default 子句是可选的。表达式的值、常量 1、常量 2、常量 3、常量 n 的数据类型必须是整型或字符型。需要注意的是，在同一个 switch 语句中，多个常量值必须互不相同。

（2）switch 语句执行过程

Java 解释器首先计算表达式的值，然后从上到下依次将表达式的值与常量进行比较。如果表达式的值与某个常量值相同，就执行该常量值后面的多个语句，直到碰到 break 语句为止，跳出 switch 语句；若没有一个常量与表达式的值相同，则执行 default 后面的多个语句。如果 default 不存在，并且所有的常量都与表达式的值不同时，则 switch 语句不会执行任何语句。

【例 3-3】 对于不同分数段的成绩输出相应的分数等级。

程序清单 3-3　ScoreTest.java

```
public class ScoreTest
{   public static void main(String args[])
   {     int student[]={54,69,84,98,73};
```

```
        for(int i=0;i<5;i++)
        {   switch(student[i]/10)
            {   case 9: System.out.println("第"+(i+1)+"位学生的成绩为优");break;
                case 8:System.out.println("第"+(i+1)+"位学生的成绩为良");break;
                case 7:System.out.println("第"+(i+1)+"位学生的成绩为中");break;
                case 6:System.out.println("第"+(i+1)+"位学生的成绩为及格");break;
                default:  System.out.println("第"+(i+1)+"位学生的成绩为差！");
            }
        }   //for 语句结束
    }//方法语句结束
}
```

switch(student[i]/10)表示的意思是将成绩整除 10 后的值作为比较因子。

3.2.2 循环语句

Java 中有 3 种循环语句，分别介绍如下。

1．for 循环语句

（1）for 语句的格式

```
for（表达式 1；表达式 2；表达式 3）
{
    语句组；    //该部分也称为循环体
}
```

其中各项介绍如下：

- 语句组：称为循环体。
- 表达式 1：对变量初始化，只执行一次。
- 表达式 2：条件表达式，当表达式 2 为真时，继续执行循环体。
- 表达式 3：调整表达式 2 中的变量值，以便改变表达式 2 的值。

（2）for 语句的执行过程

首先计算表达式 1，完成变量初始化。再测试表达式 2 的值，若表达式 2 的值为 true，则执行语句组。执行完语句组之后紧接着计算表达式 3，这样一轮循环就结束了。下一轮循环从计算表达式 2 开始，若表达式 2 的值仍为 true 则继续执行语句组，否则跳出整个 for 语句，执行 for 语句后面的语句。

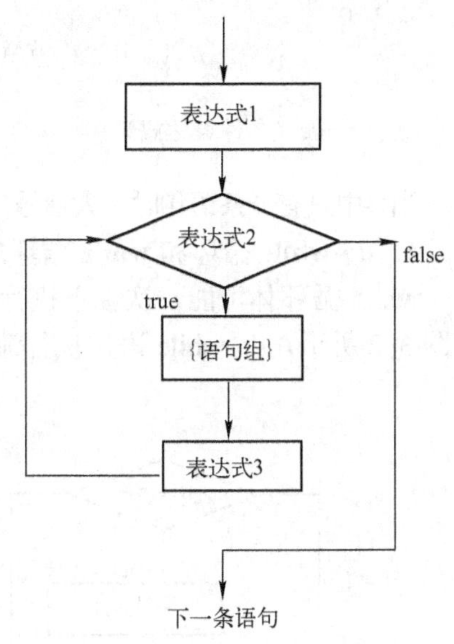

图 3-1　for 语句执行流程

（3）for 语句执行流程图

for 语句执行流程如图 3-1 所示。

【例 3-4】 输出九九乘法表。

程序清单 3-4　Multiple.java

```
public class Multiple
{   public static void main(String args[])
  { for(int i=1;i<=9;i++)
     {   for(int j=1;j<=i;j++)      System.out.print(i+"X"+j+"="+i*j+" ");
         System.out.println();
     }
  }
}
```

2．while 循环语句

（1）while 语句格式

```
while（条件表达式）
{
    语句组;  //该部分也称为循环体
}
```

（2）while 语句执行过程

首先计算条件表达式的值，若其值为 true，则执行语句组。然后进入下一轮循环，即再次计算条件表达式的值，若其值为 true，再次执行语句组，否则跳出 while 语句。

3．do-while 循环语句

do-while 语句格式如下：

```
do
{
   语句组;  //该部分也称为循环体
}
while（条件表达式）
```

当{}中只有一条语句时，大括号{}可以省略，不过最好不要省略，以便增加程序的可读性。

4．do-while 循环和 while 循环的区别

while 循环体可能一次也不执行，do-while 循环体至少会执行一次。while 语句执行流程如图 3-2 所示，do-while 语句执行流程如图 3-3 所示。

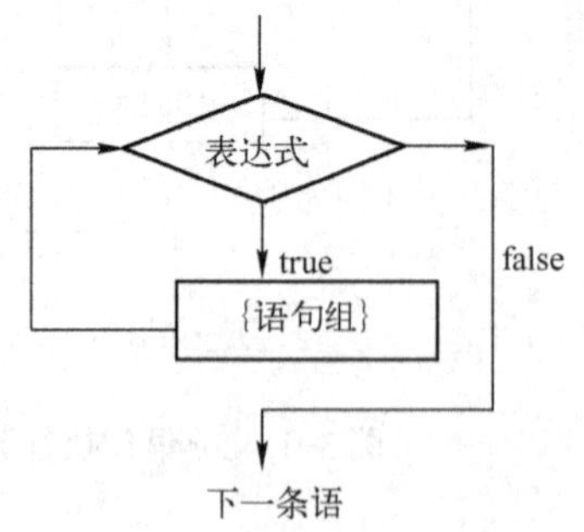

图 3-2　while 语句执行流程

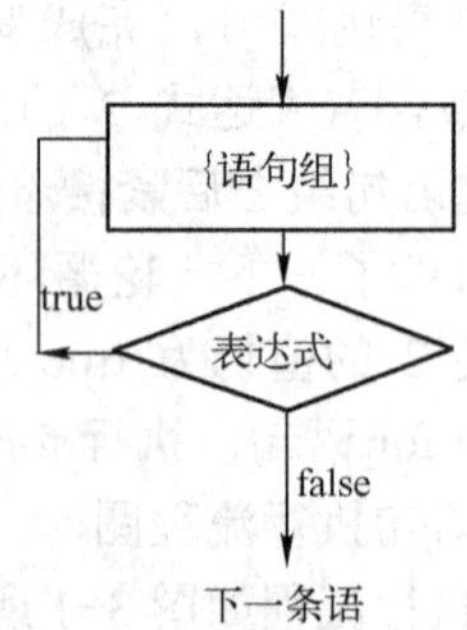

图 3-3　do-while 语句执行流程

【例 3-5】 逆序输出 10～1 这十个数字。

程序清单 3-5　loopTest.java

```
public class loopTest
{      public static void main(String args[])
    {    int a=10;
         while(a>0){System.out.println(a);     a=a-1;}
    }
}
```

3.2.3　跳转语句

跳转语句可以无条件地改变程序的执行顺序。Java 支持三种跳转语句：break、continue 和 return。

1．break 语句

break 语句执行时，立即终止循环，跳出循环体。

【例 3-6】 顺序输出 1～10 这十个数字。

程序清单 3-6　BreakTest.java

```
public class BreakTest
{      public static void main(String args[])
    {   for(int i=1;i<=20;i++)
        {   System.out.println(i);
            if(i>=10)    break;
        }
    }
}
```

2．continue 语句

continue 语句只能在循环体中使用。该语句执行时将跳过后面的语句，开始下一轮循环的执行。

【例 3-7】 输出 1～5，并找出执行 continue 语句的点。

程序清单 3-7　ContinueTest.java

```
public class ContinueTest
{      public static void main(String args[])
    {   for(int i=1;i<=5;i++)
        {
            if(i==3)
              {  System.out.println("i="+i+"时,continue 跳过后面的一条语句，控制流回到 i++");
                 continue;
              }
            System.out.println(i);
        }
    }
}
```

程序运行结果如下：

```
1
2
i=3 时,continue 跳过后面的一条语句，控制流回到 i++
4
5
```

3．return 语句

return 语句的作用是返回方法的值。当 return 语句执行时，控制权回到调用该方法的语句。

【例 3-8】 计算长方形的面积。

程序清单 3-8　ReturnTest.java

```
public class ReturnTest
{   static double area(double a,double b)//计算长方形的面积
    {   return (a*b);     }
    public static void main(String args[])
    {   System.out.println("长方形的面积为："+area(2.3,4.9));}
}
```

3.3　本章小结

在 Java 程序中，使用运算符将各种类型的数据连接在一起便构成一个表达式。一个表达式的最后加上一个分号就构成了一个表达式语句。

运算符按功能分为 7 种：赋值运算符、算术运算符、关系运算符、逻辑运算符、条件运算符、位运算符、其他运算符。

Java 程序有 6 种语句。除包命名语句（package）和包引用语句（import）放在类定义和接口定义之外（其中包命名语句放在 Java 源文件的第一行），其他的语句都放在方法体中。

3.4　习题

1．分别编写一个应用程序和小应用程序，求 2!+4!+…+12!。

2．分别用 do-while 和 for 循环计算 1+1/2!+1/3!+1/4!…的前 20 项之和。

3．编写程序对三个整数排序。从键盘输入整数分别存入变量 num1、num2 和 num3，对他们进行排序，使得 num1<=num2<=num3。

4．编写程序，从键盘读入个数不确定的整数并判断读入的正数和负数个数，输入为 0 时结束程序。

5．编写程序读入整数并求它们的总和与平均值。输入为 0 时程序结束。

6．用 while 循环求 m^2 大于 12000 的最小数 m。

7．编写程序读入一个整数显示它的所有素数因子。例如，若输入整数为 120，输出应为 2、2、2、3、5。

8．写一个嵌套的 for 循环打印下列图案：

1

1 2

1 2 3

1 2 3 4

9．分别用 switch 语句和 if 语句写两个例子，说明它们在应用中的优缺点。

10．分别用 do-while 和 while 编写程序，求 2*n!。

11.写一个例子程序，包含 return 语句、break 语句和 continue 语句的应用。

12．假定 y 为 1，以下表达式运算后，y 的值是什么？表达式的值是多少？

(y>1)&(y++>1)

13．假定 y 为 8，以下表达式运算后，y 的值是什么？表达式的值是多少？

（y>1）&&　(y++>1)

14．switch（x）语句中，变量 x 应该是什么数据类型？如果在执行 case 语句之后没有使用关键字 break，那么下一条要执行的语句是什么？可以把 switch 语句转换成等价的 if 语句？反过来可以吗？使用 switch 语句的优点是什么？

15．使用 switch 语句重写下列 if 语句，并画出 switch 语句的流程图：

```
if (a==1)
   x+=2;
else if(a==2)
   x+=3;
else if(a==3)
   x+=4;
else if(a=4)
   x+=5;
```

16．使用条件运算符重写下列 if 语句。

```
if(count % 8==0)
   System.out.println(count + "\n" );
else
   System.out.println(count + " " );
```

17．给出并解释下列代码的输出：

```
int i=2;
System.out.println(--i + i + i++);
System.out.println(i+ ++i);
```

18．下列语句做什么？

```
for(int i=1 ;  ;)     System.out.println(i+ ++i);
```

19．如果一个变量是在 for 循环中说明的，退出循环后还可以使用该变量吗？

第4章　方　　法

本章主要介绍方法的定义、调用、参数传递、递归概念和方法的重载。

4.1　方法定义

方法的定义包括两部分：方法声明和方法体。方法声明包括：访问修饰符、方法类型(static)、返回值类型、方法名、参数表。方法体中的语句是实现方法功能的代码。

1．方法定义的一般格式

```
访问修饰符 方法类型　返回值类型　　方法名（参数表）
{
    方法体的内容;
}
```

- 访问修饰符。包括：private、默认方式、protected、public。
- 方法类型。包括：static、默认方式。
- 返回值类型。指方法返回的数据值类型，可以是任何 Java 数据类型。如 int、float。
- 方法名。程序员给方法起的名字。

2．方法定义举例

【例 4-1】 下面定义了一个类 TestMax ，类中定义了两个方法 main 和 max。

程序清单 4-1　TestMax.java

```
public class TestMax
{
    //方法 main 的定义
    public    static    void    main(String[] args)
    {
        int i = 8,     j=3;
        int k = max(i, j); //调用方法 max 的语句
        System.out.println("The maximum between " + i + " and " + j + " is " + k);
    }

    //方法 max 的定义
    public    static    int     max(int num1, int num2)
    {
        if (num1 > num2)
            return num1;
```

```
13          else
14              return num2;
15      }
16  }
```

第 1 行是类声明。public 表示类 TestMax 是公有的。

第 2 行至是 16 行是类体部分，类体中定义了两个方法，它们是：main 和 max。

第 3 行至 8 行定义方法 main。

第 9 行至 15 行定义方法 max。

下面以方法 max 为例，说明方法的构成，如图 4-1 所示。

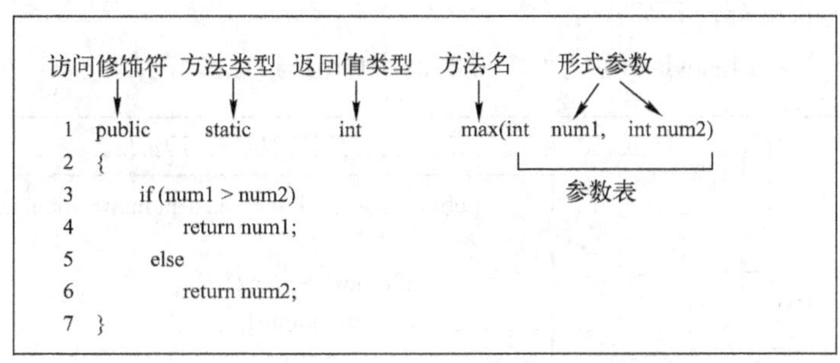

图 4-1　方法的组成

第 1 行是方法声明。public 表示该方法是公有的；static 表示方法是类方法；int 表示该方法被调用时返回的数据值的类型；max 是方法名；( )符号中的多个参数构成了方法的参数表。方法声明表明了方法能提供的服务。方法名与参数表的左括号之间不能有空格。

第 2～7 行是方法体。方法体中可以包含多个语句，多个语句共同实现了方法能提供的服务，因此又称方法体是对方法声明的实现。

（1）方法命名

方法的名称必须符合标识符的规定。对方法进行命令时应遵守以下规则：名称如果使用拉丁字母，首个字母使用小写。如果由多个单词组成，从第 2 个单词开始的其他单词的首字母使用大写。

（2）方法返回值的类型

方法返回值的类型可以是任意的 Java 数据类型，当一个方法不需要返回数据时，返回值的类型是 void。

（3）参数表

参数表是指方法名后的( ) 中用逗号隔开的一些变量声明。方法的参数可以是任意的 Java 数据类型。

（4）方法体

方法体的内容包括 2 个部分：局部变量的定义和 Java 语句。

4.2　方法调用

定义方法的目的就是为了以后调用方法。依据方法是否返回值，有 2 种调用方法的途径。

（1）方法返回一个值

如果方法返回一个值，就把方法的调用当成一个数据，例如：

```
int k = max(i, j);     //调用方法 max(i,j)，将其结果赋给变量 k
```

（2）方法不返回值

如果方法不返回值，即，返回数据类型是 void，那么，将调用方法当成一条语句使用，例如：

```
System.out.println("java 程序设计 "); //调用方法 println 的返回值类型是 void。
```

（3）调用方法的执行流程

下面以程序清单 4-1TestMax 为例子，说明调用语句与方法之间的关系。如图 4-2 所示。

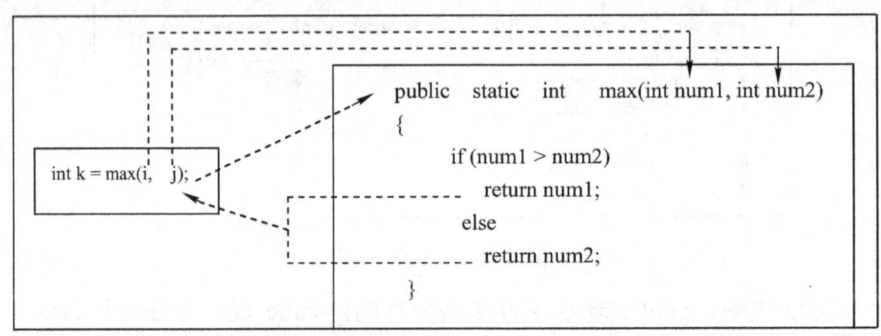

图 4-2　调用语句与方法之间的关系

在程序清单 4-1 中，把调用方法 max(i,j)中的参数称为实参（如，i,j），把方法 max 定义时参数称为形参（如，num1,num2）。

当第 6 行语句执行时，系统分别将实参 i,j 的值传给形参 num1,num2。这时，控制权从调用语句 max(i,j)转向方法 max，并开始执行 max 方法体，当 max 方法执行到 return 语句后，方法 max 将控制权还给调用语句。

注意：调用语句中的实参的类型、顺序和数量必须与方法定义时的形参匹配。

4.3　参数传递

方法中的形参有 2 类，一类参数是基本数据类型，另一类是引用类型。如果方法中的参数是基本数据类型，则调用方法时，实参值一一对应地传给形参，这称为按值传递；如果方法中的参数是引用类型，则调用方法时，实参的地址一一对应地传给形参。

【例 4-2】 在下面的程序中，方法 swap 的两个形参是基本数据类型，因此，在方法被调用时，实参按值传递给形参。

程序清单 4-2　TestPassByValue.java

```
public class TestPassByValue
{  //main 方法的定义
```

```
        public static void main(String[] args) //main 方法的声明是规定格式
        {   int num1 = 6;
            int num2 = 8;

            System.out.println("在调用  swap 前, num1 = " + num1 + " num2= " + num2);
            swap(num1, num2);   //调用 swap

            System.out.println("调用  swap  后, num1= " + num1 + " num2= " + num2);
        }
        //方法 swap 的定义。其作用是交换 n1 与 n2 的值
        static void swap(int n1, int n2)
        {   System.out.println("在调用  swap 前  n1 = " + n1 + " n2 = " + n2);
          //下面是交换变量 n1 与 n2 的实现过程
          int temp = n1;
          n1 = n2;
          n2 = temp;
          System.out.println("在调用 swap 后  n1 = " + n1 + " n2 =" + n2);
        }
    }
```

在调用 swap 方法前，实参 num1 的值是 6、num2 的值是 8。在调用 swap 方法后，实参 num1、num2 的值没有改变。即，swap 方法执行后，没有改变实参的值。形参值的改变并没有影响实参 num1 和 num2。

下面看看当调用语句 swap(num1, num2); 执行后，实参 num1 和 num2、形参 n1 和 n2 的变化情况，如图 4-3 所示。

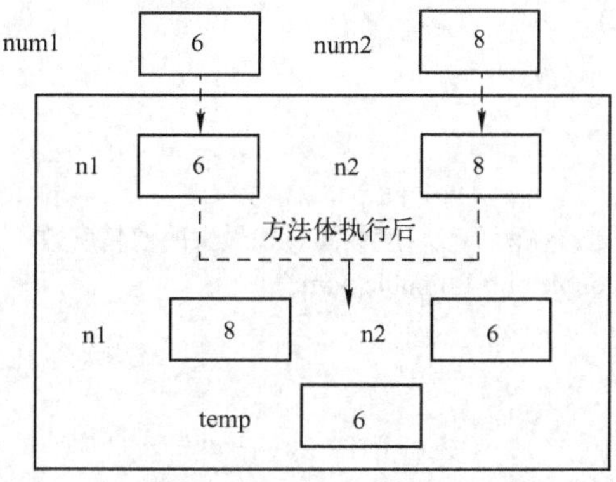

图 4-3　调用 swap 方法后，实参值没有交换

如图 4-3 所示可以看出，实参和形参都有自己独立的存储空间，当方法 swap 被调用时，才为形参 n1,n2 分配存储空间，当方法执行完成后，为形参分配的存储空间消失。

4.4　方法重载

在同一个类中有多个方法，它们的方法名相同，但其参数表不同（参数表中的参数个

数、参数的类型至少有一个不同），方法之间的这种现象称为方法重载，即一个方法是另一个方法的重载。

我们把**方法名**与**参数表**一起构成的一个整体称为**方法头标志**。当调用语句执行时，Java 系统根据方法头标志决定调用相对应的方法。

【例 4-3】 下面的程序定义三个方法。第一个求最大整数，第二个求最大双精度数，第三个求三个双精度数中的最大数。三个方法的名称都是 max，但是，方法的参数表不同。

程序清单 4-3　TestMethodOverloading.java

```
public class TestMethodOverloading
{
    public static void main(String[] args)
    {
      //调用形参是 int 型的 max 方法
      System.out.println("The maximum between 3 and 4 is " + max(3, 4));

      //调用形参是 double 型的 max 方法
      System.out.println("The maximum between 3.0 and 5.4 is " + max(3.0, 5.4));

      //调用拥有三个形参的 max 方法
      System.out.println("The maximum between 3.0, 5.4, and 10.14 is " + max(3.0, 5.4, 10.14));
    }

    //下面方法的功能是：在两个整数间寻找最大的整数
    static int max(int num1, int num2)
    {
      if (num1 > num2)
        return num1;
      else
        return num2;
    }
    //下面方法的功能是：在两个双精度数间寻找最大的双精度数
    static double max(double num1, double num2)
    {
      if (num1 > num2)
        return num1;
      else
        return num2;
    }
    //下面方法的功能是：在三个双精度数间寻找最大的双精度数
    static double max(double num1, double num2, double num3)
    {
      return max(max(num1, num2), num3);
    }
}
```

调用语句执行时，如果实参是 int 型，就调用形参为 int 型的 max 方法；如果实参是 double 型，就调用形参为 double 型的 max 方法；如果实参是三个 double 型，就调用具有三个 double 参数的 max 方法。

当执行语句是 **max(3, 4)**时，则，max(int num1, int num2)方法被调用；当执行语句是 **max(3.0, 5.4)**时，则，max(double num1, double num2)方法被调用；当执行语句是 **max(3.0, 5.4, 10.14)**时，则，max(double num1, double num2, double num3)方法被调用。可见，调用语句执行时，java 系统是根据实参的个数、参数类型去寻找匹配的方法。

注意：方法重载的条件是，方法名相同，参数表不同，否则编译时将发生语法错误。

4.5 方法应用

Java 系统中每个类拥有大量的方法，这些方法为实际应用提供了方便。如，Math 类中的三角函数方法、指数函数方法、数学计算方法等等。

4.5.1 计算平均值

【例 4-4】 计算 10 个随机数的平均值及 10 个随机数的平方和。

程序清单 4-4　ComputeMean.java

```
public class ComputeMean
{
  //主方法
  public static void main(String[] args)
  {
    int number = 0;                  //保存一个随机数
    double sum = 0;                  //保存随机数的和
    double squareSum = 0;            //保存随机数的平方和

    //生成 10 个随机数，并求 10 个数的和，以及平方和
    for (int i=1; i<=10; i++)
    {

      number = (int)Math.round(Math.random()*1000);  //生成随机数 number
      System.out.println(number);

      //对随机数求和
      sum += number;

      //随机数的平方和
      squareSum += Math.pow(number, 2); //pow(number, 2)作用是：求 number 的平方
    }

    double mean = sum/10;            //求 10 个数的平均值
```

```
        System.out.println("10 个数的平均值是：" + mean);
        System.out.println("10 个数的平方和是：" + deviation);
    }
}
```

对 Math 类中的 min 方法、max 方法、abs 方法、round 方法、random 方法、pow 方法说明如下：

1）min(x,y)方法返回 x,y 中的最小值。x,y 可以是整数，也可以是浮点数。

2）max(x,y)方法返回 x,y 中的最大值。x,y 可以是整数，也可以是浮点数。

3）abs 方法返回一个绝对值。如，abs(-3.2),返回值是 3.2。

4）radom 方法，生成一个大于或等于 0.0，小于 1.0 的 double 型的随机数。

5）pow 方法，求一个数的平方。 如，pow(5,2)的值是 25。

6）round 方法作用是对数据进行四舍五入，它有两个重载版本。一个是对 float 型数据四舍五入为 int 型。另一版本是，将 double 型数据四舍五入为 long 型数据。

4.5.2 计算阶乘

递归就是方法直接或者间接调用自己的过程。下面用一个例子演示递归的实现过程。

【例 4-5】 编写一个递归方法 factorial(int n)计算 n 的阶乘。程序提示用户输入 n。

程序清单 4-5　ComputeFactorial.java

```
public class ComputeFactorial
{
  public static void main(String[] args)
  {
    System.out.println("请输入一个正整数");//提示用户输入一个正整数
    int n = MyInput.readInt(); //从键盘上读取一个整数
    System.out.println("n 的阶乘是 " + factorial(n));
  }
  //求 n!的方法
  static long factorial(int n)
  {
    if (n == 0) //终止条件
      return 1;
    else
      return n*factorial(n-1); //递归调用
  }
}
```

4.5.3 求最大公因数

用辗转相除法求两个整数的最大公因数 gcd(a,b)，用递归方法实现。

【例 4-6】 求最大公因数和最小公倍数。

程序清单 4-6　Recursion.java

```
public class    Recursion
{
    public static int gcd(int a,int b)                    //返回 a,b 的最大公因数
    {
        if (b==0)
            return a;

        if (a<0)
            return gcd(-a,b);

        if (b<0)
            return gcd(a,-b);

        return gcd(b, a%b);
    }

    public static int gcd(int a,int b,int c)          //返回 a,b,c 的最大公因数
    {
        return gcd(gcd(a,b),c);
    }

    public static int multiple(int a,int b)           //返回 a,b 的最小公倍数
    {
        return a*b/gcd(a,b);
    }

    public static void main(String args[])
    {
        int a=12,b=18,c=27;
        System.out.println("gcd("+a+","+b+")="+gcd(a,b));
        System.out.println("gcd("+(-a)+","+b+")="+gcd(-a,b));
        System.out.println("gcd("+a+","+b+","+c+")="+gcd(a,b,c));
        System.out.println("multiple("+a+","+b+")="+multiple(a,b));
    }
}
```

4.5.4 计算斐波那契数

斐波那契数列（Fibonacci.）是后一项是前两项的和。Fibonacci 数列的例子如下：

0，1， 1， 2， 3， 5， 8， 13…

从上面数列可以看出，从 0,1 开始，以后每个数都是数列中，前两个数的和。该数列可以递归定义为：

1）Fib(0)=0;   //n=0。

2）Fib(1)=1;   //n=1。

3）Fib(n)= Fib(n-2)+ Fib(n-1);   //n>=2。

从上面第三项式子可以看出，要求 Fib(n)，只要知道 Fib(n-2)和 Fib(n-1)的值。而要计算 Fib(n-2)和 Fib(n-1)的值，可以运用递归的思想，直到 n 递减为 0 或 1。

【例 4-7】 对于一个给定的参数 n，用递归方法计算 Fibonacci.数 fin(n)。

程序清单 4-7　Fibonacci.java

```
public class Fibonacci
{
  //主方法
  public static void main(String args[])
  {
    //从键盘上读取 n 的值
    System.out.println("读取斐波那数列的索引值");
    int n = MyInput.readInt();

    System.out.println("斐波那数列的索引 " + n + " 对应的数据是：  "+fib(n));
  }

  //该方法寻找索引 n 对应的数列项
  public static long fib(long n)
  {
    if ((n==0)||(n==1))
      return 1;   //停止递归调用
    else
      return fib(n-1) + fib(n-2);
  }
}
```

4.6　本章小结

本章重点介绍方法的定义格式及方法调用，形参与实参类型必须一致。还介绍了形参到实参的传递过程和方法重载的概念。最后介绍了四个方法应用的例子。

4.7　习题

1．分别编写两个方法，一个方法的功能是求一个 double 型数值的向右取整，另一个方法求 double 型数值的向左取整。数 d 的向右取整是大于等于 d 的最小整数，d 的向左取整是小于等于 d 的最大整数。例如：7.3 的向右取整是 8 而向左取整是 7。

2．写一个方法计算一个整数各位数字的和。使用下述的方法说明：

```
public static int sumDigits(long n)
```

例如：sumDigits(276)返回 2+7+6=15。

提示：用求余运算符%分解数字，用除号/分离位数。例如 334%10=4，而 334/10=33，用循环反复分解和分离每位数字，直到所有的位数都被分解。

3．编写程序，用 Math 类中的 sqrt 方法打印下表。

```
Number      SquareRoot
..................................
0              0.0000
2              1.4142
4              2.0000
6              2.4495
```

4．main 方法的 return 类型是什么？

5．在返回值类型不是 void 的方法中，不写 return 语句会发生什么错误？可以在返回值类型为 void 的方法中写 return 语句中吗？

6．实参是如何传递给形参的？实参可以和形参同名吗？

7．什么是方法重载？可以在一个类中定义两个名称和参数列表相同但返回值或修饰符不同的方法吗？

第 2 篇　面向对象程序设计

第 5 章　类与对象

采用面向对象的方法开发软件系统的过程，就是定义类和接口、创建对象、组织对象的过程。下面介绍面向对象的相关概念。

5.1　面向对象的概念

采用面向对象的方法编写软件系统来解决现实世界中的问题，必须了解四个概念：实体、类、对象、消息。

1．实体

我们把现实世界中存在的事、物等通称为实体。如，张三、李四、飞机、火车、轮船、空气、图像、灯泡和桌子等都是实体。

2．类

软件类是对现实领域中一组实体的共同属性和共同行为特征的描述。类的字段描述了实体的静态特征，类的方法描述了实体的动态特征。

例如，对于现实世界中的一组“圆”，相应地在软件领域中定义一个 Circle 类，该类描述了现实世界中一组圆的共同特征。Circle 类的字段 radius 模拟了现实世界中“圆”的静态特征（半径），Circle 类的方法，如计算面积的方法 getArea()、计算周长的方法 getPerimeter()模拟了现实世界中“圆”的动态特征。下面用 UML 图形符号描述 Circle 类，如图 5-1 所示。

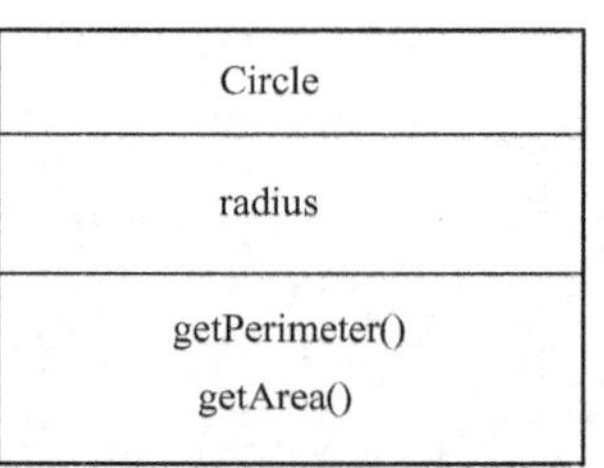

图 5-1　Circle 类的 UML 表示

用 Java 语言程序来描述 Circle 类，其代码如下：

```
public class Circle                          //本行是类声明
{                                            //类体起始行
    private    double radius;                //字段 radius 表示圆的半径

    public Circle(double   radius)           //以半径 radius 为参数构造一个圆
    {
        this.radius = radius;
    }
```

```
        public double getArea()                  //该方法用来计算圆的面积
        {
            return radius*radius*Math.PI;
        }

        public double getPerimeter()             //该方法用来计算圆的周长
        {
            return 2*radius*Math.PI;
        }
    }                                            //类体结束行
```

3. 对象

从 Java 语言的角度看，类是用 Java 语言定义的一个模板，这种模板是对现实领域一组实体共同特征的模拟。模板中定义了两种成员，它们是描述实体属性的变量和描述实体行为的方法。如果以类为模板，给类中每一个变量赋值，就会得到一个实体，这个实体就是对象。因此可以说，类是对象的蓝图，对象是类的实例化。

如图 5-2 所示就是以 Circle 类为模板创建对象 circle1 和对象 circle2。可以用 Circle 类为模板创建许多个圆。

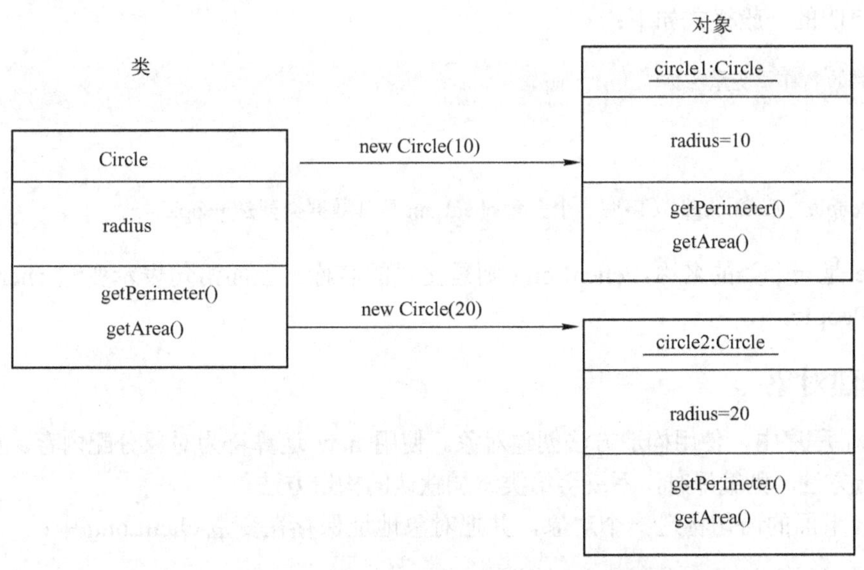

图 5-2　以 Circle 为模板可以创建多个不同的对象

如图 5-2 所示可以看出，每个对象对类的成员变量和成员方法进行了复制。

4. 消息

对象间的协作是靠消息来完成的。当发送方希望接收方执行任务时，就会给接受方发送一条与任务相关的信息，这条信息就是消息。

对象一旦建立了联系，就可以协作，执行更复杂的任务。对象通过相互发送消息实现协作，如图 5-3 所示表示两个对象间的协作关系。

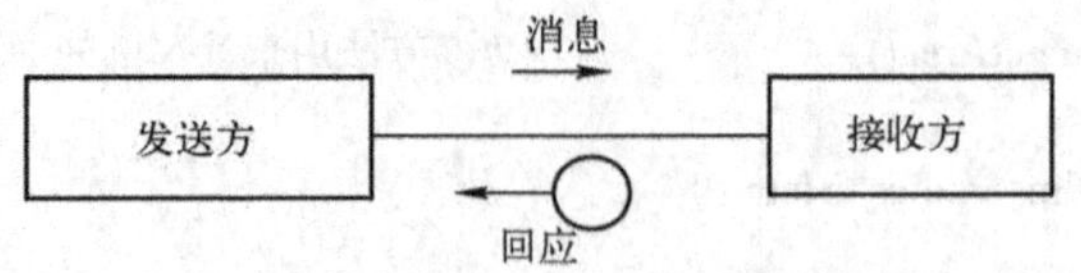

图 5-3　对象间通过消息协作

消息显示在实线箭头的旁边，箭头表示了消息的发送方向。

5.2　对象创建和访问

对象创建后在内存中没有名称，必须把对象的地址保存到一个变量中，通过变量来访问对象。因此要访问对象，必须首先声明一个能保存对象地址的变量（对象型变量），把保存了对象地址的变量称作对象的引用，即，变量引用了对象。

5.2.1　声明变量

为了访问类创建的对象，首先需声明该种类型的变量，然后把要访问的对象的地址保存在该变量中，通过变量来访问对象。类被看做成一种数据类型，像 int、folat 一样。

变量声明的一般格式如下：

```
类的名称　变量名称;
```

例如：

```
People　chenLong;　//声明一个变量 chenLong，其数据类型是 People
```

People 是一个类的名称，chenLong 则是变量的名称。上面语句表示变量 chenLong 的数据类型是 People。

5.2.2　创建对象

在 Java 程序中，使用构造方法创建对象。使用 new 运算符为对象分配内存。如果类中没有定义构造方法，则编译时，系统会给类添加默认的构造方法。

例如，下面的语句构造一个对象，并把对象地址保存在变量 chenLong 中：

```
chenLong=new People();
```

其中，表达式 new People()作用是创建对象，并为对象分配内存。整个表达式返回了对象在内存中的地址码。

赋值语句 chenLong=new People();表示把对象在内存中的地址码赋给变量 chenLong，这时我们认为变量 chenLong 引用了对象，我们也可以把变量 chenLong 理解为对象的名称。

下面的例子演示了变量的声明、对象的创建、为对象分配内存的过程。

```
class People //定义一个 People 类
{  public          String   name;
```

```
        public    static    int         age;
        private double salary=1000;
        public People()
        {
          this.name="张良";       this.age=80;        this.salary=8000;
        }
        public People (String name1, int age1, double sal)
        {
          this.name=name1;     this.age=age1;       this.salary=sal;
        }
    }
    public class Customer                    //用 People 创建对象
    {       public static void main(string arge[ ])
         {   People p1, p2;                  //声明 People 型的变量 p1 和 p2
             p1=new People();                //使用无参构造方法和 new 运算符创建对象和分配内存
             p2=new People();                //使用无参构造方法和 new 运算符创建对象和分配内存
         }
    }
```

注意：变量必须和它引用的对象属于同一类（数据类型相同）。例如，变量 p1、p2 与它引用的对象都属于 People 类。如果类中定义了一个或多个构造方法，那么编译器将不提供默认的构造方法。例如上述例子中 People 类提供了构造方法，这样编译器在把源程序编译为字节码时就不会提供默认的构造方法了。

5.2.3 基本类型变量和对象类型变量

基本类型变量是指用 Java 基本数据类型声明的变量，对象类型变量是指用类声明的变量。下面比较基本类型变量与对象型变量的定义格式：

```
    int        k    ;        //基本数据类型声明的变量
    Circle   circle1;        //用类声明的变量
```

编译器对上面两条语句编译后，给变量 k 赋值 0，给对象型变量 circle1 赋的初值是 null。null 代表空地址，表示 circle 还没有引用任何对象。两个变量的内存模型如图 5-4 所示。

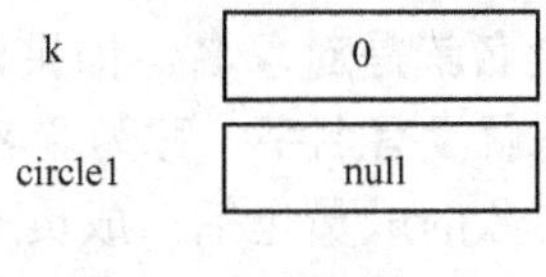

k	0
circle1	null

图 5-4　赋值前的内存模型

如果执行下面的赋值语句：

```
    k=8;
    circle1=new Circle(15);//创建一个对象，并将对象的地址保存在 circle1 中
```

假设 new Circle(15)创建的对象在内存中的地址是 0xAC12，则，变量 k 和变量 circle1 的内存模型如图 5-5 所示。

如图 5-5 所示可以看出，基本类型的变量存储的是一个数据，对象类型变量存储的是一个地址。

再分析下面两条语句：

```
Circle    c1=new Circle(5);
Circle    c2=new Circle(10);
```

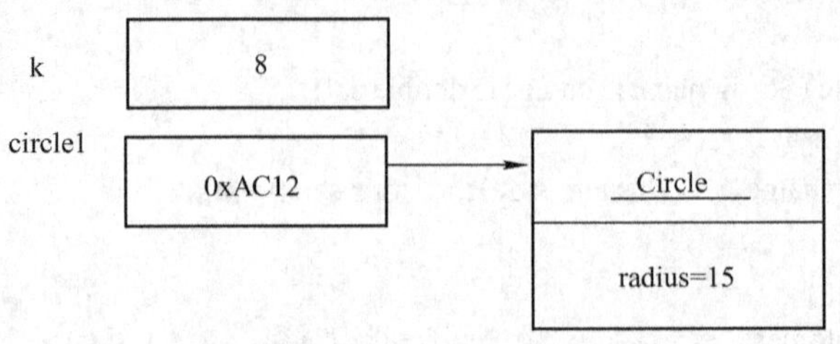

图 5-5　赋值后的内存模型

假设 new Circle(5)创建的对象的地址是 0x7812，new Circle(10)创建的对象的地址是 0x2810，则，变量 c1 和变量 c2 的内存模型如图 5-6 所示。

当执行下面语句后，变量 c1 和变量 c2 的内存模型如图 5-7 所示。

```
Circle    c1=c2;
```

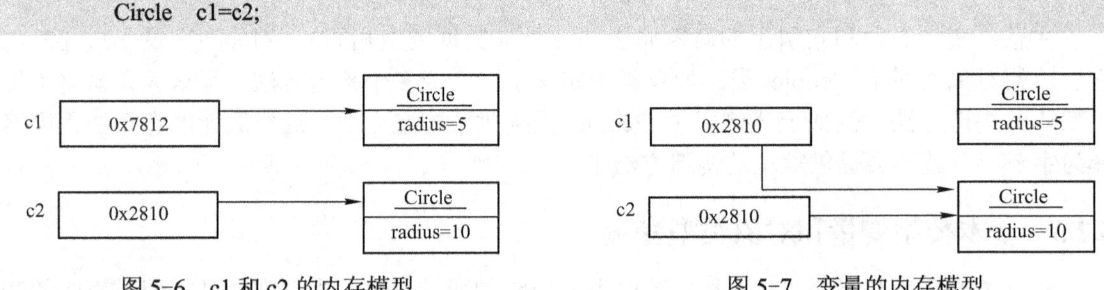

图 5-6　c1 和 c2 的内存模型　　　　图 5-7　变量的内存模型

如图 5-7 所示表示同一个对象有两个名称 c1 和 c2。

5.2.4　访问对象的成员

当创建一个对象并将对象的地址保存到一个变量中后，我们称该变量引用了对象，这个变量名就是**对象名**。如果创建一个对象，同时并没有将对象地址保存到任何变量中，这种对象就没有名字，称为匿名对象。匿名对象是不能访问的。

对象的成员包括：成员变量和成员方法。 访问对象就是访问对象的成员变量或者成员方法，其格式如下：

```
对象名.变量;
对象名.方法;
```

下面的代码演示了访问对象成员的格式：

```
float   r1, area;
Circle    myCircle=new Circle(1);  //创建一个半径为 1 的对象，对象名是 myCircle
r1=myCircle.radius;                //访问变量 radius
area=myCircle. getArea();          //访问方法 getArea()
```

【例子 5-1】 访问对象的成员变量和成员方法。

程序清单 5-1　TestCircle.java

```
public class TestCircle
{   float   r1, area;
    public static void main(String[] args)
    {
      Circle myCircle = new Circle(5);   // 创建一个圆
      r1=myCircle.radius;   //获得圆的半径
      area=myCircle. getArea(); //获得圆的面积
      System.out.println("圆的半径: " + r1 + "圆的面积:" + area);
    }
}
public class Circle      //  定义一个 Circle 类
{
      private     double radius;                         //radius  表示圆的半径
      public Circle(double    radius)   //以半径 radius 为参数构造一个圆
      {
           this.radius = radius;
      }
      public double getArea()    //该方法用来计算圆的面积
      {
          return radius*radius*Math.PI;
      }
      public double getPerimeter() //该方法用来计算圆的周长
      {
          return 2*radius*Math.PI;
      }
}
```

这个程序含有两个类。第一个类 TestCircle 是主类，用来测试第二个类 Circle。

5.2.5　构造方法

构造方法是一种特殊的方法，其名称必须与它所在的类的名称完全相同，并且不返回任何数据，方法名前也没有关键字 void。一个类可以有多个构造方法。构造方法的作用是对成员变量初始化。

【例 5-2】 使用 Circle 类中的构造方法创建两个半径不同的对象。

程序清单 5-2　TestCircleConstructors.java

```
public class TestCircleConstructors
{
    public static void main(String[] args)
    {
      Circle myCircle = new Circle(5.0); //创建半径为 5 的圆
      System.out.println("半径是 5 的圆面积：   " + myCircle.getArea());
```

```
        Circle yourCircle = new Circle();//用默认构造方法创建一个圆
        System.out.println("用默认构造方法创建的圆面积：  " + yourCircle.getArea());
    }
}
class Circle // Circle  类定义了两个构造方法
{
    double radius;
    Circle() //默认构造方法（无参数构造方法称为默认构造方法）
    {
      radius = 1.0;
    }

    Circle(double r) //带参数的构造方法
    {
      radius = r;
    }

   public double getArea()    //该方法用来计算圆的面积
   {
         return radius*radius*Math.PI;
   }
}
```

（1）Circle myCircle= new Circle(5.0)

调用带参数的构造方法 Circle(double r)，创建一个半径为 5 的对象 myCircle。

（2）Circle yourCircle = new Circle()

调用默认构造方法 Circle()，创建一个半径为 1 的对象 yourCircle。

注意：

1）可以按照任何顺序定义类中的成员变量和成员方法。

2）如果类中没有定义任何构造方法，编译器就会自动给类添加一个默认的构造方法，默认构造方法给成员变量赋默认值（默认构造方法无参数）。

3）方法中定义的变量（局部变量）都必须初始化，否则编译会出错。

5.3 引用传递

第 4 章在定义方法时，形参的数据类型是基本类型，当调用方法时，实参到形参的传递是简单的值传递。如果方法中的形参是对象类型，当调用方法时，实参到形参的传递是引用传递，即，把实参的地址传给形参。

【例 5-3】 传递对象的地址。在该程序中，调用语句将一个对象类型变量（对象的引用）和一个整数值传递给方法 printAreas(Circle c, int times)，该方法打印出半径分别是 1、2、3、4、5 的圆面积。

程序清单 5-3 TestPassingObject.java

```
public class TestPassingObject
{
  public static void main(String[] args)
  {
       Circle myCircle = new Circle();

    // 打印半径为 1, 2, 3, 4, 5 的圆面积
    int n = 5;
    printAreas(myCircle, n); //调用方法的语句

    System.out.println("\n" + "Radius is " + myCircle.radius);
    System.out.println("n is " + n);
  }

  // Print a table of areas for radius
  public static void printAreas(Circle c, int times)
  {
    System.out.println("Radius \t\tArea");
    while (times >= 1)
    {
      System.out.println(c.radius + "\t\t" + c.getArea());
      c.radius++;
      times--;
    }
  }
}
```

调用语句 printAreas(myCircle, n)执行时，实参 n 将值传递给形参 times（times 发生变化时，并不影响实参 n 的值）；实参 myCircle 将其引用传递给形参 c。其内存模型如图 5-8 所示。

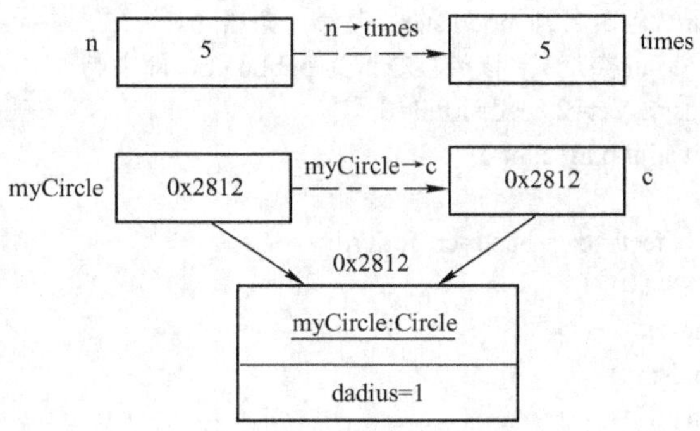

图 5-8　对象类型变量传递的是地址

5.4　包

Java 程序由多个类组成，为了有效地组织和管理类，将相关的类封装在一起，保

存在包中。一个包可以含有多个子包和多个类，即包可以形成嵌套结构。这里的包可以理解为文件夹，子包就理解为子文件夹。

将包概念引入 Java 后，就要用到包封装语句（package）和包导入语句（import）。

5.4.1 package 语句

如果希望将同一源文件中的多个类组织在一个包中，那么 Java 源文件中的第一条语句应该是一条 package 语句。package 语句的含义是：将源文件中定义的所有类放在同一个文件夹中。包命名语句的格式如下：

```
package  packName ;  //packName 是程序员对包的命名
```

该语句表示源文件中定义的所有类都应保存在包 packName 中。在没有使用 java 集成开发环境的情况下，就应该创建一个与包名相同的文件夹，并把源文件编译后的所有字节码文件保存到该文件夹中。

packName 可以是一个字符串，也可以是多个字符串通过“.”符号连接起来的字符串。例如：

```
package  zhang;
package  zhang.wang.li;
```

如果源程序中省略了 package 语句，则源文件中所定义的所有类被隐含地认为组织在一个无名包中，即该包没有名称。

1．编辑源文件

下面通过一个例子介绍如何将类 Man 和 Dog 组织在包 moon.star 中。

【例 5-4】 在同一源文件中定义 Man 类和 Dog 类。并命名包名：moon.star。

程序清单 5-4 ：Man.java

```
package moon.star; //包命名为 moon.star，是第一条语句。
public class Man //Man 类定义，该类被修饰为 public 类，即主类
{   public int hands=2,feet=2,head=1,tail=0;
    public Man(int a,int b,int c,int d)
    {
        hands=a;    feet=b;    head=c;   tail=d;
    }
    public getHands()
    {    return hands;   }
    public getFeet()
    {    return feet;   }
    public getHead()
    {    return head;   }
    public getTail()
    {    return tail;    }
}
class Dog //Dog 类定义
```

```
{   public int hands=0,feet=4,head=1,tail=1;
    public Dog(int a,int b,int c,int d)
    {    hands=a;    feet=b;    head=c;    tail=d;    }
    public getHands()
    {    return hands;    }
    public getFeet()
    {    return feet;    }
    public getHead()
    {    return head;    }
    public getTail()
    {    return tail;    }
}
```

编写 Man.java 源文件时，包被命名为 moon.star。因此应首先创建一个子文件夹\moon\star（可以在任何目录下创建），然后将编辑好的 Man.java 源文件保存到\moon\star 文件夹中。在本例中，将子文件夹\moon\star 创建在目录 D:\user 下，这时源文件 Man.java 将保存在目录 D:\user\moon\star 下。

2．编译源文件

在 DOS 窗口中，进入目录 D:\user\moon\star 下，编译源文件 Man.java。

```
D:\user\moon\star>    javac    Man.java
```

编译后得到的两个字节码文件分别是 Man..class 和 Dog.class，系统自动把这 2 个文件保存在目录 D:\user\moon\star 下。

3．对 package 语句的理解

假设在 Java 源文件中将包命名为 X.Y.Z，则必须创建一个子目录\X\Y\Z，将 Java 源文件部署在\X\Y\Z 目录下，然后编译该源文件。

5.4.2 import 语句

如果编写程序时要用到某个包中的类，可以使用 import 语句来引入包中的类。在一个 Java 源文件中可以有多个 import 语句。假如有 import 语句的话，它们必须写在 package 语句之后，且在类定义之前。Java 系统提供了大约 130 多个包，每个包中包含大量的类。例如：

- java.applet：定义 Java Applet 小程序时要用到的类。
- java.awt：定义用户界面时要用到的抽象窗口工具包。
- java.awt.image：抽象窗口工具集中的图像处理类，实现图像处理。
- java.lang：基本语言包，该包由系统自动导入。不需要在程序中导入。
- java.io：包含所有的输入、输出和文件处理类，实现输入/输出处理。
- java.net：包含实现网络功能的类和接口。
- java.util：实现数据结构的类。

引入包中的类有两种方式：引入包中的所有类，或者引入包中某个类。

1. 引入包中的所有类

如果要引入一个包中的所有类，则可以用星号(*)来代替。例如，希望引入 java.awt 包中的所有类，其语句如下：

```
import    java.awt.*;                    //引入包 java.awt 中的所有类
```

2. 引入包中某个类

例如，希望引入 java.until 包中的 Data 类，其语句如下：

```
import    java.until.Data;
```

3. 对 import 语句的理解

下面例子说明 import 语句的使用。假设编写程序时要用到包 moon.star 中的两个类。

【例 5-5】 假设下面程序要用到包 moon.star 中的两个类，则需要用 import 语句。

程序清单 5-5　compareManAndDog.java

```
import moon.star.*; //引入包 moon.star 中的两个类。
public class compareManAndDog
{   public static void main(String args[])
    {
        Man jack=new Man();
        System.out.println("jack has "+jack.getHands()+" hands,"+jack.getFeet()+" feet");
        Dog dolly=new Dog();
        System.out.println("dolly has "+dolly.getHands()+" hands,"+dolly.getFeet()+" feet");
    }
}
```

为了能让程序 compareManAndDog.java 使用 moon.star 包中的类，必须将 moon.star 包的父目录添加到环境变量 classpath 中，以便程序编译时能找到该包。

如果要引用某个包中的类，则必须在环境变量 classpath 中指明该包的位置，即在环境变量 classpath 中添加该包所在的父路径。

对于本例，应该为环境变量 classpath 添加路径 D:\user，因为要引用的包 moon.star 在 D:\user 目录下。

在 Windows XP 系统中，右击“我的电脑”图标，在弹出的快捷菜单中选择“属性”命令，弹出“系统属性”对话框。在该对话框中选择“高级”选项卡，然后单击“环境变量”按钮，为 classpath 添加路径。

注意：

1）系统自动引入 java.lang 包，因此不需要再使用 import 语句引入该包。java.lang 包是 Java 语言的核心类库，其中包含了运行 Java 程序必不可少的系统类。

2）如果使用 import 语句引入了整个包中的类，则可能会增加编译时间，但绝对不会影响程序运行的性能，因为当程序执行时只是将要执行的类的字节码文件加载到内存。

5.5 访问级别

访问级别指一个类或类成员允许其他类或类成员的访问能力。类和类成员都存在访问级别的定义。

类的访问级别有两种：public 和默认方式。

成员的访问级别有四种：private、默认方式、protected、public。

1．定义类的级别

下面的例子中，将 Woman 类的访问级别定义为 public，将 Man 类的访问级别定义为默认方式。

（1）public 级别

```
public   class   Woman          //class 关键字前用 public 修饰。Woman 的访问级别是：public
{  private String   name ;
   public   int   age;
}
```

（2）默认方式。在关键字 class 前没有修饰符，表示是默认的访问级别

```
class   Man             //class 关键字前没有任何修饰。Man 的访问级别是：默认方式
{  String   name ;
   public   int   age;
}
```

在下面例子中，Customer 访问 Woman 和 Man。更具体地说，Customer 访问 Woman 和 Man 的成员变量或成员方法。注意 Woman 和 Man 的级别不同。

```
class Customer
{    void show()
   {
     //因为 Woman 类的访问级别为 public，因此，无论 Customer 与 Woman 是否在同一包中，
     //Customer 类都能使用 Woman 类创建 girl 对象。
     Woman   girl=new Woman ();// Customer 访问 Woman 的构造方法 Woman ()

     //因为 Man 类的访问级别为默认方式，因此，只有类 Customer 与 Man 在同一包中时，
     //才能使用 Man 类创建 boy 对象。看下面语句：
     Man      boy=new Man (); // Customer 访问 Man 的构造方法 Man ()
   }
}
```

如果一个类在定义时（如，Customer），其类体中用到了其他的类（如，Woman，Man），那么，当前定义的类必然要访问类体中的其他类及其成员。

注意：1）类的访问级别只影响到对象能否创建。如果一个类的级别是默认的，则其他类要访问它的条件是两个类必须在同一个包中。如果类的级别是公有的，则在任何情况下，其他类都可以访问公有级别的类。

2）访问级别从高到低的排列顺序是：public、 protected、默认方式、private。

在上面的例子中，因为类 Man 的级别是默认方式，所以，只有当类 Customer 与类 Man 在同一个包中时，类 Customer 才能访问 Man 类，即，创建 Man 对象。

2．定义成员的级别

（1）private 级别

用 private 修饰的成员变量和方法被称为私有变量和私有方法。

下面两个类说明访问私有成员的有效范围。

```
class BeFangWen
{   private float weight;                        //weight 被修饰为私有的变量
    private float show(float a,float b)          //方法 show()是私有方法
    {   weight=a;   }                            //本方法可以访问私有成员 weight
}
```

在 FangWen 类中访问 BeFangWen 类中的私有成员。

```
class Fangwen
{   void g()
    {   BeFangWen cat=new BeFangWen();
        cat.weight=23f; //非法. Weight 是私有的，只有与它在同一类中定义的成员才能访问它
        cat.show(3f,4f); //非法. show(3f,4f)  是私有的。
    }
 }
```

如果成员的级别被定义为 private 时（如，**weight、show(float a,float b)**），则，只有那些与被访问的成员在同一类中时，才可以访问这些私有成员。

（2）默认方式

在声明成员变量和方法时没有级别修饰符号，这时的成员的访问级别被称为默认方式。

```
package moon;
class BeFangWen
{   float weight;          //数据类型前没有访问级别修饰符号。称 weight 的访问级别是默认方式
    float show(float a,float b)   //方法 show()的访问级别是默认方式
    {       }
}
```

类 FangWen 访问 BeFangWen 中的成员：

```
package moon;
class FangWen
{   void setSalary()
    {   BeFangWen cat=new BeFangWen();
        cat.weight=55.0f;            //合法，访问者能访问同一个包中其他类或对象的默认成员。
        cat.show(6.0f,8.0f);
    }
}
```

在上面的例子中，FangWen 类访问了 BeFangWen 类中的成员 **weight**（如，**cat.weight=55.0f**），因为访问者与被访问者在同一个包中，所以是合法的。

访问者和被访问者必须是在同一个包中，才能访问默认级别的成员。有效访问的范围是同一个包内。

（3）protected 级别

当成员的访问级别是 **protected** 时，在同一个包的成员中就能访问它。

```
package  bug;
class BeFangWen
{  protected   float weight;      // weight 的访问级别是 protected
   protected   float show(float a,float b)   //方法 show 的访问级别是 protected
   {      }
}
class FangWen
{  void g()
   {  BeFangWen cat=new BeFangWen();
      cat.weight=55.0f;      //合法，访问者能访问同一个包中其他类或对象的 protected 成员
      cat.show(6.0f,8.0f);
   }
}
```

（4）public 级别

不同包中的成员都能访问 public 级别的成员。

```
package   A;
class BeFangWen          // BeFangWen 类在 A 包中
{  public   float weight;     // weight 的访问级别是 public
   public   float show(float a,float b) //   方法 show 的访问级别是 public
   {        }
}
```

下面包 B 中的 **FangWen** 类访问包 A 中的 BeFangWen

```
package   B;
class FangWen     //类 FangWen 在包 B 中
{  void g()
   {  BeFangWen cat=new BeFangWen(); //访问 BeFangWen 中的成员
      cat.weight=2.3f;      //合法
      cat.show(5.5f,9.0f);
   }
}
```

3．有效访问范围

有效访问范围取决于两个要素：访问者与被访问者的位置关系，被访问成员的修饰符，如表 5-1 所示。

1）访问者与被访问者的位置关系有：同一个类中、同一个包中、父子关系、不同包中。

2）被访问成员的级别有：private、默认方式、protected、public。

表 5-1 有效访问范围

权限修饰符 \ 位置关系	同一个类中	同一个包中	父 子 关 系	不 同 包 中
private	有效			
默认	有效	有效		
protected	有效	有效	有效	
public	有效	有效	有效	有效

5.6 全局变量与局部变量

在类体中定义的变量称为**全局变量**，也称成员变量，类中的所有方法都可以访问它。在方法中定义的变量称为**局部变量**，它们只能在方法内部使用。

1. 变量的作用域

变量的作用域是指变量起作用的范围。全局变量的作用域是整个类，因此，可以在类中任何位置定义全局变量。局部变量的作用域是从变量定义的位置开始延续到包含它的块尾。局部变量必须先定义后使用。成员变量可以先使用后定义。

下面通过一个例子说明成员变量与局部变量的作用域。

```
class employee
{   public  int      age;          // age 是成员变量
    public  String name;           // name 是成员变量
    private double salary;         // salary 是成员变量
    private String hireDay;        // hireDay 是成员变量

    public double getSalary()
    {
        int k=2000;                //k 是局部变量，只在它所声明的方法中有效
        return salary+k;           // salary 是成员变量，在类体范围内有效
    }
    public String getHireDay()
    {
        return hireDay+k;          //该语句非法，k 不能在这个方法中使用
    }
}
```

注意：成员变量可以不用显示初始化。局部变量需要程序员进行显示初始化，否则，编译出错。

2. 局部变量与成员变量同名

如果局部变量的名称与成员变量的名称相同，则在方法体范围内，起作用的是局部变

量。下面通过 People 类说明同名的局部变量和成员变量的作用范围。

```
class People
{   public   String name;
    public   int       age;
    private double salary=1000;
    private k =1 ;          //成员变量 k
    public People (String name1, int age1, double sal)
    {
       this.name=name1;    this.age=age1;    this.salary=sal;
    }
    public double getSalary()
    {
       int k=2000;            //局部变量 k 与上面的成员变量 k 同名。
       return salary+k; // 这里的 k 是局部变量起作用，k 值为 2000,不是 1
    }
    public String getHireDay()
    {      return hireDay;     }
}
```

在 People 类中有一个成员变量 k，在方法 getSalary 中，定义了一个局部变量 k，则在方法 getSalary 体内起作用的是局部变量 k。

3．使用同名的成员变量

如果在一个方法中定义了一个与成员变量相同的局部变量，而我们又想在这个方法中使用同名的成员变量，这时，必须使用关键字 this。对上面的 People 类进行重新定义如下：

```
class People
{   public   String name;
    public   int       age;
    private double salary=1000;
    private k =1 ;      //全局变量
    public People (String name1, int age1, double sal)
    {
       this.name=name1;   this.age=age1; this.salary=sal;
    }
    public double getSalary()
    {
       int k=2000;            //局部变量 k 与成员变量 k 同名。
       return salary+this.k; // 这里的 k 是指成员变量，k 值为 1,不是 2000
    }
    public String getHireDay()
    {    return hireDay; }
}
```

4．成员变量的声明与赋值

成员变量声明和赋值一步完成是合法的。如下的类定义是合法的。

```
class People_A
{
    public   String name="李世明"; //变量声明和赋值同时进行是合法的。
}
```

成员变量声明和赋值通过两步完成是非法的。如下的类定义是非法的。

```
class People_B
{    public   String name; //变量声明
     name="李世明"; //单独赋值语句是非法语句。单独的赋值语句只能放在方法体中。
}
```

5.7 类变量与实例变量

在定义成员变量时，若变量前有关键字 static，则称为**类变量**。若没有 static 关键字，则称为**实例变量**。类变量，属于类，存贮在类的公用区。每个对象拥有自己独立的实例变量，例如：

```
class Circle
{   private          double   radius;     // radius 是实例变量
    public   static   int   numOfObjects; //类变量。跟踪类创建对象的个数。
    public Circle(double r)
    {  radius=r; }
}
```

其中，radius 是实例变量，numOfObjects 是类变量。当以 Circle 类为模板创建多个对象时，则每个对象拥有自己独立的实例变量 radius，而所有对象共用同一个类变量 numOfObjects。

类变量的值存储在类的公用内存，如果某个对象修改了类变量的值，则同一类创建的所有对象都会受到影响。

如图 5-9 所示，以 Circle 类创建两个对象 c1 和 c2 ，则每个对象的实例变量 dadius 是独立的，但是，c1 和 c2 共享 numOfObjects 变量的值。

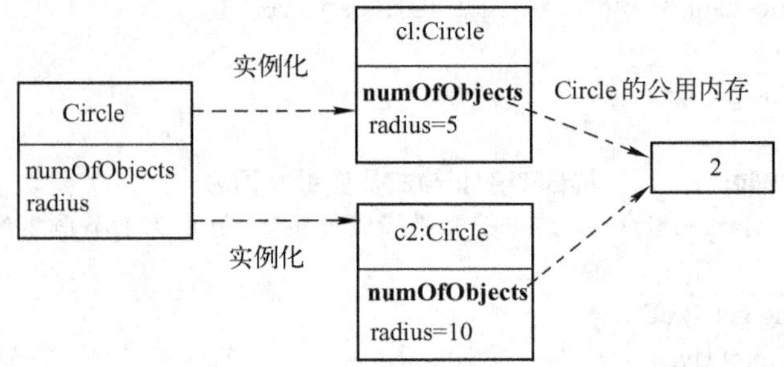

图 5-9　类变量存储在类的公用内存

要声明一个**类常量**，只需在 static 前加关键字 final 即可。例如，在 Math 类中定义类常量 PI 的语句如下：

```
public  final  static  double  PI=3.14159265358979323;
```

（1）类常量的访问

类变量在对象创建以前就存在。有两种格式访问类常量：

```
对象名.常量名;
```

或者

```
类名.常量名;
```

（2）类变量的访问

类变量在对象创建以前就存在，有两种格式访问类变量：

```
对象名.变量名;
```

或者

```
类名.变量名;
```

（3）实例变量的访问

实例变量在对象创建后才能访问，访问格式如下：

```
对象名.变量名;
```

5.8 类方法与实例方法

方法声明时，方法名前不加关键字 static 的是实例方法，加关键字 static 的是类方法。

当以类为模板创建多个对象时，则每个对象拥有自己独立的实例方法，而所有对象共用类的所有类方法。类方法保存在类的公用区。

（1）实例方法调用

实例方法只有在对象创建后才存在，调用实例方法的格式是：

```
对象名.方法（）;
```

（2）类方法调用

类方法在对象创建以前就存在，调用类方法有两种格式：

```
对象名.方法（）;
```

或者

```
类名.方法（）;
```

注意：关键字 static 需放在方法返回的数据类型的前面。

【例 5-6】 实例变量与类变量、实例方法与类方法的使用。本例通过声明一个类变量

numOfObjects 来跟踪创建的 Circle 对象个数。

程序清单 5-6 TestVariable.java

```
public class TestVariable
{   public static void main(String[] args)
    {   Circle c1 = new Circle();
        System.out.print("c1 是 : ");    printCircle(c1); // 在创建 c2 前显示 c1

        Circle c2 = new Circle(5); // 创建 c2
        c1.setRadius(10); // 将 c1 的半径设置为 10

        // 在 c2 创建以后，显示 c1 and c2
        System.out.println("\n 在创建了 c2 并将 c1 的半径设为 9 后");
        System.out.print("c1 是 : ");   printCircle(c1);
        System.out.print("c2 是 : ");   printCircle(c2);
    }
    // 打印对象的信息
    public static void printCircle(Circle c)
    {   System.out.println("半径(" + c.getRadius() + ") 和对象数(" + c.getNumOfObjects() + ")");
    }
}
class Circle // Circle 类定义
{   private double radius; //实例变量
    private static int numOfObjects = 0;   // 类变量
    public Circle()
    {       radius = 1.0;   numOfObjects++;
    }
    public Circle(double r)
    {     radius = r;       numOfObjects++;
    }
    public double getRadius()// 获取 radius
    {       return radius;   }
    public void setRadius(double newRadius) // 设置 radius
    {     radius = newRadius;   }
    public static int getNumOfObjects()// 获取 numOfObjects
    {       return numOfObjects;   }
    public double findArea()// 获取圆的面积
    {       return radius*radius*Math.PI;   }
}
```

因为，c1 和 c2 中的 radius 是实例变量，所以，将 c1 中的 radius 的值改为 10 后，并没有影响 c2 中的 radius 的值。创建 c1 后，类变量 numOfObjects 的值变为 1，创建 c2 后，类变量 numOfObjects 的值变为 2。Circle 类创建的所有对象共享一个类变量 numOfObjects，因此，任何一个对象修改了类变量，都会影响所有对象。

（3）类方法和实例方法对变量的使用

实例方法可以使用类变量和实例变量，而类方法只能使用类变量。例如：

```
class     employee
{  int       age=22 ;
   static    sum;
   static    int   salary=1000   ;
   String     name="李自成" ;
   int   getsalary()
   {    return    salary+age    ;              //使用类变量 salary 和实例变量 age
   }
   static   void setsalaryg(int z)
   {    sum=salary+200;                        //合法语句。使用类变量 salary 和 sum。
        salary=sum+age ;                       //非法语句。类方法中不能使用实例变量 age。
   }
}
```

（4）类方法和实例方法的调用

同一个类中的方法可以互相调用。实例方法可以调用该类中的其他方法。类方法只能调用该类的类方法，不能调用实例方法。例如：

```
class      Max_Min
{  private    float    max=0; //保存最大值
   private    float    min=0;  //保存最小值
   void    max_A(float x,float y,flost z)
   {   System.out.println(getmax(x,y,z)*100) ;        //实例方法调用类方法。
       System.out.println(getmin(x,y,z)/100) ;        //实例方法调用实例方法。
   }
   static void    max_B (float x,float y,float z)
    {     System.out.println(getmax(x,y,z)*100) ;   //类方法调用类方法。
          System.out.println(getmin(x,y,z)/100) ;    //类方法调用实例方法。非法。
     }
    static float    getmax(float x,float y,float z)         //求三个数的最大值
    {  float    t;
       if(x<=y)       {   t=y;   }
       if (t<=z)      {   t=z;   }
       return t;
    }
    float    getmin(float x,float y,float z)                //求三个数的最小值
    {  float    t;
       if(x<=y)     {   t=x;   }
       if (t>=z)    {   t=z;   }
       return t;
    }
}
```

5.9 this

前面已经介绍过，方法体中的局部变量隐藏了同名的成员变量。为了在方法中使用被隐藏的成员变量（实例变量或类变量），用“类名.类变量”访问被隐藏的类变量，用关键字 this 访问被隐藏的实例变量。如下代码所示：

```
class Person
{   String name ;
    public void setName(String name)
    {
        this.name= name ;//将形参 name 的值赋给实例变量 name
    }
}
```

方法 setName(String name)中的局部变量 name 隐藏了实例变量 name。为了使用实例变量 name，用 this.name 表示实例变量 name。

当在构造方法中使用 this 时，this 相当于构造方法名。下面的 Circle 类代码如下：

```
public class Circle
{   private   double radius;
    public Circle(double  radius)
    {    this.radius = radius;    }
    public Circle()
    {
        this(10.0); // 相当于调用方法 Circle（10.0）。
    }
    public double getArea()   //该方法用来计算圆的面积
    {    return radius*radius*Math.PI;    }
}
```

注意：

1）this()语句出现在构造方法中时，必须作为构造方法体中的第一条语句。

2）通过 this 可以访问被隐藏的实例变量和实例方法，但不能用 this 访问类方法。

5.10 如何定义一个类

面向对象程序的单位是对象和接口，但对象又是通过类创建出来的，所以我们首先要做的就是如何定义一个类。

在开发一个系统时，常常要遇到的问题是：一个项目要用到多少个类？要用多少个对象？类中应该包含那些属性？需要多少个方法等？要回答这些问题，就需要对项目进行分析和设计。

一个类的结构如下：

```
class  类名  //该行是类的声明
{
  //这里定义成员属性
  //这里定义成员方法
}
```

一个类的定义包含两个部分： 类声明和类体。类声明由一个关键字 class 后面加上一个你命名的类名组成，类体由一对大括号及里面的成员属性和成员方法组成，这样一个类的结构就定义出来了。

但是，如何定义成员属性和成员方法呢？上面讲过，定义类是为了用它创建对象，以便使用，因此，对于任何一个对象而言，应该能回答两个问题：对象拥有哪些信息？对象能做什么？后面两节将通过实例说明定义一个类的详细过程。

5.10.1 定义 Person 类

一个人就是一个对象，怎么把一个你满意的一个人推荐给领导呢？当然是越详细越好了。

首先，需要介绍这个人的姓名、性别、年龄、身高、体重、电话和家庭住址等，这些是一个人的静态信息。

其次，你要介绍这个人能做什么，比如，可以开车，会说英语，可以使用电脑等，这些是对一个人的动态描述。

只要介绍多一点，别人对这个人就多一点了解。这就是对一个人的描述，对人的描述包含两个部分：第一部分是从静态上描述，静态上的描述就是我们所说的属性，像上面我们看到的，人的姓名、性别、年龄、身高、体重、电话、家庭住址等等，统称为一个人的属性；第二是从动态上描述，动态描述是指对人这个对象功能的描述，比如这个人可以开车，会说英语，可以使用电脑等等。

在进行类抽象时，把所有静态描述归类为成员属性，把所有的动态描述归类为成员方法。因此，类定义包含两个方面：属性和方法。

1．定义人类的结构

```
class 人
{
    成员属性：姓名、性别、年龄、身高、体重、电话、家庭住址
    成员方法：可以开车， 会说英语， 可以使用电脑
}
```

2．对人类细化

下面对人类进一步细化，将中文类名换成英文类名，将每个属性映射为成员变量，将每个方法映射为具体的代码：

```
class Person
{
```

```
    //下面是人的成员属性
    String  name;  //人的名字
    String  sex;   //人的性别
    int     age;   //人的年龄
    //下面是人的成员方法
    void say() //这个人可以说话的方法
    {
        //具体代码写在这里;
    }
    void run() //这个人可以走路的方法
    {
        //具体代码写在这里;
    }
}
```

上面就是对人这个类的定义，即从属性和方法两个方面来细化一个类。在声明成员变量时最好不要赋初始值，因为定义的这个类（人）是一个模板，以便将来使用这个模版（类）创建对象。比如用它创建 100 个人，那么这 100 个人， 每一个人的名字、性别、年龄都是不一样的(也可以相同)，所以最好不要在定义类时给成员变量赋初值。

5.10.2 定义 Rectangle 类

再举第二个例子，看如何定义一个矩形类。矩形包含哪些信息？矩形能做什么？它能提供哪些功能？

首先，矩形有长度、有宽度等等，这些是矩形的静态信息。其次，矩形能做什么？矩形能计算面积、计算周长等等，这些是对矩形的动态描述。

1．定义矩形类的结构

矩形类的结构如下：

```
class  矩形
{
    //成员属性:   矩形的长、  矩形的宽;
    //成员方法:   计算周长、  计算面积;
}
```

2．对矩形类细化

下面，对矩形类进一步细化，将中文类名换成英文类名，将每个属性映射为成员变量，将每个方法映射为具体的代码：

```
class  Rectangle
{
    float  length ;  //矩形的长
    float  width ;   //矩形的宽
    float  getPerimeter () //计算矩形的周长
```

```
        {
            return   2*(length+width);
        }
      float   getArea()   //计算矩形的面积
      {
          return   ( length*width);
        }
    }
```

如果用这个类来创建出多个矩形对象，每个矩形对象都有自己的长和宽，都可以求出自己的周长和面积了。

5.11 本章小结

访问级别有两种：类的访问级别和成员的访问级别。类的访问级别有：public 和默认方式。成员的访问级别有：private、默认方式、protected、public。

Java 程序由多个类组成，为了有效地组织和管理类，我们将相关的类封装在一起，保存在包中，一个包可以含有多个子包和多个类。这里的包可以理解为文件夹。

5.12 习题

1．举例说明 package 语句和 import 语句的作用。

2．如果一个类使用的包语句是“package java.chan”，则其源代码应该存储在哪里？.class 类文件应该存储在哪里？其他程序如何使用该类？

3．有效访问范围取决于哪些条件？

4．请定义一个名为 Rectangle 的矩形类。数据域是：宽(width)、高(height)和颜色(color)。width 和 height 是 float 型，color 数据类型是 String。假定所有矩形的颜色相同。用一个类变量表示颜色。要求提供计算矩形面积的 FindArea()方法。

5．请定义一个名为 Fan 的类模拟风扇，属性为 speed、on、radius 和 color。要求为每个属性提供访问器方法，并提供方法 toString，该方法返回包含类中所有属性值的字符串。假设风扇有三个固定的速度，用常数 3、7、9 表示慢、中、快速。然后定义一个测试类，测试 Fan 类，在测试类中创建一个 Fan 对象，设置最大速度、半径为 10、黄色、打开状态。调用 toString 方法显示该对象。

6．分别定义人类（People）、狗类（Dog）和羊类（Sheep）。要求为每个属性提供访问器方法。

7．举例说明成员变量与局部变量的区别、类变量与实例变量的区别、类方法与实例方法的区别。

8．如何声明引用对象的变量？如何创建对象？如何用一条语句声明变量和创建对象？举例说明。

9．构造方法和普通方法之间的区别是什么？

10．哪些包中包括类 Data、Random、Applet、String、Image、System 和 Math？

11．请定义 Double 型的类态变量、类常量和类方法。

12．是否能在类方法中调用实例方法或使用实例变量？是否能在实例方法中调用类方法或类态变量？举例说明。

13．什么是访问器方法？什么是修改器方法？访问器方法和修改器方法的命名习惯是什么？

14．类的访问修饰符是什么，才能使同一个包中的类可以访问它，不同包中的类不能访它？

第 6 章　继承与覆盖

继承是指一种类继承另一种类的成员（成员变量和成员方法），被继承的类称为父类（超类或基类），继承了父类的类则称为子类。覆盖是指子类成员对同名的父类成员进行修改或重写的现象。

如图 6-1 所示，读者是一个父类，它有两子类，即学生和教师。学生和教师继承了读者的属性，如，读者具有借书证号码、姓名等静态属性。读者的子类（学生、老师）也继承了这些属性。读者具有借书、还书等动态特征，所以，其子类也具有借书、还书等特征。

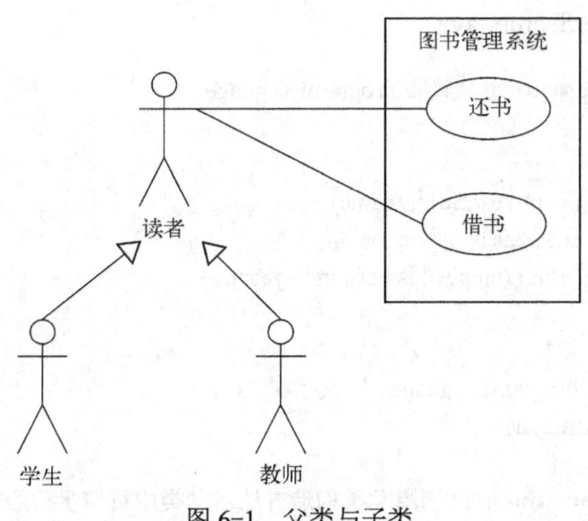

图 6-1　父类与子类

6.1　子类

在声明类时，通过使用关键字 extends 继承一个已定义好的类（父类），定义一个新的类（子类）。

1．定义子类的格式

```
class　子类名　extends　父类名
{
 //子类的成员变量和方法的定义写在这里
}
```

2．继承规则

1）如果子类和父类在同一个包中，那么子类继承了父类中除 private 以外的成员。

2）如果子类和父类在不同的包中，则子类只能继承父类中的protected、public成员。

3）子类不能继承父类中的构造方法。

6.2 super关键字

如果子类中定义了与父类同名的成员变量，则父类中的成员变量不能被子类继承，此时称子类的成员变量隐藏了父类的成员变量；如果子类中定义了一与父类同名的方法，则父类的这个方法在子类中被隐藏，也不能被子类继承下来。

如果要在子类中使用被隐藏的父类成员，或者使用父类中的构造方法，就必须在子类中使用关键字super。

1．调用父类构造方法

子类不能继承父类的构造方法，因此要使用父类的构造方法，必须在子类的构造方法中使用关键字super，而且super必须是子类构造方法中的头一条语句。

【例6-1】 在子类定义的构造方法中调用父类的构造方法。

程序清单6-1　superDemo.java

```
class ProgramLanguage //定义父类 ProgramLanguage
{   int year;
    String name;
    ProgramLanguage(int year,String name)
    {   this.year=year;  this.name=name;
        System.out.println(name+" is born in "+year);
    }
}
class Java extends ProgramLanguage //定义子类 Java
{   Java(int year,String name)
    {
        super(year,name);   //调用父类构造方法对父类成员变量初始化
    }
}
public class superDemo //定义测试类 superDemo
{   public static void main(String args[])
    {
        Java   j2me=new Java(1991,"java");
    }
}
```

1）在子类中调用父类构造方法的唯一方式是：super()或者super(参数表)。super()调用父类的默认构造方法，super(参数表)调用父类的带参构造方法。这两条语句必须写在子类构造方法体中第一行。

2）如果在子类的构造方法体中没有显式地使用super调用语句，则编译器自动调用父类的默认构造方法。

3）如果在父类中定义了构造方法，但是，没有定义默认构造方法，则子类中就不能调

用父类的默认构造方法。否则会出错。

2．调用父类成员

如果想使用父类中被子类隐藏的成员变量或方法，就要使用关键字 super。

【例 6-2】 在本例中，使用 super.getLong()来调用父类中被子类隐藏的方法 getLong()。使用 super.getArea()调用父类中被子类隐藏的方法 getArea()。

程序清单 6-2　superDemo2.java

```
import java.applet.*;    import java.awt.*;
class Circle //父类 Circle
{       float r=5; //圆的半径
        public Circle(float r) //构造方法
        {   this.r=r;       }
        float getArea() //圆的面积
        {   return 3.14f*r*r;       }
        float getLong()   //圆的周长
        {   return 2*3.14f*r;       }
}
class Cylinder    extends Circle      //子类 Cylinder (圆柱)
{       float h=8.0; //圆柱的高
        Cylinder(float r,float h)
        {     super(r);     //调用父类构造方法,初始化父类成员变量 r
              this.h=h;
        }
        float getArea()//计算圆柱表面积。对 Circle 中的方法进行了重写。
        {   float    d_area; //保存两个圆的面积
            float    c_area; //保存圆柱侧面积

            d_area=2*super.getArea(); //调用父类方法 getArea,获得两个圆的面积
             c_area=super.getLong()*h; //调用父类方法 getLong()
             return (d_area+c_area) ;
        }
        float getLong()//圆柱的两个圆周的总长，重写了父类方法。
        {   return     2*2*3.14f*r;   }
}
public class superDemo2 extends Applet//定义测试类 superDemo2
{     Cylinder    zhu;
      public void init()
      {   zhu=new Cylinder();   }
      public void paint(Graphics g)
      {     g.drawString("圆柱的表面积="+zhu.getArea(),5,20);
            g.drawString("两个圆周长的和= "+zhu.getLong(), 5, 40);
      }
}
```

在父类 Circle 中定义了方法 getLong()和方法 getArea()。在子类 Cylinder 中，对这两个

方法进行了重写，这样，子类方法与父类方法的**方法头标志**相同，只是方法体不同，称子类方法**覆盖**了父类方法，或称子类方法对父类方法进行了**重写**。

【例 6-3】 子类的成员变量隐藏了父类中同名的成员变量。通过 super 使用父类中被子类隐藏的成员变量。

程序清单 6-3　SuperDemo.java

```
import java.applet.*;    import java.awt.*;
class Father
{   public   int   d=10;   //被子类隐藏的成员
    int getD()
    {   return   d +80 ;      }
}
class   Son   extends   Father
{   public   int   d=20;
    int getD()
    {   return   super.d +80 ;  }   //super.d 使用父类的变量 d
}
pubilc class   SuperDemo   extends   Applet
{   Son   sum;
    public void init()
    {   sum=new Son();    }
    public void paint(Graphics g)
    {  g.drawString("sum="+ sum.getD(),200,200);   }
 }
```

3．重写父类方法时的访问权限

在子类中重写父类方法时，不能降低方法的访问权限。例如，在下面的代码中子类重写了父类的方法 get()，该方法在父类中的访问权限是 protected 级别，子类重写时不允许级别低于 protected。例如：

```
import     java.applet.*;
import java.awt*;
class   Father
{  protected    float get(float x,float y)
   {  return x*y;    }
}
```

下面是合法的子类（Son）定义：

```
class   Son   extends   Father
{   public float get(float x,float y)     //重写父类方法 get()，提高了访问权限（public）
    {  return x-y;      }
 }
```

下面是非法的子类（Son）定义：

```
class Son   extends   Father
```

```
{   float get(float x,float y)        //重写父类方法 get()，降低了访问权限（默认）
    {  return x-y;     }
}
```

6.3 Object 类

Object 类在 java.lang 包中，它是所有 Java 类的祖先。如果在定义一个类时没有指定其父类，Java 编译器就把 Object 类看做其默认的父类。如，定义 Circle 类时，没有指定它的父类，编译器就把 Object 类看做其默认父类。在 5.1 节中，Circle 类定义如下：

```
public class Circle
{
    //其他语句
}
```

上面的类定义，等价于下面的类定义：

```
public class Circle   extends   Object      //编译器把 Object 类看做其默认父类
{
    //其他语句
}
```

下面介绍 Object 类中的三个重要方法：

（1）public   boolean   equals(Object   object)

设 ob1 与 ob2 属于同一类。则，equals 方法使用的格式如下：

```
boolean    k=Ob1.equals(Ob2);
```

如果 ob1 引用的对象与 ob2 引用的对象内容相同，则返回 true，否则，返回 false。

（2）public   String   toString()

设 ob1 引用了一个对象。则 toString 方法使用的格式如下：

```
String   str=Ob1. toString ();
```

toString 方法返回一个字符串，该字符串由 ob1 所属的类名、@、一个数字组成。例如，下面的代码：

```
Circle   c1=new Circle(10);
String   str=c1. toString ();
```

str 的值类似如： Circle@2356781。其中，数字部分是在对象 c1 创建时，由计算机随机分配给对象 c1 的。

由于所有的类都继承了 Object 类，因此在实际应用中，我们在 Object 的子类中都对 toString 方法进行了覆盖。例如，我们可以在定义 Circle 类时，对 toString 方法进行覆盖：

```
public  String  toString()
{
     return  "Circle 的半径="+this.radius  ;
}
```

（3）public Object clone()

有时，为了在内存中复制一个新的对象，必须使用 clone 方法，格式如下：

```
newObject=someObject.clone();
```

该语句的作用是，将 someObject 对象复制到一个新的内存空间。

要想让某个对象成为可以复制的对象，必须使该对象所属的类实现接口 java.lang.Cloneable。

Object 类中还包括控制线程的方法 wait、notify。

6.4 final 关键字

使用关键字 final 修饰的类不能被继承，即不能有子类。用 final 修饰的方法不能被子类重写。例如：

```
final  class  ClassName
{
   final  float  method()        //该方法被定义为 final 方法
   {
    …
   }
   …
}
```

有时出于安全性的考虑，会将一些类修饰为 final 类。例如 Java 提供的 String 类被定义为 final 类，不能轻易改变。

如果一个方法被修饰为 final 方法，则这个方法不能被重写。如果一个成员变量被修饰为 final，则该变量就是常量。

6.5 抽象类

在类继承的树形结构中，从上往下看，类变得越来越具体。从下往上看，类变得越来越抽象，以致类没有具体的实例。例如，苹果、梨、桔子的父类是水果，水果类就没有实例；圆、三角形、长方形类的父类是图形，图形类就没有实例。没有实例的类称为抽象类。

1．抽象方法

只有方法声明，没有方法体的方法称为**抽象方法**。定义抽象方法的一般格式如下：

```
abstract  访问修饰符 方法类型  返回值类型    方法名(参数表);
```

或者

```
访问修饰符 方法类型  返回值类型     方法名(参数表);
```

2．抽象类

从语法角度看，至少包含一个抽象方法的类就是**抽象类**。定义抽象类的一般格式如下：

```
abstract  class   ClassName
{
  [常量、变量的定义]
  [抽象方法]
  [具体方法定义]
}
```

具体方法：由方法声明和方法体两部分组成。

3．抽象类的例子

在现实中，有圆类、矩形类、三角形类等，这些类具有共同的静态属性，如，颜色（color）和重量（weight）。有共同的行为，包括：计算面积（findArea）和周长（findPerimeter）。因此，对圆类、矩形类、三角形类等几何类进一步抽象，得到几何类（GeometricObject）。因为不知道如何计算几何对象的面积和周长，所以，将几何类中的方法findArea 和 findPerimeter 作为抽象方法定义。这些抽象方法将在子类中实现。

（1）定义了一个抽象的几何类

程序清单 6-4　GeometricObject.java

```
public  abstract  class  GeometricObject
{
  protected String color;
  protected double weight;

   protected GeometricObject()
   {
     color = "white";     weight = 1.0;
   }

  protected GeometricObject(String color, double weight)
  {
    this.color = color;      this.weight = weight;
  }

   public String getColor()
   {      return color;   }

   public void setColor(String color)
   {      this.color = color;   }
```

```
    public double getWeight()
    {    return weight;  }

    public void setWeight(double weight)
    {    this.weight = weight;  }

   // 下面定义两个抽象方法
    public abstract double findArea();
    public abstract double findPerimeter();
}
```

下面的程序清单，以几何类为父类分别定义了两个子类：圆类（Circle）和矩形类（Rectangle）。在 Circle 类和 Rectangle 类中分别实现了父类中定义的抽象方法（**findArea** 和 **findPerimeter**）。

（2）定义圆类（扩展类 GeometricObject）

程序清单 6-5　Circle.java

```
public class Circle extends GeometricObject
{
  protected double radius;

    public Circle()
    {    this(1.0, "white", 1.0);  }

    public Circle(double radius)
    {    super("white", 1.0);     this.radius = radius;  }

    public Circle(double radius, String color, double weight)
    {
      super(color, weight);     this.radius = radius;
    }

    public double getRadius()
    {    return radius;  }

    public void setRadius(double radius)
    {    this.radius = radius;  }

    public double findArea()  // 实现父类中的抽象方法 findArea
    {    return radius*radius*Math.PI;  }

    public double findPerimeter()  //实现父类中的抽象方法 findPerimeter
    {    return 2*radius*Math.PI;  }

    public boolean equals(Circle circle) // 覆盖 Object 类中的方法 equals()
    {    return this.radius == circle.getRadius();  }
```

```
    public String toString()//覆盖 Object 类中的方法 toString()
    {     return "[Circle] radius = " + radius;   }
}
```

（3）定义矩形类（扩展类 GeometricObject）

程序清单 6-6　Rectangle.java

```
public class Rectangle extends GeometricObject
{
   protected double width;
   protected double height;


   public Rectangle()   //默认构造方法
   {     this(1.0, 1.0, "white", 1.0);   }

   public Rectangle(double width, double height)
   {
     this.width = width;       this.height = height;
   }

   public Rectangle(double width, double height,   String color, double weight)
   {
     super(color, weight);   this.width = width;      this.height = height;
   }

   public double getWidth()
   {     return width;   }

   public void setWidth(double width)
   {     this.width = width;   }

   public double getHeight()
   {     return height;   }

   public void setHeight(double height)
   {     this.height = height;   }

   public double findArea() //实现父类中的抽象方法  findArea
   {     return width*height;   }

   public double findPerimeter() //实现父类中的抽象方法 findPerimeter
   {     return 2*(width + height);   }

   public boolean equals(Rectangle rectangle) // 覆盖祖先类 Object 中的方法  equals()
   {
```

```
        return   (width == rectangle.getWidth()) &&   (height ==   rectangle.getHeight());
    }

    public String toString() //覆盖祖先类 Object 中的方法 toString()
    {     return "[Rectangle] width = " + width + " and height = " + height;
    }
}
```

方法 toString 和 equals 在祖先类 Object 中已经定义，在 Rectangle、Circle 类中被覆盖（也称重写，或者称修改）。方法 toString 和 equals 在父类 GeometricObject 中被定义为抽象方法，在子类 Rectangle 和 Circle 中被实现，即，在子类中给方法确定了具体的操作和功能。

4．抽象类的特点

抽象类具有以下特点：

1）抽象类不能创建对象。

2）如果以抽象类为父类定义一个非抽象的子类，则该子类必须实现父类中的所有抽象方法。

6.6 多态

多态的意思是多种具体行为。例如，所有动物都有叫声，但是，不同的动物，实现“叫声”的形式也不同。老虎的叫声为“嚎”、狗的叫声为“汪汪”、猫的叫声为“喵喵”等。还有，所有人都有爱好，但是，男人和女人的具体爱好也不同。

对 Java 语言来说，在同一类中或不同类中，可以定义多个同名的方法，但是每个方法体中的代码不同，这样，向不同的对象发送相同的消息时，它们执行的方式就不同，我们称这种现象为**多态**。

Java 程序实现多态的步骤：1）首先，在父类中声明一组方法。2）其次，在各子类中对父类的同一方法进行覆盖或重写。

【例 6-4】 本例创建两几何对象：一个圆和一个矩形。

程序清单 6-7　TestPolymorphism.java

```
public class TestPolymorphism
{
   public static void main(String[] args)
   {
      GeometricObject geo1 = new Circle(10);
      GeometricObject geo2 = new Rectangle(10, 5);

      System.out.println("两个对象面积相同? " + equalArea(geo1, geo2));
      displayGeometricObject(geo1); // 显示圆
      displayGeometricObject(geo2); // 显示矩形
   }
   // 比较两个几何对象的面积的方法
   static boolean equalArea(GeometricObject ob1, GeometricObject ob2)
```

```
        {
          return   ob1.findArea() = = ob2.findArea();
        }
        // 显示几何对象的方法
        static void displayGeometricObject(GeometricObject ob)
        {
          System.out.println();
          System.out.println(ob.toString());
          System.out.println("面积是：" + ob.findArea());
          System.out.println("周长是：" + ob.findPerimeter());
        }
    }
```

equalArea(geo1, geo2)方法执行时，圆 geo1 引用传递给 ob1，ob1 是一个圆，ob1.findArea()调用的是圆中的 findArea()方法。矩形 geo2 引用传递给 ob2，ob2 是一个矩形，ob2.findArea()调用的是矩形中的 findArea()方法。

执行 displayGeometricObject(geo1)时，传递给形参的是一个圆的引用，这样，Circle 类中的方法 findArea()、findPerimeter()和 toString()被调用。执行 displayGeometricObject(geo2)时，传递给形参的是一个矩形的引用，这样，Rectangle 类中的方法 findArea()、find Perimeter()和 toString()被调用。

6.7 对象转换

对于基本类型数据，在表达式计算或赋值时存在数据类型转换；对于引用型数据，也存在数据类型转换。

（1）自动转换

子类对象到父类对象的转换是自动转换，不需要程序员干预。如，下面的两条语句就属于自动转换。

```
GeometricObject geo1 = new Circle(10);
GeometricObject geo2 = new Rectangle(10, 5);
```

new Circle(10)创建一个圆，new Rectangle(10, 5)创建一个矩形。圆和矩形都是 GeometricObject 的子类对象。系统自动将子类对象转换为父类 GeometricObject 对象。

（2）强制转换

将父类对象转换为子类对象时，必须使用转换符号（SubclassName）。只有当被转换的对象是子类的一个实例时，才能转换成功，否则，会出现转换异常。例如：

```
Circle      circle1 = new Circle(10);//创建一个父类对象 circle1
Cylinder    cy=(Cylinder)circle1; //将父类对象 circle1 转换为子类型
```

在转换前，为确保对象是某个类的实例，可以用运算符号 instanceof 测试。测试对象 object 是不是 Cylinder 类的实例的代码如下：

```
        Circle    object=new Circle(20);
        if (object instanceof Cylinder)
          {
            Cylinder    cy=(Cylinder)object; //将对象 object 转换为子类对象
          }
```

【例 6-5】本例创建两个几何对象：圆和圆柱。如果对象是一个圆，则方法 displayGeometricObject 显示圆的面积和周长；如果对象是一个圆柱，则显示圆柱体的表面积和体积。

程序清单 6-8 TestCast.java

```
public class TestCast
{   public static void main(String[] args)
  {   // 声明变量并初始化
    GeometricObject ob1 = new Circle(5);
    GeometricObject ob2 = new Cylinder(5, 3);

    displayGeometricObject(ob1);//显示圆
    displayGeometricObject(ob2);//显示圆柱
  }
   static void displayGeometricObject(GeometricObject object) //显示几何对象的方法
  {   System.out.println();
    System.out.println(object.toString());

    if (object instanceof Cylinder)//测试 object 是不是 Cylinder 的一个实例
      {
        System.out.println("The area is " +    ((Cylinder)object).findArea());
        System.out.println("The volume is " + ((Cylinder)object).findVolume());
      }
    else if (object instanceof Circle)
      {
        System.out.println("The area is " + object.findArea());
        System.out.println("The perimeter is " + object.findPerimeter());
      }
  }
}
```

执行 displayGeometricObject(ob1)时，因为实参 ob1 的类型是 Circle（子类），形参的类型是 GeometricObject（父类），这样，实参到形参的转换是自动转换。调用方法 displayGeometricObject(ob2) 时，实参类型时 Cylinder（子类）到形参类型 GeometricObject(父类）的转换也是自动转换。

方法 displayGeometricObject()进行参数传递时，都要将实参类型转换为父类型（GeometricObject），当执行流程进入方法体后，还要对传入的参数进行类型测试，然后，进行强制转换。

6.8 接口

Java 语言中的接口常应用于以下两个方面：

1）将接口看做一个类。用接口来声明一个变量。

2）用类实现接口。在接口中定义一组通用的抽象方法，然后，在类中实现接口中的这组方法，为接口中的方法添加方法体。这时，我们称该**类实现了接口**。

Java 语言不支持多重继承，通过接口，可以实现多重继承的效果。

6.8.1 定义接口

从结构上看，接口与抽象类相似，接口只包含常量和抽象方法，但是，抽象类还包括变量和具体方法。

1．定义接口的格式

```
访问修饰符  interface  接口的名字
{
    [常量定义]
    [抽象方法的定义]
}
```

例如，下面定义一个交易接口。

```
interface    Trade                                        //接口声明。接口的名字是 Trade
{  final  String  bankName= "ChinaBank ";                //定义常量 bankName
   void saving(float monkey);                             //表示该方法提供存款功能
   float fetch(float monkey);                             //表示该方法提供取款功能
}
```

如果银行的柜员机类要实现该接口（Trade）的功能，它就应该为接口中的每个抽象方法提供具体的方法体，实现接口中的方法。

2．接口的特征

Java 把接口当做一个特殊的类看待。当对 Java 源文件编译时，每个接口被编译为一个独立的字节码文件。每个接口名对应生成一个同名的字节码文件。但是，接口没有实例。

接口有以下特点：

- 接口中常量的修饰符，默认情况下都是 public、static 和 final 类型。
- 接口中的方法名的修饰符，默认情况下都是 public、abstract 类型。

6.8.2 类实现接口

（1）类实现接口的语句格式

当一个类通过使用关键字 implements 声明自己实现一个或多个接口时，这个类就继承了接口中的成员，这时，类与接口间的关系相当如子类与父类间的关系。例如，类 ClassName 实现接口 Printable 和接口 Addable 的格式如下：

```
class   ClassName  implements  Printable,  Addable  //接口间用逗号隔开
{  [常量定义][变量定义] [方法定义]

    //为接口中的抽象方法添加方法体
    …
}
```

再如，类 Dog 继承类 Animal 并实现接口 Eatable 和接口 Sleepable 的语句如下：

```
class  Dog  extends  Animal  implements  Eatable,  Sleepable
{
    //在这里定义 Dog 类的成员，并为接口中的抽象方法添加方法体
}
```

（2）类实现接口的实例

【例 6-6】 人（humanbeings）、狗（dog）、猫（cat）三种动物都有问候的行为，如果对各种具体问候行为做更一般的抽象，得到一个通用方法 voice()，将这个方法封装在一个接口 greeting 中，然后，每个类实现 greeting 接口。

下面首先定义一个接口 greeting。

程序清单 6-9　greeting.java

```
package  greet;
public interface greeting   //定义接口 greeting
{
      public abstract void voice();//抽象方法
}
```

下面分别定义三个类实现接口 greeting。

程序清单 6-10　InterfaceDemo.java

```
import  greet.*; //导入接口 greeting
class humanbeings implements greeting
{
    public void voice()
    {
      System.out.println("人的问候是：你好！"); //每个类实现接口中方法的代码不同
    }
}

class dog implements greeting
{
    public void voice()
    {
      System.out.println("狗的问候是：汪汪！"); //每个类实现接口中方法的代码不同
    }
}
```

```
class cat implements greeting
{
    public void voice()
    {
      System.out.println("猫的问候是：喵喵！");//每个类实现接口中方法的代码不同
    }
}

public class InterfaceDemo //测试类 InterfaceDemo
{    public static void main(String args[])
     {  humanbeings jack=new humanbeings();
        dog     doly=new dog();
        cat     polly=new cat();
        jack.voice();   doly.voice();   polly.voice(); //向不同对象发送了相同的消息 voice()
     }
}
```

首先定义接口 greeting，其次，分别在三个类中实现接口中的抽象方法 voice( )，从而实现预期功能。

注意：一个类实现某个接口，则该类必须遵守以下规则：

- 被实现的方法的访问修饰符必须是 public。
- 如果一个类只实现了接口中的部分方法，那么这个类必须定义为 abstract 类。

6.8.3 接口当做类使用

前面说到，接口与实现接口的类之间的关系可以看做是父类与子类的关系，因此可以把接口当做一个类，用它来声明一个变量。这个变量可以引用实现接口的类及其子类对象。

【例 6-7】 接口当做类使用。

程序清单 6-11　UseIEmployee.java

```
public interface IEmployee   //定义接口 IEmployee
{    public static final double prize=1000.00;
     public abstract void addSalary();   // 接口中定义加工资的抽象方法 addSalary()
}
//下面定义类 Employee,实现接口 IEmployee
class Employee implements IEmployee
{    private String name;
     private double salary;
     private String hireDay;
     public Employee(String name,double salary,String hireDay)
     {
         this.name=name;    this.salary=salary;   this.hireDay=hireDay;
     }
     //用于获取雇员信息的方法
     public String getName()
     {return name;}
```

```
        public void getInfo()
        {System.out.println("I'm employee!!");}

        public double getSalary()
        {return salary;}

        public String getHireDay()
        {return hireDay;}
        public void addSalary(int n)   //实现接口中的方法 addSalary()
        {     salary+=prize*n;  //实现如何加工资 }
}

public class UseIEmployee   //测试接口的类定义
{
    IEmployee e1,e2; //用接口声明变量，接口相当于实现该接口的类
    public UseIEmployee()
    {     //初始化对象 e1 并显示员工信息
        e1=new Employee("Wang Xiao Yue",3000.00,"2005/05/20");
        e1.addSalary(2);
        System.out.println("name:"+e1.getName());
        e1.getInfo();
        System.out.println("Salary:"+e1.getSalary());
        System.out.println("hireDay:"+e1.getHireDay()+"\n");
        //初始化对象 e2 并显示员工信息
        e2=new Employee("Xu Guang Yang",2000.00,"2006/05/10");
        e2.addSalary(1);
        System.out.println("name:"+e2.getName());
        e2.getInfo();
        System.out.println("salary:"+e2.getSalary());
        System.out.println("hireDay:"+e2.getHireDay());
    }
    public static void main(String[] args)
    {     new UseIEmployee();     }
}
```

首先定义 IEmployee 接口，然后定义类 Employee 实现接口中的抽象方法 addSalary()，最后在测试类中把接口 IEmployee 当做类来使用。

6.8.4 扩展接口

（1）最初定义的接口

开始时根据应用的需要，定义如下的接口：

```
interface DoIt
{   void doSomething(int i, double x);
    int doSomethingElse(String s);
}
```

（2）希望增加接口中的方法

过了一段时间后，想在接口中增加一个方法，则接口有可能变成：

```
interface DoIt
{     void doSomething(int i, double x);
    int doSomethingElse(String s);
    boolean didItWork(int i, double x, String s); //想增加的方法
}
```

此时问题出现了，那些实现了原来接口的类都要随之改变，如果类有很多，则相应地要进行大量修改。

（3）解决办法

为了避免出现上述情况，应该像下面这样扩展接口，而不是在接口中添加方法，做到变与不变隔离开来。

```
interface    DoItPlus extends DoIt
{
  boolean didItWork(int i, double x, String s);
}
```

6.9 内部类

内部类是一种在其他类的内部定义的类，包含内部类的类称为外部类。下面是一个内部类的例子。

```
public interface Content      //定义接口 Content
{
    int value();
}

public interface Destination    //定义接口 Destination
{
    String readLabel();
}

 public class Goods    //外部类 Goods
{   //定义一个内部类 GContent 实现接口 Content
    private class GContent    implements    Content
    {   private int i = 11;
      public int value()
      {   return i;    }
    }
    //定义内部类 GDestination 实现接口 Destination
    protected    class    GDestination    implements    Destination
```

```
      {   private String label;
          private GDestination(String whereTo)
          {   label = whereTo;     }
          public String readLabel()
          {    return label;        }
      }
    //在外部类的方法中创建并返回内部类 GDestination 对象
    public Destination dest(String s)
    {   return new GDestination(s);  }
    //在外部类的方法中创建并返回内部类 GContent 对象
    public Content   cont()
    {   return new GContent();  }
}
class TestGoods
{   public static void main(String[] args)
    {   Goods        p = new Goods();
        Content        c = p.cont();
        Destination    d = p.dest("Beijing");
    }
}
```

类 GContent 和 GDestination 被定义在类 Goods 内部，并且分别有着 protected 和 private 修饰符来控制类的访问级别。所以，GContent 和 GDestination 是内部类，Goods 是外部类。

在 main 方法里，直接用 Content c 和 Destination d 进行操作，我们甚至连这两个内部类的名字都没有看见。这就引出了内部类的第一个好处：隐藏你不想让别人知道的操作，也就是封装性。

内部类的特征如下：

1）内部类可访问外部类中的所有成员变量和成员方法。

2）一个内部类对象可以访问外部类对象的内容，甚至包括私有变量。

3）内部类编译后，得到的字节码文件的格式是："外部类名.内部类名.class"。

6.10 本章小结

继承就是子类拥有父类的特征（成员变量和方法），并有可能添加了新的特征。

当向多个对象发送了相同的消息，结果每个对象执行了不同的任务，呈现不同的行为，这种现象便称为多态。

抽象类中至少包含一个抽象方法，它不能创建对象。接口是将更通用的抽象方法封装在一起。抽象方法是对多个具体方法的更通用的抽象。

接口与实现接口的类，其关系相当于父子关系。接口可以当做类的使用。

在类中定义的类称为内部类。

6.11 习题

1．举例说明 protected 方法和 public 方法的区别。

2．子类继承了父类的哪种成员变量和方法？子类在什么情况下隐藏父类的成员变量和方法？在子类中是否允许与父类具有相同的方法名？试分别举例说明。

3．接口应用在哪些方面？试举例说明，然后编写一个类实现两个接口的程序。

4．举例说明抽象类与接口的异同点。

5．举例说明关键字 this 和 super 应用在哪些场合。

6．定义一个 Person 类和它的两个子类 Student 和 Employee。Employee 有子类 Faculty 和 Staff；Person 有姓名、地址、电话号码和电子邮件地址；Student 有班级、状态（一年级、二年级、三年级和四年级），将这些状态定义为常量；Employee 中的雇员有办公室、工资、受雇日期。Faculty 有办公时间和级别；Staff 有职务称号。覆盖每个类中的 tostring 方法，显示类名和人名。

7．解释方法覆盖和方法重载之间的区别。

8．每一个类都有 toString 方法吗？它是从哪里来的？如何使用它？

9．equals、hashCode、finalize、clone 和 getClass 方法在哪里定义？

第7章　数　　组

数组用来储存一组同类型的数据。Java 系统把数组封装成一个对象。

7.1　声明变量

因为，数组是一个对象，所以，在访问数组前，首先应声明一个引用数组的变量，然后，通过变量来访问数组元素。我们把引用数组的变量理解为数组名。

1．声明引用一维数组的变量

```
type   bianvar [ ] ;     // [ ]表示变量 bianvar 引用数组
```

或者

```
type   [ ] bianvar ;     // [ ]表示变量 bianvar 用来引用数组
```

其中，type 指定变量引用的数组元素的数据类型，bianvar 是声明的变量名，[ ]表示变量用来引用数组。

上面语句的作用是声明一个变量 bianvar，该变量引用的数组元素类型是 type。该变量用来保存数组的地址。例如：

```
float   list[ ];      //声明一个变量 list，该变量引用的数组元素的数据类型是 float
char    [ ] cat;      //声明一个变量 cat，该变量引用的数组元素的数据类型是 char
```

2．声明引用二维数组的变量

```
type   bianvar [ ] [ ];// 声明一个变量 bianvar，该变量引用一个二维数组，数组元素的数据类型是 type
```

或者

```
type [ ] [ ] bianvar ;
```

例如：

```
float a[ ] [ ];       //声明一个变量 a，a 引用的数组元素类型是 float
char [ ] [ ]d;        //声明一个变量 d，d 引用的数组元素类型是 char
```

数组元素的数据类型可以是 Java 的任何一种数据类型。假如已经定义了一个 People 类，那么可以声明一个引用数组的变量 list。如下面的语句：

```
People   list[ ];
```

其中，变量 list 用来保存数组的地址。该数组元素的数据类型是 People。

7.2 创建数组

创建数组就是为数组中的每一个元素分配内存空间。

1．创建数组的语句格式

（1）创建一维数组的语句格式

```
new  type[n]
```

其中，type 指定数组元素的数据类型，n 指定数组元素的个数。例如：

```
float  list[] =new float[7] ; //声明变量 list，并创建一个数组，将数组地址保存在 list 中
```

其中，表达式 new float[7] （该数组包含 7 个元素，元素的数据类型是 float）的作用是创建一个数组，并返回数组的地址。

注意：一定要分清创建数组与创建对象的格式之间的区别。创建对象时，new 后面是构造方法；创建数组时，new 后面是数据类型加“[元素个数]”。

（2）创建二维数组的语句格式

```
new  type[n] [m]  ;// 创建一个二维数组,包含 n*m 个元素，元素的数据类型是 type
```

例如：

```
int  mytwo[][]=new int [3] [5];
```

该语句执行 new int [3] [5]后创建一个二维数组（包含 3*5)个元素，元素的数据类型是 int，数组的地址赋给变量 mytwo。

2．变量与数组

下面语句的作用是创建一个数组，将数组的地址赋给变量 wang。当变量保存了数组的地址时，称**变量引用了数组**，这个变量就是**数组的名称**。

```
float  wang[] =new float[3] ; //数组元素的数据类型是 float，元素个数是 3。数组的名称是 wang
```

注：变量声明时数据类型必须与被它引用的数组元素类型相同。

假设 new float[3]创建数组后返回数组的地址是 0x25B4，变量与数组的内存模型如图 7-1 所示。

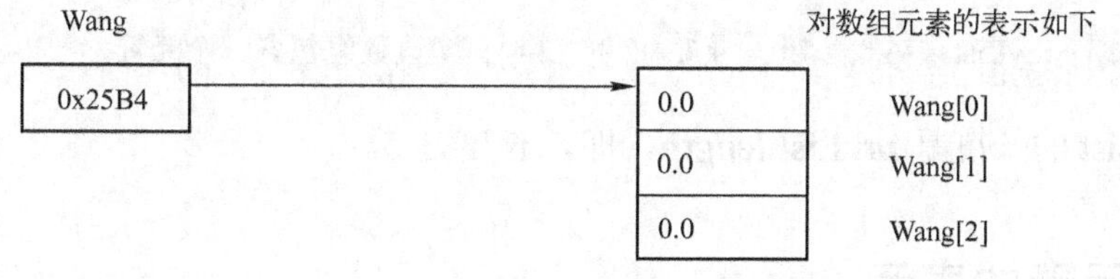

图 7-1 内存模型

注意：与 C 语言不同的是，Java 在创建数组时允许使用 int 型变量指定数组的大小。例如：

```
int size=50;
double list[]=new double[size];
```

7.3 初始化数组

初始化数组就是给数组元素赋初值。创建数组后，如果没有给数组元素赋值，则系统自动为每个数组元素赋一个默认的值。

1．系统默认赋值

依据数组元素的数据类型不同，系统给数组元素赋默认值的规则如下：

（1）数组元素的类型是基本数据类型

- 数组元素的数据类型是整型，则默认值是 0。
- 数组元素的数据类型是 float，则默认值是 0.0。
- 数组元素的数据类型是 boolean，则默认值是 false。
- 数组元素的数据类型是 char，则默认值是'\u0000'。

（2）数组元素的数据类型是类

若数组元素的数据类型是类，则数组元素的默认值是 null。例如：

```
People  []list=new People[3] ; //数组元素分别表示为：list[0] 、 list[1] 、 list[2]
```

则，系统默认地给每个元素赋值为：null。系统默认赋值方式如下：

```
list[0]=null;    list[0]=null;       list[0]=null;
```

2．显式赋值

下面的语句执行后，显式给每个元素赋值。

```
float  list[]={78.3f, 55.77f, 56.0f, 89.2f};
```

上面的语句等价于下面的语句：

```
float  list[]=new float[4];        //创建一个数组
list[0]=78.3f;  list[1]=55.77f;  list[2]=56.0f;  list[3]=89.2f;    //给数组元素赋值
```

3．数组长度

数组是一个对象，对象中有个成员变量 length，该变量的值保存了数组的长度。例如，下面的数组：

```
double[]  myList = {5.0,  7.0,  4.7,  2.9,  3.4};  //该数组包含 5 个元素
```

数组 myList 的长度是 **myList.length**，即，长度是 5。

7.4 数组元素的表示

当用一个变量引用了数组后（变量保存了数组的地址码，把变量看做数组名），就可以用数组名和数组元素下标来表示一个数组元素。数组元素的下标编号是从 0 开始的。

例如，变量 list 引用了 4 个元素的数组。

```
int   list=new int[4];
```

引用数组的变量是 list，元素下标分别是 0、1、2、3。四个元素分别表示为：list [0]、list [1]、list [2]、list [3]。数组 list 中元素的最大编号是 3。若访问不存在的元素，则语句将发生异常。例如：

```
list [4]=88;                          //list [4]元素不存在
```

二维数组元素的表示类似于一维数组元素。例如，声明变量 a，通过 a 来引用二维数组。其格式如下：

```
int a[][]=new int[2][3];              //该数组可用矩阵表示为 2 行 3 列
```

该数组包含两个下标，第一个下标的变化范围从 0 到 1，第二个下标的变化范围从 0 到 2。该数组包含 6 个元素，分别表示为 a[0][0]、a[0][1]、a[0][2]、a[1][0]、a[1][1]、a[1][2]。

如果执行下面的语句将发生异常：

```
a[2][1]=38;   a[0][3]=90;             //元素 a[2][1] 、a[0][3]不存在
```

7.5 数组排序

本节介绍选择排序、插入排序、冒泡排序等算法。

7.5.1 选择排序

假设对一个数组进行递增排序。选择排序算法是：在列表中找到最大的数，并将它放在列表的最后。这样，剩下的数构成一个列表，在这个列表中选择最大的数，并将它放在列表最后。这样，剩下的数构成一个列表，一直这样做下去，直到列表中只剩一个数为止。

假设数组 int a []有 7 个元素需要排序：

3 9 4 7 8 2 6

第一次，在数组元素 a[0]～a[6]中找到最大的数 9，并与最后位置的数 6 交换位置，得到下面的列表：

3 6 4 7 8 2 9

第二次，在数组元素 a[0]～a[5]中找到最大的数 8，并与最后位置的数 2 交换位置，得到下面的列表：

3 6 4 7 2 8 9

第三次，在数组元素 a[0]～a[4]中找到最大的数 7，并与最后位置的数 2 交换位置，得到下面的列表：

3 6 4 2 7 8 9

第四次，在数组元素 a[0]～a[3]中找到最大的数 6，并与最后位置的数 2 交换位置，得到下面的列表：

3 2 4 6 7 8 9

重复以上步骤，直到数组列表中只剩下一个元素为止。

【例 7-1】 采用选择排序算法对数组进行排序。

程序清单 7-1 SelectionSort.java

```
public class SelectionSort
{ public static void main(String[] args)
  {   double[] myList = {5.0, 4.4, 1.9, 2.9, 3.4, 3.5}; // 数组初始化
    System.out.println("在排序前，数组是: ");    printList(myList); //打印排序前的数组
    selectionSort(myList); // 对数组排序
    System.out.println();
    System.out.println("排序后的数组是: ");     printList(myList); //打印排序后的数组
  }
  static void printList(double[] list)   // 打印数组的方法
  { for (int i=0; i<list.length; i++)     System.out.print(list[i] + "    ");
    System.out.println();
  }
  static void selectionSort(double[] list) // 对数组排序的方法
  { double currentMax;
    int currentMaxIndex; //保存最大值元素的下标号
    for (int i=list.length-1; i>=1; i--) //外层循环，确定列表范围
    {   // 在列表 list[0]~List[i]找到一个最大的数,
        currentMax = list[i];    //保存最大的数
        currentMaxIndex = i; //保存最大数的下标号
        for (int j=i-1; j>=0; j--) //内层循环，在列表范围查找最大的数及其下标号
        {
          if (currentMax < list[j])     { currentMax = list[j];    currentMaxIndex = j; }
        }
        // 将最大数与最后位置的那个数 list[i] 进行交换
        if (currentMaxIndex != i)     { list[currentMaxIndex] = list[i];    list[i] = currentMax; }
    }
  }
}
```

7.5.2 插入排序

假设对一个数组进行递增排序。插入排序算法是在已排序好的子数组中反复插入一个新元素，直到整个数列全部排序好。

假设要排序的原始数组是：{3，6，5，4，9，7}。对任何数组来说，把第一元素看做子数组中已经排序好了的元素。其排序步骤如下：

1）开始，已经排序好的子数组是{3}

3 6 5 4 9 7

2）向子数组{3}中插入 6，排序好的子数组是{3，6}

3 6 5 4 9 7

3）向子数组{3，6}中插入 5，排序好的子数组是{3，5，6}

3 5 6 4 9 7

4）向子数组{3，5，6}中插入4，排序好的子数组是{3，4，5，6}

3　4　5　6　9　7

5）向子数组{3，4，5，6}中插入9，排序好的子数组是{3，4，5，6，9}

3　4　5　6　9　7

6）向子数组{3，4，5，6，9}中插入，7，排序好的子数组是{3，4，5，6，7，9}

【例 7-2】 采用插入排序算法对数组进行排序。

程序清单 7-2　InsertSort.java

```
public class InsertSort
{   public static void inSort(int[] list)
    {   for(int i = 1;i<list.length;i++)
        {   //开始，子表中的元素是 list[0]
            int tmp = list[i]; //将要插入的元素保存在临时变量 tmp 中
            int k = i-1;
            while(list[k]>tmp) //把要插入的元素与已排序好的子表中元素比较，从 list[i-1]开始比较
            {   list[k+1] = list[k]; //将子表中的元素后移一位
                k--;
                if(k == -1)     break;
            }
            //子表中比要插入的元素大的元素都后移了后，将要插入的元素 tmp 移到合适的位置
                list[k+1] = tmp;
            }
    }
    public static void main(String[] args)
    {   int[] num = {5,46,26,67,2,35};
        inSort(num);
        for(int k = 0;k<num.length;k++)   System.out.println(num[k]);
    }
}
```

7.5.3 冒泡排序

假设对一个数组进行递增排序。冒泡排序算法是在每次遍历中，连续对相邻两个元素进行比较。如果比较的两个元素是降序排列，则交互它们的值，否则，保持不变。

按照冒泡排序，第一次遍历后，最后一个元素成为数组中最大元素。第二次遍历后，倒数第二个元素成为数组中第二大元素。持续整个过程，直到所有元素都已排序好。

【例 7-3】 采用冒泡排序算法对数组进行排序。

程序清单 7-3　BubbleSort.java

```
public class BubbleSort
{   public static void inSort(int[] list)
    {   for(int k = 1;k<list.length;k++) //遍历次总数为 list.length-1
        {
        for(int i=0;i<list.length-k;i++) //第 k 次遍历时，未排序好的表范围是 list[0]~list[list.length-k]
```

```
            if(list[i]>list[i+1]) //若相邻两元素是降序排列，则交换它们的位置
               {int tmp=list[i];   list[i]=list[i+1];   list[i+1]=tmp; }
         }
      }
      public static void main(String[] args)
      {   int[] num = {5,46,26,67,2,35};
         inSort(num);
         for(int k = 0;k<num.length;k++)   System.out.println(num[k]);
      }
   }
```

7.6 数组查找

查找就是在数组中查找特定元素的过程。查找的算法有很多，在本节中将讨论两种查找算法：线性查找法和二分查找法。

7.6.1 线性查找

线性查找法就是将要查找的关键字 key 与数组 list[]中的元素逐个进行比较，直到在列表中找到与关键字匹配的元素，或者查完了列表后也没有找到要找的元素。如果查找成功，则返回与关键字匹配元素的下标号，如果没有找到，就返回-1.

【例 7-4】 线性查找。该程序创建一个包含 10 个 int 型的随机的数组，并显示它。程序提示用户输入要查找的关键字，并进行线性查找。

程序清单 7-4 LinearSearch.java

```
public class LinearSearch
{   public static void main(String[] args)
   {   int[] list = new int[10];
      // 用随机数创建一个列表，并显示该列表
      System.out.print("列表是 ");
      for (int i=0; i<list.length; i++) { list[i] = (int)(Math.random()*100); System.out.print(list[i]+"    ");}
      System.out.println();
      System.out.print("请输入关键字   ");
      int key = MyInput.readInt(); //从键盘输入关键字 key
      int index = linearSearch(key, list); //查找 key 在列表中的下标号
      if (index != -1)
         System.out.println("关键字的下标号是：  "+index);
      else
         System.out.println("在列表中没有这个关键字");
   }
   public static int linearSearch(int key, int[] list) // 在列表中查找关键字的方法
   {
      for (int i=0; i<list.length; i++)
         if (key == list[i])      return i;
```

```
            return -1;
        }
    }
```

方法 Math.random()生成大于或等于 0.0，小于 1.0 的随机 double 型数。

当关键字与数组中某个元素匹配时，方法返回数组中第一个与关键字匹配的元素的下标号，不匹配时，返回-1。

7.6.2 二分查找

使用二分查找法的前提是数组必须是已经排序好了。假设数组按照升序排列。该方法将关键字先与数组的中间元素比较，有以下三种情况出现：

1）关键字比中间元素小，则只需在前半组元素中查找。

2）关键字和中间元素相等，则匹配成功，查找结束。

3）关键字比中间元素大，则只需在后半组元素中查找。

用 row 和 high 分别标记当前查找数组的第一个和最后一个元素的下标。初始条件下，row 值是 0，high 值是 list.length-1。mid 表示列表中间元素的下标，这样，mid 的值是：(row+high)/2。

假设数组 list 按升序排列。要查找的关键字 key 为 11。如图 7-2 所示的是查找过程。

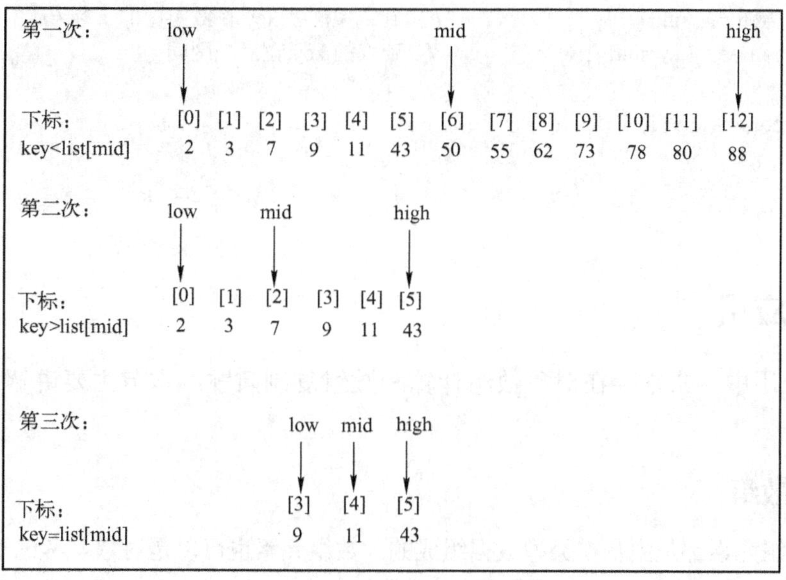

图 7-2 二分查找过程

【例 7-5】 二分查找。该程序创建一个包含 10 个 int 型的数组，并显示它。程序提示用户输入要查找的关键字，并进行二分查找。

程序清单 7-5 BinarySearch.java

```
public class BinarySearch
{   public static void main(String[] args)
```

```
{   int[] list = new int[10];
    // 创建一个已经排序好的数组
    System.out.print("数组是 ：");
    for (int i=0; i<list.length; i++)   {list[i] = 2*i + 1; System.out.print(list[i] + "   "); }//数组初始化
    System.out.println();
    System.out.print("请输入一个关键字：");
    int key = MyInput.readInt();   //从键盘输入关键字 key
    int index = binarySearch(key, list);//查找与关键字匹配的元素的下标
    if (index != -1)
       System.out.println("与关键字匹配的元素下标是" + index);
    else
       System.out.println("在列表中没有与关键字匹配的元素");
}
public static int binarySearch(int key, int[] list) //使用二分查找法在列表中查找与 key 匹配的元素
{   int low = 0;
    int high = list.length - 1;
    while (high>=low)
    {   int mid = (low + high)/2;          //计算中间元素的下标号
        if (key < list[mid])               //关键字与中间元素比较
       high=mid-1;                         //要查找的 key 在前半区间
        else   if (key== list[mid])
       return   mid ;                      //找到了关键字 key 在数组中的下标号
        else   low=mid+1;                  //要查找的 key 在后半区间
    }
    return –(low+1)     ;
}
}
```

7.7 数组应用

在实际应用中，常常存在对象数组计算和数组复制问题。本节主要讲解这两个方面的应用。

7.7.1 对象数组

前面的数组元素都是由基本类型数据组成的。数组元素也可以是对象。考虑下面的语句：

```
Circle   cirArray[]=new Circle[10];   //由 10 个圆构成一个数组。
```

下面通过循环语句对数组 cirArray 初始化。

```
for(int i=0; i< cirArray.length; i++)     cirArray[i]=new Circle(i+1);
```

【例 7-6】 累加圆的面积。该程序创建一个包含 10 个圆的数组 cirArray，并显示它。程序提示用户输入要查找的关键字，并进行线性查找。

程序清单 7-6 TotalArea.java

```
public class TotalArea
{   public static void main(String[] args)
  {   Circle[] circleArray;   // 声明变量 circleArray
      circleArray = createCircleArray(); // 创建数组 circleArray
      printCircleArray(circleArray); // 打印数组，并累加圆的面积
  }
  public static Circle[] createCircleArray()   // 创建由圆构成的数组
  {
    Circle[] circleArray = new Circle[10];
    for (int i=0; i<circleArray.length; i++)   circleArray[i] = new Circle(Math.random()*100);
    return circleArray;
  }
  public static void printCircleArray(Circle[] circleArray)
  {
    System.out.println("圆的半径是");
    for (int i=0; i<circleArray.length; i++) System.out.print("\t\t\t\t" + circleArray[i].getRadius() + '\n');
    System.out.println("\t\t\t\t-------------------");
    System.out.println("The total areas of circles is \t" + sum(circleArray)); // 计算和显示结果
  }
  public static double sum(Circle[] circleArray) // 累加圆的面积
  {   double sum = 0;
      for (int i = 0; i < circleArray.length; i++)     sum += circleArray[i].findArea(); // 累加圆的面积
    return sum;
  }
}
```

7.7.2 复制数组

在 Java 语言中，对于基本类型的数据可以通过复制语句完成复制，但是，对于对象型数据，不能通过赋值语句完成复制。

假设源数组是 sourceArray，目标数组是 targetArray。下面是复制数组的三种方法：

（1）通过循环语句复制数组中的每一个元素

如果要复制数组元素是 Java 基本数据类型，则可以采用下面的语句完成复制：

```
for(int i=0;   i<sourceArray.length;   i++)    targetArray[i]= sourceArray[i];
```

（2）使用 Object 类中的 clone 方法

如果要复制数组元素不是 Java 基本数据类型，则可以采用下面的语句完成复制：

```
int   targetArray=(int[])sourceArray.clone();
```

（3）使用 System 类中的类方法 arraycopy

```
arraycopy(sourceArray, src_pos,   targetArray, tar_pos, length );
```

参数 src_pos、tar_pos 分别指 sourceArray 和 targetArray 的起始位置。由 length 指定从源数组 sourceArray 复制到目标数组 targetArray 的个数。本方法只能对基本类型数据实现复制。

【例 7-7】 数组复制。

程序清单 7-7 TestCopyArray.java

```
public class TestCopyArray
{   public static void main(String[] args)
    {   int[] list1 = {0, 1, 2, 3, 4 ,5};
        int[] list2 = new int[list1.length];
        System.arraycopy(list1,0,list2,0,list1.lengh); // 将数组 list1 复制给数组 list2
        System.out.println("显示  list1 and list2");
        printList("list1 is ", list1);
        printList("list2 is ", list2);
    }
    public static void printList(String s, int[] list)   // 显示列表的方法
    {   System.out.print(s + " ");
        for (int i=0; i<list.length; i++)       System.out.print(list[i] + " ");
        System.out.print('\n');
    }
}
```

7.8 本章小结

Java 语言把数组封装成了对象，要访问数组，必须通过访问引用数组的变量来实现。

本章介绍了三种基本的数组排序方法：选择排序、插入排序和冒泡排序。

7.9 习题

1. 编写一个程序，读入 10 个整数并按相反的顺序显示出来。
2. 编写一个满足下列要求的程序：

- 为学生创建一个类，这个类包括每个学生的姓名（String）、ID(int)和状态（int）。状态表示学生的年级：1.表示新生，2.表示二年级，3.表示三年级，4.表示四年级。
- 创建 5 个学生，姓名为 n1,n2 直到 n5。他们的 ID 和年级都随机指定。
- 找出所有二年级的学生并打印他们的姓名和 ID。

3. 如何声明引用数组的变量？如何创建一个数组？如何访问数组的元素？
4. 什么时候为数组分配内存？
5. 数组下标的类型是什么？最小的下标是多少？最大下标是多少？举例说明。
6. 使用 arraycopy()方法将下述数组复制到目标数组 target.

```
float[] source = {1.5, 4.4, 7.5, 8.8 ,9.0};
```

7. 声明并创建一个 5*6 的 float 矩阵。

第8章　字　符　串

本章将介绍字符串存储和处理的几个类，它们是 Java.lang 包中的 String 类、StringBuffer 类、Character 类和 java.util 包中的 StringTokenizer 类。

8.1　String 类

用 String 类创建的字符串是一个固定的、不可改变的对象。

一个字符串常量用双引号括起，如"同志们好"、"88.999"。可以把每个字符串常量当做一个对象来使用。程序执行时，系统自动将字符串常量封装为对象。

字符串是一个对象，必须声明一个变量来引用字符串。

8.1.1　构造字符串

创建字符串的常见的几种语句格式介绍如下。

1．字符串常量

```
String   str="我是字符串常量";
```

该语句执行后，系统自动将常量"我是字符串常量"封装为对象，并将对象地址保存在变量 str 中，即 str 引用了字符串。str 为字符串的名字。

2．构造方法

（1）String(String　str)

用字符串常量为参数构造一个字符串。例如：

```
String   s=new   String("we are students"); //对象的地址保存到变量 s 中。字符串常量作为参数
```

（2）String(char a[])

用一个字符数组为参数构造一个字符串。例如：

```
char   a[]={ 'w'、'h'、'y'};
String s=new String(a);   //用字符数组名作为参数
```

（3）String(char a[], int startIndex,　int count)

提取字符数组 a 中的一部分字符创建一个字符串。参数 startIndex 和 count 分别指定在 a 中提取字符串的起始位置和截取的字符个数。例如：

```
char    a[]={'s'、 't'、'b'、'u'、's'、'n'，'v'};
String   s=new String(a, 2, 3);
```

上述两条语句的执行的结果与下面一条语句相同：

```
String s="bus";
```

（4）String(byte[] array)

用字节数组为参数构造一个字符串，并返回字符串的引用。

```
byte   a[]={ 6','5', '8'};
String s=new String(a);   //用字节数组名 a 作为参数
```

（5）String(byte[]array, int offset,int length)

表达式 new String(array,offset,length)的作用是从数组 array 的起始位置 offset 开始，取 length 个字节，构造一个字符串，并返回字符串的引用。

8.1.2 实用方法

假设 str、s 是引用字符串的变量。下面讲解字符串的实用方法。

1．获取字符串的长度

表达式 str.length()获取字符串的长度。例如：

```
String s1="we are students";
String s2="我们是学生";
int   n1,  n2;
n1=s1.length();     n2=s2.length();
```

那么 n1 的值是 15，n2 的值是 5。

用字符串常量表示的对象，也可以使用 length()获取字符串的长度。例如：

```
int   k="清华大学".length();     //该语句执行后，k 的值是 4。
```

注意：一个汉字与一个英文字符一样，都是占 2 字节，在字符串中算一个字符。

2．字符串的比较

（1）public boolen equals(String s)

表达式 str.equals(s)的作用是比较 str 与 s 引用的字符串是否相同。若相同，则返回 ture，否则返回 false。例如：

```
String     man=   new String("我们都是人");
String     woman=new String("我们都是人");
man.equals(woman)      //返回的值是 true
```

注意：man=woman 的值是 false，因为 man 和 woman 保存的是两个对象在内存中的地址，两个对象在内存中的地址永远不同。

假设 man 引用的字符串在内存中的地址是 0x23b4，woman 引用的字符串在内存中的地址是 0x23b8，变量及其引用的对象的内存结构如图 8-1 所示。

（2）public boolean equalsIgnoreCase(String s)

表达式 str.equalsIgnoreCase(s)的作用是比较 str 与 s 引用的字符串是否相同。若相同，则返回 ture，否则返回 false。比较时忽略大小写。看下面的代码：

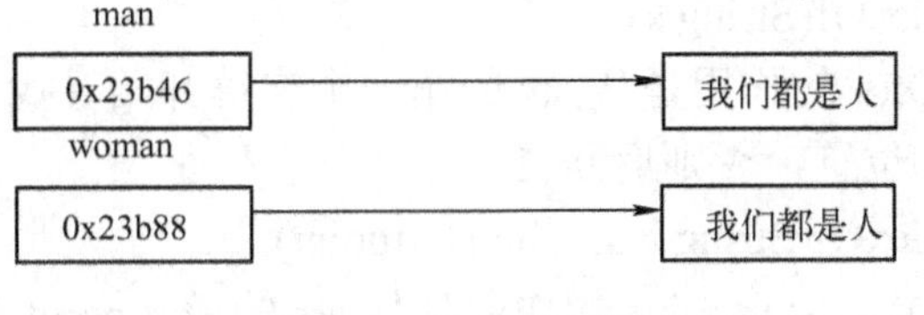

图 8-1　内存示意图

```
String   zhang=new String("ABC");
String   liu=new String("abc");
boolean bol= zhang.equalsIgnoreCase(liu);     //bol 的值是 true。
```

（3）public boolean startsWith(String s)

表达式 str.startsWith(s)的作用是判断 str 引用的字符串的前缀是否与 s 引用的字符串相同，若相同返回 true，否则返回 false。看下面的代码：

```
String zhang="220306";              //zhang.startsWith("220")的值是 true
String liu="278708";                //liu.startsWith("2789")的值是 false
```

（4）public boolean endsWith(String s)

表达式 str.endsWith(s)的作用是，判断 str 引用的字符串的后缀是否与 s 引用的字符串相同，若相同返回 true，否则返回 false。看下面的代码：

```
String zhang="220306";              //zhang.endsWith("306")的值是 true
String liu="210778";                //liu.endsWith("7088")的值是 false
```

（5）public int compareTo(String s)

表达式 str.compareTo(s)的作用是比较 str 引用的字符串与 s 引用的字符串是否相同（按两个字符串包含的字符，从第一个字符开始比较）。若 str 引用的字符串与 s 引用的字符串相同，该方法返回值 0；若 str 引用的字符串大于 s 引用的字符串，该方法返回正值，否则返回负值。看下面的代码：

```
String str="abc";
String s="cde";
int k=str.compareTo(s);             //返回的值小于 0
Int z=str .compareTo("abc");        //返回的值等于 0
```

方法 compareToIgnoreCase 与方法 compareTo 功能相同，只是比较时忽略大小写。

3．字符串的检索

（1）public int indexOf(String s)

表达式 str.indexOf(s)的作用是从 str 的第一个字符开始寻找 s 子串首次出现的位置，如果找到则返回 s 子串的位置，否则返回-1。

（2）public int indexOf(String s, int　startpoint)

表达式 str.indexOf(s, startpoint)的作用是从 str 字符串的 startpoint 位置开始寻找 s 子串首

次出现的位置，如果找到则返回 s 子串的位置，否则返回-1。

（3）public int lastIndexOf(String s)

表达式 str.lastIndexOf(s)的作用是从 str 的第一个字符开始寻找 s 子串最后出现的位置，如果找到则返回 s 子串的位置，否则返回-1。

（4）public int lasrIndexOf(String s, int startpoint)

表达式 str.lastIndexOf(s, startpoint)的作用是从 str 的 startpoint 位置开始寻找 s 子串最后出现的位置，如果找到则返回 s 子串的位置，否则返回-1。看下面的代码：

```
String  zhang="I am a good cat";
zhang.indexOf("a")                  //值是 2
Zhang.indexOf("good", 2)            //值是 7
Zhang.lastIndexOf(""a", 7)          //值是 13
Zhang.lastIndexOf("w", 2)           //值是-1
```

4．字符的检索

字符检索，就是在字符串中寻找字符的位置。

（1）public int indexOf(int charp)

表达式 str.indexOf(charp)的作用是从 str 的第一个字符开始检索字符 charp（用 int 型表示字符），并返回首次出现 charp 的位置。如果没有检索到字符 charp，则该方法返回的值是-1。

（2）public int indexOf(int charp int startpoint)

表达式 str.indexOf(charp, startpoint)的作用是从 str 的 startpoint 位置开始检索字符 charp，并返回首次出现 charp 的位置。如果没有检索到字符 charp，则该方法返回的值是-1。

（3）public int lastIndexOf(int charp)

表达式 str.lastIndexOf(charp)的作用是从 str 的第一个字符开始检索字符 charp，并返回最后出现 charp 的位置。如果没有检索到字符 charp，则该方法返回的值是-1。

（4）public int lastIndexOf(int charp int startpoint)

表达式 str.lastIndexOf(charp, startpoint)的作用是从 str 的 startpoint 位置开始检索字符 charp，并返回最后出现 charp 的位置。如果没有检索到字符 charp，则该方法返回的值是-1。

5．截取字符串

截取字符串是指从已知字符串中获取子串。

（1）public String subString(int startpoint)

表达式 str.subString(startpoint)的作用是从 str 的 startpoint 位置开始到结尾截取一个子字符串，并返回子字符串的引用。

（2）public String subString(int start, int end)

表达式 str.subString(start, end)的作用是从 str 的 start 位置开始到 end 处截取一个子字符串，并返回子字符串的引用。不包括 end 处对应的字符。看下面的代码：

```
String zhu="0 2345678";
String s=zhu.subString(2,5) ; // s 引用的字符串是"234"。不包括 5 号位置的字符
```

6．替换

（1）public String replace(char oldChar, char newChar)

表达式 str.replace(oldChar, newChar)的作用是，用新字符 newChar 替换 str 中的所有旧字符 oldChar，得到一个新的字符串，并返回这个字符串的引用。

（2）public　String　replaceAll(String old, String new)

表达式 str.replaceAll(old, new)的作用是用新字符串 new 替换 str 中的所有旧字符串 old，得到一个新的字符串，并返回这个字符串的引用。例如：

```
String    s="I mist    theep";
String    temp=s.replace('t', 's');    // temp 引用的字符串是"I miss sheep"
```

（3）public String trim()

表达式 str.trim()的作用是去掉字符串 str 的前后空格，得到一个新的字符串，并返回这个字符串的引用。例如：

```
String s="I    love    you";
String temp=s.trim();      // temp 引用的字符串是" I    love    you"
```

7．字符串连接

```
public    String    concat(String s)
```

表达式 str.concat(String s)的作用是将 str 与 s 连接在一起，得到一个合并的字符串，并返回这个字符串的引用。例如：

```
String    str="我是",   s="中国人";
String    String    kk=str.concat(s);                //kk 的值是"我是中国人"
```

8.1.3　字符串与数组

1．字符串向字符数组转换

（1）public void getChars(int start,int end,char c[],int offset)

表达式 str.getChars(start, end, c, offset)的作用是将字符串 str 中从 start 到 end-1 位置的字符复制到数组 c 中，并从数组 c 的 offset 处开始存放这些字符。必须保证数组 c 能容纳要被复制的字符个数。

（2）public char[] toCharArray()

表达式 str.toCharArray()的作用是将字符串中的全部字符复制到该数组中，返回该数组的引用。该数组的长度与字符串的长度相等。

```
char a[]=str.toCharArray();              //把字符串存放到数组 a 中
```

2．字符串向字节数组转换

```
public byte[] getBytes()
```

表达式 str.getBytes()执行后，将字符串 str 转换为字节数组，并返回字节数组的引用。

【例 8-1】 验证回文字符串。写程序检验一个字符串是否是回文串。如果一个字符串，从前往后读和从后往前读是一样的，则是回文串。如，dabad 和 abcba 都是回文串。

程序清单 8-1　CheckPalindrome.java

```
public class CheckPalindrome
{   public static void main(String[] args)
    {   System.out.print("请输入一个字符串: ");      String s = MyInput.readString();

        if (isPalindrome(s))
          System.out.println(s + "  是回文串");
        else
          System.out.println(s + "  不是回文串");
    }
    public static boolean isPalindrome(String s) //  检查一个字符是不是回文串的方法
    {   int low = 0;   //  第一个字符的下标号
        int up = s.length() - 1; //  最后一个字符的下标号

        while (low < up)
        {
          if (s.charAt(low) != s.charAt(up))        return false;
          low++;
          up--;
        }
        return true; //  如果所有字符检查完毕，则是回文串
    }
}
```

注：运行该程序时，要导入第二章中的 MyInput 类。

8.2　StringBuffer 类

String 类创建的字符串是不可修改的，也就是说不能修改、删除或替换字符串中的某个字符。StringBuffer 类创建的是一个字符串缓冲区，可以在字符串缓冲区添加、插入新的内容。

8.2.1　构造方法

StringBuffer 类有 3 个构造方法：

- StringBuffer()。该构造方法创建的字符串缓冲区的初始大小是 16 个字符。当向缓冲区存放的字符串的长度大于 16 时，缓冲区的容量自动增加，以便存放所增加的字符。
- StringBuffer(int size)。该方法创建的缓冲区的初始大小为参数 size 指定的字符个数。当向缓冲区中存放的字符串的长度大于 size 个字符时，缓冲区的容量自动增加，以便存放所增加的字符。
- StringBuffer(String str)。

该方法创建的缓冲区的大小是字符串 str 的长度，再加 16 个字符。当向缓冲区中存放的字符串的长度大于 (s.length()+16)个字符时，缓冲区的空间自动增加，以便存放所增加的字符串。

注意：缓冲区的容量与字符串的长度是两个不同的概念。

8.2.2 实用方法

假设 str 是 StringBuffer 型的变量。x 代表各种类型的数据。

（1）StringBuffer append(type x)

str.append(x)的作用是将 x 转换为字符串后，再追加到 str 引用的缓冲区中。如，下面列举几个方法：

- StringBuffer append(String s)

str.append(s) 的作用是将字符串 s 追加到 str 引用的缓冲区中，并返回缓冲区的引用。

- StringBuffer append(int number)

str.append(number) 的作用是将 int 型数据 number 转换为字符串后，再追加到 str 引用的缓冲区中，并返回缓冲区的引用。

- StringBuffer append(Object o)

str.append(o) 的作用是将对象 o 转换为字符串后再追加到 str 引用的缓冲区中，并返回缓冲区的引用。

（2）public chat charAt(int n)

str.charAt(n)的作用是获取字符串 str 中编号为 n 的字符。字符串的第一个字符的位置的编号是 0，第二个位置的编号是 1，第 n 个位置的编号是 n-1。

（3）public void setCharAt(int n,char ch)

str.setCharAt(n,ch)的作用是用字符 ch 替换缓冲区中字符串 str 中编号为 n 的字符。n 的值必须是非负的，并且小于缓冲区中字符串的长度。

（4）StringBuffer insert(int index，String str)

该方法将一个字符串 str 在另一个字符串的 index 处插入，并返回缓冲区的引用。

（5）public StringBuffer reverse()

将缓冲区中的字符翻转，并返回缓冲区的引用。

（6）StringBuffer delete(int startIndex，int endIndex)

该方法从缓冲区的字符串中删除一个子字符串，并返回缓冲区的引用。这里的子字符串是从 startIndex 开始，到 endIndex 结束，不包含 endIndex 处的字符。因此，要删除的子字符串是从 startIndex 到 endIndex-1。

（7）deleteCharAt(int index)

该方法删除缓冲区中的字符串的 index 位置处的一个字符。参数 index 指定被删除字符的位置编号。

（8）StringBuffer replace(int startIndex，int endIndex，String str)

该方法将缓冲区中的一个子字符串（即 startIndex 到 endIndex-1）用参数 str 指定的字符串替换，并返回缓冲区中的引用。

（9）capacity()

该方法获取缓冲区中字符串的实际大小。

【例 8-2】 测试字符串缓冲区。

程序清单 8-2　TestStringBuffer.java

```
public class TestStringBuffer
{   public static void main(String[] args)
    {
        StringBuffer strBuf = new StringBuffer(); // 创建一个缓冲区
        long startTime = System.currentTimeMillis(); //获得程序执行的开始时刻

        // 添加标题到缓冲区
        strBuf.append("            Multiplication Table" + '\n');
        strBuf.append("--------------------------------" + '\n');

        //添加数字标题到缓冲区
        strBuf.append("    | ");
        for (int j=1; j<=9; j++)        strBuf.append("    " + j);
        strBuf.append('\n');

        //将乘法表体添加到缓冲区
        for (int i=1; i<=9; i++)
        {   strBuf.append(i + " | ");
            for (int j=1; j<=9; j++)
            {
                if (i*j < 10)
                    strBuf.append("    "+i*j);
                else
                    strBuf.append("  "+i*j);
            }
            strBuf.append(" " + '\n');
        }
        System.out.println(strBuf); // 将缓冲区输出到控制台
        long endTime = System.currentTimeMillis(); // 获得程序结束时刻
        System.out.println("运行程序花的时间是 " + (endTime - startTime)   + " milliseconds");
    }
}
```

8.3 StringTokenizer 类

使用 StringTokenizer 类可以将一个字符串分解成若干小串，例如，对于字符串"I am a Student"，如果以空格作为分隔符，那么该字符串有 3 个单词。而对于字符串"We，are，Stud，ents"，如果以逗号作为分隔符，那么该字符串有 4 个单词。

把 StringTokenizer 类创建的对象称作为分析器。分析器中的分隔符把字符串分成多个单词。

1．构造方法

- StringTokenizer(String str)：用字符串 str 构造一个分析器。该分析器使用默认的分隔符分隔单词。默认的分隔符有：空格符（多个空格被当做一个空格）、换行符、回车符、Tab 符、进纸符。
- StringTokenizer(String str,String delim)：用字符串 str 构造一个分析器。分隔符是 dilim。例如：

```
StringTokenizer fenxi1=new String Tokenizer("我是  中国人"); //使用默认的分隔符分隔单词
StringTokenizer fenxi2=new String Tokenizer("I ,am;a ,student",   ", ; "); //使用逗号(,)或分号(;)做分隔符
```

注意：在构造一个分析器后，指针指向第一个单词的前一行。

2．实用方法

- public   boolean   hasMoreTokens()

该方法判断指向单词的指针后面是否还有单词，若有单词就返回 true，否则返回 false。

- public   String   nextToken()

调用该方法获得字符串中的下一个单词。通常用 while 循环来逐个获取单词。

- public   int   countTokens()

该方法返回字符串中单词的个数。

【例 8-3】 本程序从字符串"I am   learning, java"中提取单词，并显示它们。

程序清单 8-3   TestStringTokenizer.java

```
import java.util.StringTokenizer;
public class TestStringTokenizer
{   public static void main(String[] args)
    {   String s = "I am learning Java.";
        StringTokenizer st = new StringTokenizer(s);
        System.out.println("单词总数是 " +   st.countTokens());
        while (st.hasMoreTokens())      System.out.println(st.nextToken());
    }
}
```

8.4 Character 类

Character 类中的一些方法可以用来对字符分类，比如判断一个字符是否是数字字符或改变一个字符的大小写等。以下是 Character 类中的一些常用方法。

- public static boolean isDigit(char ch)：如果 ch 是数字字符，则该方法返回 true，否则返回 false。
- public static boolean isLetter(char ch)：如果 ch 是字母，则该方法返回 true，否则返回 false。
- public static boolean isLetterOrDigit(char ch)：如果 ch 是数字字符或字母，则该方法返

回 true，否则返回 false。

- public static boolean isLowerCase(char ch)：如果 ch 是小写字母，则该方法返回 true，否则返回 false。
- public static boolean isUpperCase(char ch)：如果 ch 是大写字母，则该方法返回 true，否则返回 false。
- public static boolean toLowerCase(char ch)：返回 ch 的小写形式。
- public static boolean toUpperCase(char ch)：返回 ch 的大写形式。

public static boolean isSpaceChar(char ch)：如果 ch 是空格则返回 true，否则返回 false。

【例 8-4】 将一个字符串中的小写字母变成大写字母，将大写字母变成小写字母。

程序清单 8-4　LowerUper.java

```
public   class   LowerUper
{   public static void main(String[] args)
    {       String str = new String("fzyFZY");              //创建字符串 str
            System.out.println(str);                        //显示原始字符串 str
            char strArray[] = str.toCharArray();            //把字符串 str 转换为字符数组 strArray
            for (int i = 0; i < strArray.length; i++)
            {     if (Character.isLowerCase(strArray [i]))
                     strArray [i] = Character.toUpperCase(strArray [i]);//将小写字符转换成大写字符
                  else    if (Character.isUpperCase(strArray [i]))
                     b[i] = Character.toLowerCase(strArray [i]);//将大写字符转换成小写字符
            }
            str = new String(strArray);     //将字符数组 strArray 转换为字符串 str
            System.out.println(str);         //显示大小写转换后的字符串 str
    }
}
```

8.5　包装类

Java 为每个基本数据类型提供了一个对应的包装类。包装类的名称与对应的基本数据类型名称一样，但是，第一个字母是大写。如 byte 的包装类是 Byte，short 的包装类是 Short，long 的包装类是 Long，float 的包装类是 Float，double 对应的包装类是 Double。Char 和 int 对应的包装类例外，char 的包装类是 Character，int 对应的包装类是 Integer。

在 Number 类中包含了 6 个抽象方法，它们的声明格式如下：

```
public   byte   byteValue();
public   short   shortValue();
public   int   intValue();
public   long   longValue();
public   float   floatValue();
public   double   doubleValue();
```

在 Java 中，6 个数值包装类的父类是 Number。因此，每个数值包装类都实现了上面六个抽象方法，并对 Object 类中定义的 toString 和 equals 方法进行了覆盖。

8.5.1 构造方法

可以用基本类型数据，或者字符串为参数构造包装对象。例如，将 double 值 7.88 构造为包装对象的两种方法如下：

```
Double    doub1=new Double(7.88);    //用数值作参数构造包装对象
```

或者

```
Double    doub1=new Double("7.88"); //用字符串作参数构造包装对象
```

例如，将 int 值 99 构造为包装对象的两种方法如下:

```
Integer    doub1=new Integer (99); //用数值作参数构造包装对象
```

或者

```
Integer    doub1=new Integer ("99"); //用字符串作参数构造包装对象
```

8.5.2 类方法

每个包装类都有一个类方法 ValueOf(String s)，该方法返回一个包装对象。例如：

```
Double    doubleobject= Double.ValueOf("12.88"); //返回包装对象
Integer    integer object= Integer.ValueOf("77.88"); //返回包装对象
```

8.5.3 字符串与数值的转换

1．字符串转换为数值

（1）转换为整型

使用包装类 Byte、Short、Integer、Long，调用相应的类方法，可以将“数字”格式的字符串 s 转换为相应的整数类型。

1）public static   byte   parseByte(String s)：该方法用于将 s 转换为 byte 型。例如：

```
String    s="12";
byte k=Byte.parseByte(s);
```

2）public static   short   parseShort(String s)：该方法用于将 s 转换为 short 型。例如：

```
String    s="123";
short k=Short.parseShort(s);
```

3）public   static   int   parseInt(String s)：该方法用于将 s 转换为 int 型。例如：

```
String    s="12345";
```

```
int k=Int.parseInt(s);
```

4）public　static long　parse long(String s)：该方法用于将 s 转换为 long 型。例如：

```
String　s="12345";
long k=Long.parseLong(s);
```

（2）转换为 float 型

使用包装类 Float 或者 Integer，调用相应的类方法，可将“数字”格式的字符串 s 转换为 float 类型。

1）Float 类中的方法 public static Float valueOf(String s)：用字符串 s 为参数构造包装对象，然后将包装对象转换为 float 类型。例如：

```
String　s="12345.88";
float k=Float.valueOf(s).floatValue();　// Float.valueOf(s)将字符串 s 构造成包装对象（Float）
```

或者：

2）Integer 类中的方法 parseFloat()。例如：

```
String　s="12345.88";
float k=Integer.parseFloat(s);
```

（3）转化为 double 型

使用包装类 Double 或者 Integer，调用相应的类方法，可将“数字”格式的字符串 s 转换为 double 类型。

1）Double 类中的方法 public　static Double valueOf(String s)：以字符串 s 参数创建包装对象，然后，将包装对象转换为 double 类型。例如：

```
String　s="12345.88";
double k=Double.valueOf(s).doubleValue();//Double.valueOf(s)将字符串 s 构造成包装对象（Double）
```

2）Integer 类中的方法 parseDouble()。例如：

```
String　s="12345.88";
double k=Integer.parseDouble(s);
```

【例 8-5】 输出了整数 123456 的二进制和十六进制的串表示。

程序清单 8-5　LowerUper.java

```
class NumberScale
{   public static void main(String[] args)
    {       int number = 123456;
            String binaryString = Long.toBinaryString(number); //将 number 转为二进制
            String Hexadecimal= Long.toString(number, 16) //将 number 转为 16 进制
    }
}
```

2．数值转换为字符串

可以使用 String 类的下列方法将数值转换为字符串。

- public static　String .valueOf(byte n)。
- public static　String .valueOf(int n)。
- public static　String .valueOf(long n)。
- public static　String .valueOF(float n)。
- public static　String .valueOf(double n)。

例如，将数据 1232.97 转换为字符串，其语句如下。

```
float    x=123.987f;
String   temp=String.valueOf(x);
*
```

8.6　命令行参数

在 DOS 窗口执行应用程序时，可以将命令行的参数传递给 main(String[] args)方法。假设在 DOS 窗口中，执行下面的程序：

```
java   Calculator   a1   a2   a3
```

则，系统把 a1、a2、a3 看作字符串，并把其值分别传递给 args[0]、args[1]、args[2]。

【例 8-6】 通过命令行参数接受输入，进行二元运算。

程序清单 8-6　Calculator.java

```
public class Calculator
{
  public static void main(String[] args)
  {
    int result = 0;   // 保存计算结果

    if (args.length != 3)    // args.length 获取命令行参数个数。
    {
      System.out.println( "参数个数不对");        System.exit(0);
    }
    // 下面代码根据运算符计算
    switch (args[1].charAt(0))
    {
      case '+': result = Integer.parseInt(args[0]) + Integer.parseInt(args[2]);    break;
      case '-': result = Integer.parseInt(args[0]) - Integer.parseInt(args[2]);     break;
      case '*': result = Integer.parseInt(args[0]) * Integer.parseInt(args[2]);    break;
      case '/': result = Integer.parseInt(args[0]) / Integer.parseInt(args[2]);
    }
    System.out.println(args[0] + ' ' + args[1] + ' ' + args[2] + " = " + result); // 显示结果
```

```
    }
}
```

本程序通过命令行接受三个参数：一个操作符，两个整数。例如，在 Dos 窗口中，执行程序 Calculator，其格式如下：

```
java  Calculator  2  +  3        //按 Enter 键
```

8.7 本章小结

Java 语言中的 String 类、StringBuffer 类、StringTokenizer 类用来创建字符串。字符串是一个对象，要访问字符串，必须通过访问引用字符串的变量来实现。

String 类创建的字符串不能改动，StringBuffer 类本质上是一个字符串缓冲区，可以对缓冲区添加、删除操作。StringTokenizer 类构造字符串分析器，用来分析字符串的特征。

Character 类用于测试字符的属性的。当处理字符串时，Character 类中的一些方法可以用来进行字符分类，比如判断一个字符是否是数字字符或改变一个字符的大小写等。

每个基本数据类型对应一个包装类。包装类多用于数据类型转换。

8.8 习题

1．编写程序，提示用户输入两个字符串，并检验第一个字符串是否为第二个字符串的子串。

2．编写程序，从命令行参数读取一个字符串并检验它是否为回文。

3．定义一个方法输出字符串"我，是清华大学毕业的，高材生!"中的单词，并统计单词的个数。

4．举例说明 StringBuffer 类、Character 类的使用方法。

5．如何将一个 char 值、一个字符数组、一个数值转换为一个字符串？举例说明。

6．怎样判断一个字母是大写还是小写？怎样判断一个字符是字母或数字？举例说明。

7．如何从字符串缓冲区中得到字符串 s？举例说明。

8．编写一个方法，使用 StringBuffer 类中的 reverse 方法来倒转字符串。

9．定义一个方法，检测一个字符串是否包含所有的数字值。

10．编写一个程序，其 2 个参数值（a,b）从命令行获得。求 a%b 的值。

11．举例说明数值包装类的使用方法。

第3篇　图形程序设计

第9章　图形程序设计入门

在 Java 语言中，图形界面是通过 AWT 组件和 Swing 组件来实现的。本章将介绍 Java 图形类库的应用。

9.1　图形类库简介

图形类组织在 java.awt 包和 javax.swing 包中。两个包中的类分三种，它们是：容器类、组件类和辅助类。

（1）容器类

容器是能容纳其他组件的组件。创建容器的类有：Panel、Window、JFrame、JDialog、JApplet 及其子类。

（2）组件类

组件分重型组件和轻型组件两种。创建轻型组件的类有：JButton、JLabel、JTextField、JTectArea、JConmboBox、JList、JRadioButton 和 Jmenu 等类及其子类。它们的父类都是 JComponent。

（3）辅助类

在界面设计时，辅助类的作用是绘图和设置容器的布局方式。常用的辅助类有 Graphics、Color、Font、FontMetrics、LayoutManager。辅助类保存在 java.awt 包中。

图形类的层次结构如图 9-1 所示。从图可以看出，JFrame、JDialog、JApplet、JComponent 类及其子类组织在 javax.swing 包中（虚线框中的类），其他类都组织在 java.awt 包中。

注意：只有 JComponent 及其子类创建的组件才是轻型组件，其他类创建的组件都是重型组件。

1．重型组件

由 java.awt 包中的类及其子类，即加上 JApplet、JFrame 和 Jdialog 3 个类及其子类，它们创建的对象称为重型组件，如 Button、Label、Frame、Dialog 等都是重型组件。重型组件的特点如下：

- 重型组件依赖本地 GUI 资源。
- 重型组件只适用于简单的 GUI 程序设计，不适用于复杂的 GUI 项目。
- 重型组件易发生平台故障，不稳定，不灵活。

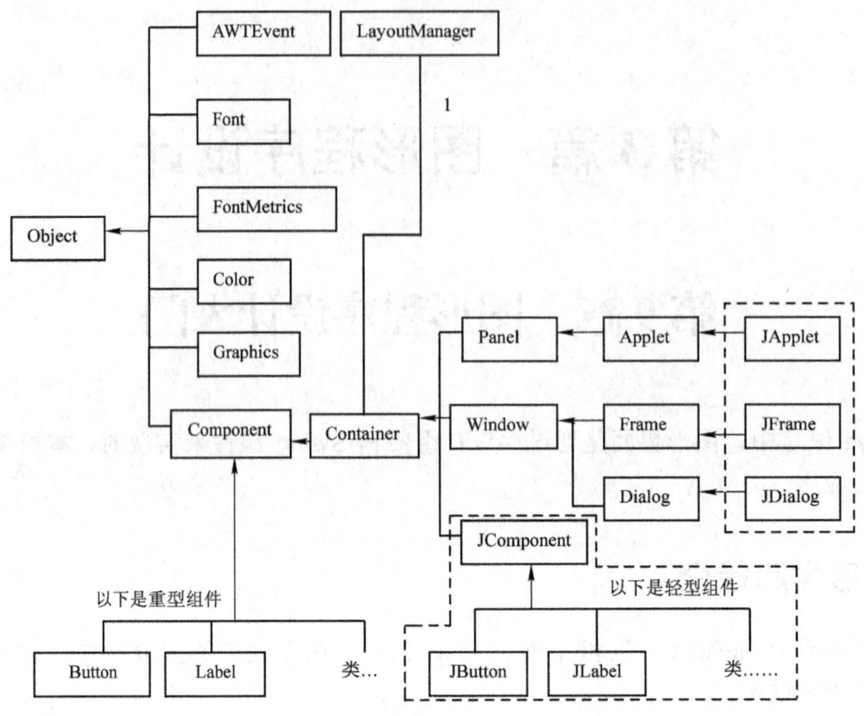

图 9-1　图形类的层次结构图

早期的图形用户界面设计都采用重型组件，重型组件的类层次结构如图 9-2 所示。

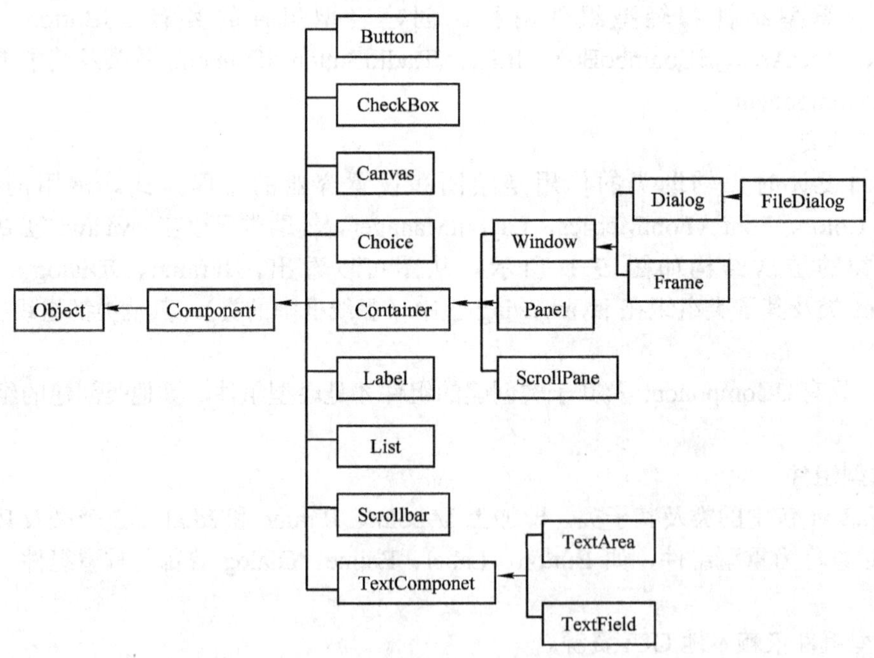

图 9-2　重型组件类层次结构图

2．轻型组件

由 JComponent 及其子类创建的对象是**轻型组件**。在界面设计时，轻型组件主要用于创建用户界面元素。随着 Java 2 的发行，图形设计时以轻型组件取代了重型组件。

常用到的轻型组件由类 JButton、JLabel、JTextField、JTectArea、JConmboBox、JList、JRadioButton 和 Jmenu 创建的。轻型组件的特点如下：

- 轻型组件不依赖本地 GUI 资源。
- 轻型组件适用于复杂的 GUI 项目。
- 轻型组件比重型组件更稳定、通用和灵活。

由于 JComponent 的父类是 Container，因此**所有轻型组件都有容器**特征。

注意：Swing 组件不能取代 AWT 的全部组件，只能取代 AWT 的用户界面组件（Button、TextField、TextArea 等）。在界面设计时，仍需继续使用辅助类（Graphics、Color、Font、FontMetrics、LayoutManager）。此外，Swing 组件继续采用 AWT 组件的事件模型。

9.2 容器

Java 中有两种主要容器，即窗口和面板，它们都是容器类 Container 的子类对象。窗口是可以自由移动的、能独立存在的容器。窗口分为框架（Frame）和对话框（Dialog）。面板与窗口类似，但不能独立存在，必须包含在另外一个容器中。

在图形界面设计中，应用程序使用框架及其子类对象作为容器，小程序使用 Applet 类及其子类对象作为容器。Applet 对象是一个能够嵌入浏览器运行的特殊容器。

9.2.1 框架

框架是由 JFrame 类创建的一种带标题并且可以改变大小的窗口。框架类的许多方法是从其超类 Window 或更上层的类 Container 和 Component 继承下来的。除了 JFrame 类本身定义了一些方法外，它还从它的父类链条中继承了多个方法。

1．JFrame 类的方法

（1）从 Component 类中继承的方法

- public void setLocation(int x,int y)：设置窗口位置。调用该方法后，将窗口的左上角的坐标位置设置为(x,y)也就是距屏幕左面 x 像素，距屏幕上方 y 像素。
- public void setBounds(int x,int y,int width,int height)：设置窗口的大小和位置。调用该方法后，将窗口安排在屏幕上的一指定位置，即窗口左上角的坐标位置为(x,y)，也就是距屏幕左面 x 像素，距屏幕上方 y 像素。窗口的宽是 width，高是 height。
- public void setSize(int width,int height)：设置窗口的大小。这时窗口左上角坐标是(0,0)。
- public void setVisible(boolean vis)：设置窗口是否可见，窗口默认是不可见的。vis 的值是 true 时，窗口是可见的。

（2）从 Container 类中继承的方法

- public Component add(Component comp)：在容器中添加一个组件 comp。一个窗口中可以放置多个组件。

- public void setLayout(LayoutManager mgr)：将窗口的布局管理器设置为 mgr。
- public void validate()：确保窗口中的组件能显示出来。显示窗口时，有可能看不到窗口中的组件，当用户调整窗口大小时才能看到这些组件。如果窗口调用了该方法，就不会发生这种情况。另外，当窗口调用方法 setSize()或 setBounds()调整窗口大小后，都应该调用方法 validate()确保当前窗口中添加的组件能显示出来。

（3）从 Window 类中继承的方法

public void dispose()：该方法将撤销当前窗口，并释放当前窗口所使用的资源。

（4）JFrame 类本身定义的方法

- JFrame()：创建一个无标题的窗口。
- JFrame(String title)：创建一个标题为 title 的窗口。没有参数时，则窗口无标题。
- Public void setTitle(String title)：设置窗口的标题为 title。
- Public String getTitle()：获取窗口的标题。
- Public void setBackground(Color color)：设置窗口的背景颜色为 color。
- Public void setResizable(boolean bol)：设置窗口是否可调整大小，窗口默认是可调整大小的。bol 的值是 true 时，表示可以调整窗口大小。
- Boolean isResizable()：判断窗口是否可调整大小。如果窗口大小可调整，方法返回 true，否则返回 false。

2．创建框架（JFrame）

【例 9-1】 创建并显示一个框架（框架是窗口的一种）。

程序清单 9-1　MyFrame.java

```
import javax.swing.*;
public class MyFrame
{ public static void main(String[] args)
   {   JFrame frame = new JFrame("我是窗口标题"); //创建一个窗口
       frame.setSize(300, 300); //设置窗口大小
       frame.setVisible(true); //使窗口可见
       // JDK 1.3 关闭窗口的语句格式如下：
       frame.setDefaultCloseOperation(JFrame.EXIT_ON_CLOSE); //当窗口产生关闭事件时，关闭窗口
   }
}
```

在默认情况下，框架不可见、处于最小化状态（框架的宽和高都是 0），必须通过 setSize()方法设置框架的大小，通过 setVisible(true)方法使框架变为可见。

3．框架居中

默认情况下，框架在屏幕的左上角显示(左上角坐标是 0,0)。要指定框架显示位置，必须使用 JFrame 类中的方法 setLocation(x,y)将框架的左上角位置安排在(x,y)处。

要把框架放在屏幕的中心位置，需要知道框架和屏幕的宽和高，以便计算出将框架居中时框架左上角的坐标。可以通过 java.awt.Toolkit 类得到屏幕的宽和高。

（1）获取屏幕的宽度和高度

```
Dimension screenSize = Toolkit.getDefaultToolkit().getScreenSize();
```

```
int screenWidth = screenSize.width;            //获取屏幕的宽度
int screenHeight = screenSize.height;          //获取屏幕的高度
```

（2）框架居中时左上角的坐标(x,y)

```
Dimension frameSize = frame.getSize();
int x = (screenWidth - frameSize.width)/2;
int y = (screenHeight - frameSize.height)/2;
```

【例 9-2】 创建一个框架并显示在屏幕中心。

程序清单 9-2　CenterFrame.java

```
import javax.swing.*; import java.awt.*;
public class CenterFrame
{   public static void main(String[] args)
    {   JFrame frame = new JFrame("框架居中");
        frame.setSize(300, 300);
        frame.setDefaultCloseOperation(JFrame.EXIT_ON_CLOSE); //当窗口产生关闭事件时，关闭窗口
        Dimension screenSize = Toolkit.getDefaultToolkit().getScreenSize();//获取屏幕的大小
        int screenWidth = screenSize.width;    int screenHeight = screenSize.height;
        //获取框架的大小
        Dimension frameSize = frame.getSize();
        int x = (screenWidth - frameSize.width)/2;
        int y = (screenHeight - frameSize.height)/2;
        frame.setLocation(x, y);         //设置框架的位置，其左上角坐标为(x,y)
        frame.setVisible(true);          //使框架可见
    }
}
```

4．在框架中添加组件

JFrame 类创建的窗口中还包含一个内容窗格。使用 getContentPane()方法获取窗口（JFrame）的内容窗格。向窗口中添加组件，就是指向窗口的内容窗格中添加组件。此时可**以把内容窗格看做是嵌入到窗口中的一个容器。**

【例 9-3】 向框架中添加组件。

程序清单 9-3　Addcom.java

```
import javax.swing.*;
public class Addcom
{   public static void main(String[] args)
    {   JFrame frame = new JFrame("向框架中添加组件");
        frame.getContentPane().add(new JButton("我是一个按钮"));//向内容窗格添加按钮
        frame.setSize(300, 300);       frame.setVisible(true);
        frame.setDefaultCloseOperation(JFrame.EXIT_ON_CLOSE); //当收到关闭事件时，关闭窗口
    }
}
```

表达式 frame.getContentPane()的作用是获取框架 JFrame 的内容窗格，表达式 new

JButton("OK")则用于创建 JButton 类对象。内容窗格的默认布局管理器是：BorderLayout。

注意：窗口是不能嵌套的。

5．两种容器类的区别

1）以 J 开头的容器类。如 JFrame、JApplet、JPanel 及其子类创建的容器(con)都有内容窗格。向这种容器添加组件的语句如下：

```
Container container = con.getContentPane();   //获取容器 con 的内容窗格
container. add( component);               //向内容窗格 container 添加组件 component
```

注意：重型组件不适合放在 J 开头的容器中。如，Button 组件不适合放在 JPanel 中。

2）非 J 开头的容器类。如，Fame 类、Applet、Panel 及其子类创建的容器(con)不包含内容窗格。因此，直接使用下面语句向容器中添加组件：

```
con. add( component);              //向容器 con 添加组件 component
```

9.2.2 面板

面板是由 JPanel 类创建的一种没有标题的容器。面板不能独立存在，必须将面板装入到另一面板或框架中。

面板有两个作用：一是面板当容器使用，把其他组件组织在一起；二是在面板上绘制字符串和图形。

1．构造方法

```
public JPanel();
public JPanel(LayoutManager layout);
```

其中，参数 layout 指定面板的布局管理器，没有参数时，面板使用默认的布局管理器（FlowLayout）。面板类的主要方法都是从 Container 和 Component 类继承过来的。

提示：布局管理器是容器用来摆放组件的规则。每个容器都有自己的默认布局管理器。

2．用面板作容器

【例 9-4】 面板做容器使用。创建一个电话拨号键盘界面。

程序清单 9-4 TestPhone.java

```
import java.awt.*;   import javax.swing.*;
public class TestPhone extends JFrame
{   public TestPhone()//构造方法
    {    Container container = getContentPane();   //获取框架的内容窗格
         container.setLayout(new BorderLayout()); //为内容窗格设置布局管理器
       //创建容纳 12 个按钮的面板 p1 并为面板设置网格布局管理器(4 行 3 列):
      JPanel p1 = new JPanel();   p1.setLayout(new GridLayout(4, 3));
      for (int i=1; i<=9; i++)   { p1.add(new JButton(" " + i)); } //向面板 p1 添加按钮
      p1.add(new JButton("*"));     p1.add(new JButton(" " + 0));     p1.add(new JButton("#"));

      JPanel p2 = new JPanel(); //创建面板 p2，用来容纳文本域和面板 p1
```

```
            p2.setLayout(new BorderLayout());        p2.add(p1, BorderLayout.CENTER);
            container.add(p2, BorderLayout.SOUTH); //将面板 p2 和按钮添加到内容窗格
            container.add(new Button("Press to Call"), BorderLayout.CENTER);
        }
        public static void main(String[] args) //主方法
        {   TestPhone frame = new TestPhone();
            frame.setTitle("电话座机");
            frame.setDefaultCloseOperation(JFrame.EXIT_ON_CLOSE); //当收到关闭事件时，关闭窗口
            frame.setSize(300, 200);        frame.setVisible(true);
        }
    }
```

程序运行结果如图 9-3 所示。

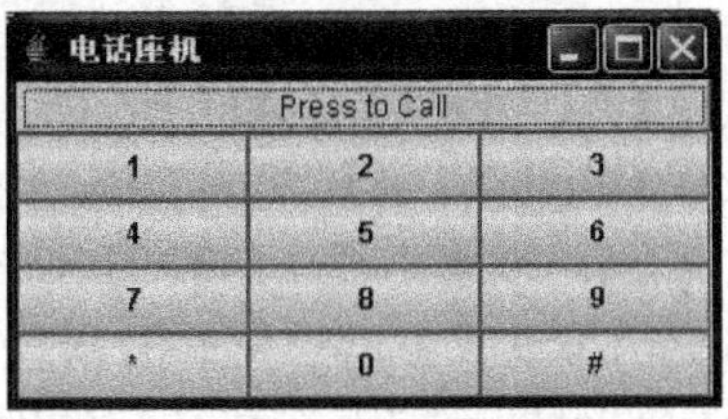

图 9-3　TestPhone.java 运行结果

9.3　布局管理器

每个容器都有一个默认的布局管理器。如何在容器中摆放组件是容器的布局管理器的职责。java.awt 包中有 5 个常见的布局类，它们是 FlowLayout、GridLayout、BorderLayout、CardLayout 和 GridBagLayout。可以使用它们来创建布局管理器。

假设 container 是容器，对容器常见的 3 种操作如下：

1．修改容器的布局管理器

```
container.setLayout(new specificlayout()); //将容器 container 的布局管理器改为 new specificlayout()
```

表达式 new specificlayout()表示创建一个布局管理器。容器使用该布局管理器对容器中的组件进行摆放。

2．向容器添加组件

```
container.add(component); //把组件 component 添加到容器 container 中
```

3．从容器中删除组件

```
container.remove(component);//把组件 component 从容器 container 中删除掉
```

9.3.1　FlowLayout 布局

用 FlowLayout 类创建的对象称为 FlowLayout 布局对象，它是 JPanel 容器的默认布局管

理器。

FlowLayout 布局规则：向容器中添加组件时，从容器的第一行开始，按组件添加的顺序，由左到右将组件排列在容器中，第一行排满后，再从第二行开始从左向右排列组件，依次类推，直到所有组件排完。组件之间的对齐方式可以使用 FlowLayout.RIGHT、FlowLayout.CENTER、FlowLayout.LEFT 3 个常量之一指定。

FlowLayout 类常用的方法如下：

1）FlowLayout()：该方法创建一个布局对象，容器使用该布局对象时，组件之间的水平和垂直间距默认是 5 个像素。例如：

```
FlowLayout flow=new FlowLayout();    //创建布局对象 flow
con.setLayout(flow);                 //容器 con 使用布局对象(flow)摆放容器中的组件
```

2）FlowLayout(int aligin,int hgap,int vgap)：该方法创建一个布局对象，则容器中组件的对齐方式 aligin 可取 FlowLayout.LEFT、FlowLayout.CENTER、FlowLayout.RIGHT 之一。

3）public void setAlignment(int aligin)：设置 FlowLayout 布局对象的对齐方式。

4）public void set Hgap(int hgap)：设置容器中组件的水平间距为 hgap 像素。

5）public void setVgap(int hgap)：设置容器中组件的垂直间距为 hgap 像素。

FlowLayout 布局，每一行中的组件都按着布局指定的对齐方式和水平间距排列。当形成多行组件时，行与行之间的间距就是布局的垂直间距。尽管这种布局非常方便，但是当容器内的组件太多时，就显得高低参差不齐。为了布局的美观，我们常采用容器嵌套的方法，即把一个容器嵌入到另一个容器中，使整个容器的布局达到应用的需求。

【例 9-5】 使用 FlowLayout 布局放置 3 个组件。

程序清单 9-5　FlowLayoutTest.java

```
import java.awt.*;    import java.applet.*;
public class FlowLayoutTest    extends    Applet
{    public void init()
     {    FlowLayout fL=new FlowLayout();
          fL.setAlignment(FlowLayout.RIGHT);
          fL.setHgap(10);       //设置组件的垂直间距为 10 像素
          fL.setVgap(10);       //设置组件的水平间距为 10 像素
          setLayout(fL);        //设置容器的布局对象为 fL
          setBackground(Color.yellow);
          for(int n=1;n<=3;n++)     add(new Button("button"+n));    //向容器中添加按钮
     }
}
```

程序运行结果如图 9-4 所示。

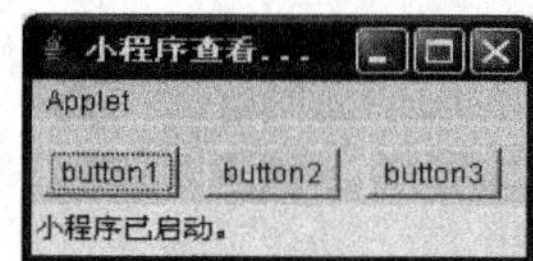

图 9-4　FlowLayoutTest.java 运行结果

【例 9-6】 在一个框架中以指定的对齐方式和间距排列 12 个按钮。

程序清单 9-6　ShowFlowLayout.java

```
import javax.swing.JButton;    import javax.swing.JFrame;
import java.awt.Container;     import java.awt.FlowLayout;
public class ShowFlowLayout extends JFrame
{   public ShowFlowLayout()
    {   Container container = getContentPane(); //获取框架的内容窗格
        container.setLayout(new FlowLayout(FlowLayout.CENTER, 10, 20)); //设置 container 的布局方式。
        for (int i=1; i<=12; i++)    container.add(new JButton("Component " + i)); //向框架中添加按钮
    }
   public static void main(String[] args) //主方法
    {   ShowFlowLayout frame = new ShowFlowLayout();
        frame.setTitle("Show FlowLayout");
        frame.setDefaultCloseOperation(JFrame.EXIT_ON_CLOSE);
        frame.setSize(200, 200);       frame.setVisible(true);
    }
}
```

表达式 new FlowLayout(FlowLayout.CENTER, 10, 20)的作用是创建一个 FlowLayout 布局对象，布局规则是组件居中对齐。组件间的水平间距是 10 像素，垂直间距是 20 像素。

9.3.2 GridLayout 布局

用 GridLayout 类创建的对象称为 GridLayout 布局对象。GridLayout 布局对象将容器划分为若干行、若干列的网格区域，组件就安置在这些网格中。

GridLayout 布局规则：向容器中添加组件时，从容器的第一行开始，按组件添加的顺序，由左到右将组件排列在容器的网格中，第一行排满后，再从第二行的左边开始排列组件，依次类推，直到组件排完。

GridLayout 类的构造方法如下：

- public GridLayout(int rows, int columns, int hGap, int vGap)：该方法用于创建一个布局对象。该布局对象将容器划分为 rows 行、columns 列。组件在容器中排列时的水平和垂直间距分别为 hGap 和 vGap 像素。
- public GridLayout(int rows, int columns)：该方法用于创建一个布局对象，此布局对象将容器划分为 rows 行、columns 列。组件在容器中排列时的水平和垂直间距均为 0 像素。
- public GridLayout()：每行存放一个组件。

【例 9-7】 将 5 个按钮排列成 2 行 3 列的网格。

程序清单 9-7　ShowGridLayout.java

```
import javax.swing.JButton;    import javax.swing.JFrame;    import java.awt.GridLayout;
import java.awt.Container;
public class ShowGridLayout    extends    JFrame
{   public ShowGridLayout()
```

```
    {   Container container = getContentPane(); //获取框架的内容窗格
        container.setLayout(new GridLayout(2, 3, 3, 5)); //为内容窗格设置布局管理器
        for (int i=1; i<=5; i++)    container.add(new JButton("Comp " + i)); //向内容窗格添加按钮
    }
    public static void main(String[] args) //主方法
    {   ShowGridLayout frame = new ShowGridLayout();
        frame.setTitle("Show GridLayout");
        frame.setDefaultCloseOperation(JFrame.EXIT_ON_CLOSE);
        frame.setSize(200, 200);        frame.setVisible(true);
    }
}
```

表达式 new GridLayout(2, 3, 3, 5)创建的布局是将容器划分为 2 行 3 列的网格，组件的水平间距为 3 像素，垂直间距为 5 像素。程序运行结果如图 9-5 所示。

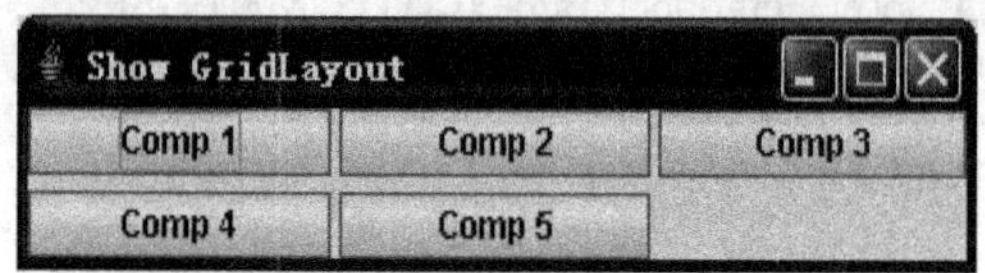

图 9-5　ShowGridLayout.java 运行结果

采用 GridLayout 布局，每个网格大小相同，而组件与网格的大小也相同，这样容器中的每个组件也都是大小相同的。为了克服这个缺点，可以使用容器嵌套。例如，使用 GridLayout 布局将一个容器分为 3 行 1 列的网格，然后将另一个容器添加到某个网格中，而添加的这个容器又可以设置为 GridLayout 布局、FlowLayout 布局、CardLayout 布局或 BorderLayout 布局之一。利用这种嵌套方法，可以设计出符合用户要求的布局。

9.3.3　BorderLayout 布局

用 BorderLayout 类创建的对象称为 BorderLayout 布局对象，它将容器空间划分为东、西、南、北、中 5 个区域，中间的区域最大。BorderLayout 布局对象是 JFrame 容器的默认布局对象。

BorderLayout 布局规则：每向容器中加入一个组件，都应该指明这个组件放置在哪个区域中。区域由 BorderLayout 中的静态常量 CENTER、NORTH、SOUTH、WEST、EAST 标识。例如，一个使用 BorderLayout 布局的容器 container，可以使用 add()方法将一个组件 b 添加到中心区域：

```
container.add(b);
```

上面的语句等价于下面的语句：

```
container.add(BorderLayout.CENTER, b);
```

注意：若将组件 b 添加到容器 container 的中央，则可以省略参数 BorderLayout. CENTER。

每个区域只能放置一个组件，如果向某个已放置了组件的区域再放置一个组件，那么先前的组件将被后者替换掉。使用 BorderLayout 布局的容器最多能添加 5 个组件，如果容器中需要加入超过 5 个组件，就必须使用容器的嵌套或采用其他的布局策略。

BorderLayout 类的构造方法如下：

- Public　BorderLayout(int hGap, int vGap)：该方法用于创建一个布局对象，该布局把容器中组件之间的水平和垂直间距分别设置为 hGa 和 vGap 个像素。
- Public　BorderLayout()：该方法创建的布局对象把容器中组件之间的水平和垂直间距都设置为 0 像素。

【例 9-8】 使用 BorderLayout 管理器在框架中放置 5 个按钮。

程序清单 9-8　ShowBorderLayout.java

```
import javax.swing.JButton; import javax.swing.JFrame; import java.awt.Container;
import java.awt.BorderLayout;
public class ShowBorderLayout extends JFrame
{   public ShowBorderLayout()//构造方法
    {   Container container = getContentPane();//获取框架的内容窗格
        container.setLayout(new BorderLayout(2, 3)); //为内容窗格设置 BorderLayout 布局
       //将 5 个按钮分别添加到内容窗格中的 5 个区域中
       container.add(new JButton("东"), BorderLayout.EAST);
       container.add(new JButton("南"), BorderLayout.SOUTH);
       container.add(new JButton("西"), BorderLayout.WEST);
       container.add(new JButton("北"), BorderLayout.NORTH);
       container.add(new JButton("中"), BorderLayout.CENTER);
    }
   public static void main(String[] args) //主方法
   {   ShowBorderLayout frame = new ShowBorderLayout();
       frame.setTitle("使用 BorderLayout 布局");
       frame.setDefaultCloseOperation(3); //收到窗口关闭事件时，关闭窗口
       frame.setSize(300, 200);       frame.setVisible(true);
   }
}
```

表达式 new BorderLayout(2, 3)创建的布局对象使组件之间的水平和垂直间距分别为 2 个像素和 3 个像素。程序运行结果如图 9-6 所示。

图 9-6　程序 ShowBorderLayout.java 运行结果

注意：在 BorderLayout 布局下，南北组件自动水平扩展，东西组件自动竖直拉伸，中央组件可以水平和竖直扩展。

9.3.4 CardLayout 布局

使用 CardLayout 布局的容器可以容纳多个组件，但是同一时刻容器只能从这些组件中选出一个来显示，就像一叠扑克牌，每次只能显示最上面的一张，这个被显示的组件将占满容器的所有空间。

假设有一个容器 con，那么使用 CardLayout 布局对象的一般步骤如下：

1）创建 CardLayout 布局对象 card。例如：

```
CardLayout card=new CardLayout();
```

2）将容器 con 的布局方式设置为 card。例如：

```
con.setLayout(card);
```

3）调用容器的 con.add(String num，Component b)方法将组件 b 加入容器 con 中，并给出该组件的代号 num。组件的代号与组件的名称没有必然联系，不同的组件代号互不相同。最先加入容器 con 的组件是第 1 张，第二次加入的组件是第 2 张，依次给组件排号。

4）使用布局对象 card 的 show()方法显示容器 con 中代号为 num 的组件。格式如下：

```
card.show(con, num); //显示容器 con 中代号是 num 的组件。
```

也可以按组件加入容器的顺序显示组件。例如：

```
card.first(con);            //显示 con 中的第一个组件
card.last(con);             //显示 con 中的最后一个组件
card.next(con);             //显示容器中的下一个组件
card.previous(con);         //显示容器中的前一个组件
```

【例 9-9】 在窗格中添加按钮(next)、按钮(previous)、面板（cardPanel），在面板中添加 3 个标签作为卡片。面板（cardPanel）采用 CardLayout 布局管理器以管理 3 个标签。按钮 next 显示下一张卡片，按钮 Previous 显示上一张卡片。

程序清单 9-9 CardLayoutTest.java

```
import java.awt.*;   import java.awt.event.*;
import javax.swing.*;   import javax.swing.border.LineBorder;
public class CardLayoutTest
{ private static   CardLayout   cards= new CardLayout();          //创建卡片布局对象
  private static   JPanel   cardPanel = new JPanel();             //创建面板
  public static void main(String[] args)
  {   JFrame frame = new JFrame();
      frame.setTitle("卡片布局");
      Container content = frame.getContentPane();                 //获取框架的内容窗格
      content.setLayout(new FlowLayout());

      JButton nextBt = new JButton("显示下一张");
      JButton previousBt = new JButton("显示上一张");
```

```
        //将按钮加入单元格中
        content.add(previousBt);    content.add(nextBt);

        cardPanel.setLayout(cards); //将面板的布局管理器设为 cards
        Dimension dim = new Dimension(100,50);
        cardPanel.setPreferredSize(dim); //设置面板的大小
        cardPanel.setBorder(new LineBorder(Color.black));

        //向面板添加三个标签对象
        cardPanel.add(new JLabel("卡片 1", JLabel.CENTER), "card1");
        cardPanel.add(new JLabel("卡片 2", JLabel.CENTER), "card2");
        cardPanel.add(new JLabel("卡片 3", JLabel.CENTER), "card3" );

        //向内容窗格中添加按钮 nextBt、面板 cardPanel、按钮 previousBt
        content.add(nextBt); content.add(cardPanel); content.add(previousBt);

        //添加监听器
        ActionListener listener = new ActionResponse();    //创建监听器
        nextBt.addActionListener(listener);    previousBt.addActionListener(listener); //注册监听器
        frame.addWindowListener(new WindowAdapter() //为 frame 注册监听器（匿名监听器）
          {    public void windowClosing(WindowEvent e)
               {      System.exit(0);     }
          } );
        frame.pack();    frame.setVisible(true);
      }
      static class ActionResponse implements ActionListener //定义监听器类（内部类定义开始）
      {
           public void actionPerformed(ActionEvent event)
           {
                if(event.getActionCommand().equals("Next"))//getActionCommand()来得到按钮的名称
                   cards.next(cardPanel);
                else    cards.previous(cardPanel);
           }
      }//内部类定义结束
    }//外部类定义结束
```

程序运行结果如图 9-7 所示。

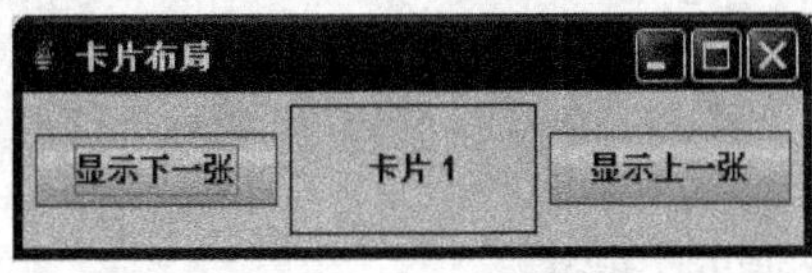

图 9-7　CardLayoutTest.java

9.3.5　不使用布局管理器

当容器不使用布局管理器时，设置组件在容器中的位置的步骤如下：

1）将容器 con 的布局管理器设置为 null，例如：

```
con.setLayout(null);
```

2）向容器中添加组件 component，例如：

```
con.add(component)
```

3）设置组件在容器中的位置和大小，例如：

```
JButton    component=new JButton("我是组件");
component .setBounds(10,10,100,100); //设置组件显示位置、组件大小
```

【例 9-10】 不使用布局管理器。

程序清单 9-10 ShowNoLayout.java

```
import java.awt.*;import java.awt.event.*;import javax.swing.*;
public class ShowNoLayout extends JFrame
{   private JLabel lab1 = new JLabel("改变窗口大小，观察组件布局情况", JLabel.CENTER);;
    private JTextArea jta1 = new JTextArea("文本区", 5, 10 );
    private JTextArea jta2 = new JTextArea("文本区", 5, 10 );
    private JTextField jtf = new JTextField("文本框");
    private JPanel jp = new JPanel();
    private JButton jbt1 = new JButton("取消" );
    private JButton jbt2 = new JButton("确定" );
    public ShowNoLayout()
    {   setTitle("不使用布局管理器");
        jp.setBackground(Color.red); // 设置面板 jp 的背景颜色
        getContentPane().setLayout(null); // 将窗口布局设置为空布局

        //向窗口添加组件
        getContentPane().add(lab1);
        getContentPane().add(jp);          getContentPane().add(jta1);
        getContentPane().add(jta2);        getContentPane().add(jtf);
        getContentPane().add(jbt1);        getContentPane().add(jbt2);

        // 设置组件在窗口中的位置和大小
        lab1.setBounds(0, 10, 400, 40);
        jta1.setBounds(0, 50, 100, 100);        jp.setBounds(100, 50, 200, 100);
        jta2.setBounds(300, 50, 100, 50);       jtf.setBounds(300, 100, 100, 50);
        jbt1.setBounds(100, 150, 100, 50);      jbt2.setBounds(200, 150, 100, 50);
    }
    public static void main(String[] args)
    {   ShowNoLayout frame = new ShowNoLayout();        frame.setSize(400,250);
        frame.setDefaultCloseOperation(JFrame.EXIT_ON_CLOSE);
        frame.setVisible(true);
    }
}
```

程序运行结果如图 9-8 所示。

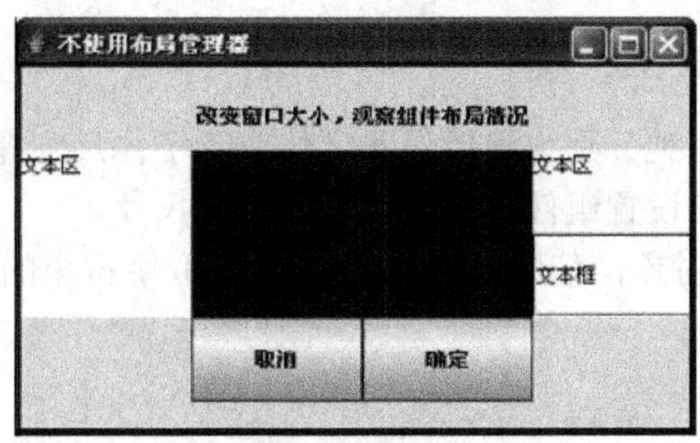

图 9-8　ShowNoLayout.java

9.4　绘制图形

可以使用适当的颜色和字体来画图。下面将介绍 Color 类、Font 类和 FontMetrics 类以及 Graphics 类中的绘图方法。

9.4.1　Color 类

可以使用 Color 类为 GUI 组件设置颜色。颜色由红、绿、蓝三原色构成，每种原色的亮度都用一个 byte 数据表示，即颜色值为 0（最暗）～255（最亮）。这就是通常所说的 RGB 模式。

1．创建 Color 对象

```
Color color = new Color(r, g, b);
```

其中 r、g、b 分别用于指定一个颜色的红、蓝、绿成分，其值都是数字。例如：

```
Color color = new Color(128, 100, 100);
```

2．设置组件的背景色和前景色

可以使用 Component 类中的方法 setBackground(Color c)和 setForeground(Color c)来设置组件的背景色和前景色。例如，使用颜色对象 color 设置面板 myPanel 的背景色：

```
Color    color = new Color(28, 88,100); //创建颜色对象 color
JPanel myPanel = new JPanel();    //创建面板 myPanel
myPanel.setBackground(color);      //设置面板 myPanel 的背景色为 color
```

在 Color 类中，将 13 种标准颜色（黑、蓝、青、深灰、灰、绿、浅灰、洋红、橙、粉、红、白、黄）定义为常量，每个常量代表对应的颜色。下面使用颜色常量为面板设置背景色。例如，将一个面板背景色设置为红色，代码如下：

```
JPanel myPanel = new JPanel();
myPanel.setBackground(Color.red);   //常量 Color.red 代表红色对象
```

注意：标准色命名为常量，但是它们的命名格式像变量：第一个单词小写，接下来的单词第一个字母大写。所以，颜色名称违反了 Java 命名惯例。

9.4.2 Font 类和 FontMetrics 类

Font 类和 FontMetrics 类分别为组件设置字体或者字体尺度提供了一些方法。在为组件绘制图形或文本前，首先应设置组件使用的字体和字体尺寸。

使用 Font 类创建字体对象，使用 FontMetrics 类获取字符串的尺寸。

1．创建 Font 对象

```
Font    myFont = new Font(name, style, size);
```

字体名（name）可以选择 ScanSerif、Serif、Monospaced、Dialog 或 DialogInput 等，字型（style）可以选择 Fong.PLAIN、Font.BOLD 和 Font.ITALIC 等，字型可以组合使用，如下述代码所示。

```
Font myFont = new Font("ScanSerif",Font.BOLD, 16);
Font myFont = new Font("Serif" , Font.BOLD+Font.ITALIC, 12); //字型采用组合方式
```

2．FontMetrics 类

FontMetrics 类可以用来计算字符串的精确高度（Height）和宽度。例如，可以借助 FontMetric 类将字符串显示在容器的中心位置。字体度量如图 9-9 所示。

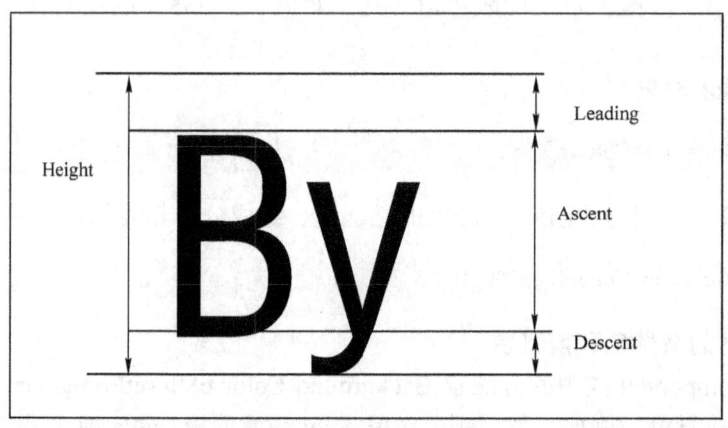

图 9-9　字体度量

（1）FontMetrics 使用下列属性度量字符的高度

- Leading：文本行之间的距离。
- Ascent：字符从基线到其顶端的高度。
- Descent：诸如 j、y、g 等字符从基线到底端的距离。
- Height：Leading、Ascent 和 Descent 的和。

（2）FontMetrics 对象

FontMetrics 是一个抽象类。要得到给定字体的 FontMetric 对象，可以使用定义在 Graphics 类中的方法：

- Public FontMetrics getFontMetrics(Font f)：该方法返回指定字体 f 的尺度。

● Public FontMetrics getFontMetrics()：该方法返回当前字体的尺度。

（3）FontMetrics 类中的实例方法

可以使用下列实例方法得到字体信息：

● Public int getAscent()。
● Public int getDescent()。
● Public int getLeading()。
● Public int getHeight()。
● Public int stringWidth(String str)。

【例 9-11】 使用 FontMetrics 对象，以 20 磅粗的 ScanSerif 字体在框架中央显示“欢迎使用字体对象”。

程序清单 9-11　TestFontMetrics.java

```
import java.awt.Font;   import java.awt.FontMetrics;   import java.awt.Graphics;
import javax.swing.*;   import java.awt.Dimension;   import javax.swing.JPanel;
public class TestFontMetrics extends JFrame
{  public TestFontMetrics()//构造方法
   {  MessagePanel messagePanel = new MessagePanel("欢迎使用字体对象");
      messagePanel.setFont(new Font("SansSerif", Font.BOLD, 20)); //设置字体、风格和大小
      messagePanel.setCentered(true);      //使字符串居于面板中央
      getContentPane().add(messagePanel);
   }
   public static void main(String[] args) //主方法
   {  TestFontMetrics frame = new TestFontMetrics();
      frame.setDefaultCloseOperation(JFrame.EXIT_ON_CLOSE);
      frame.setSize(300, 300);      frame.setTitle("测试 FontMetrics");      frame.setVisible(true);
   }
}
class MessagePanel extends JPanel //在面板上显示字符串
{ private String message = "欢迎使用字体对象"; //要显示的字符串
   //(x, y)显示字符串的位置
   private int xCoordinate = 20;
   private int yCoordinate = 20;
   private boolean centered; //标识字符串是否显示在面板的中央
   public MessagePanel(){   } //构造方法
   public MessagePanel(String message) //用字符串初始化的构造方法
   {    this.message = message;   }
   public String getMessage()
   {      return message;   }
   public void setMessage(String message)
   {      this.message = message;   }
   public int getXCoordinate()
   {      return xCoordinate;   }
   public void setXCoordinate(int x)
   {      this.xCoordinate = x;   }
   public int getYCoordinate()
```

```
        {       return yCoordinate;   }
        public void setYCoordinate(int y)
        {       this.yCoordinate = y;   }
        public boolean isCentered()
        {       return centered;   }
        public void setCentered(boolean centered)
        {       this.centered = centered;   }
        public void paintComponent(Graphics g) //重写组件中的方法
        { super.paintComponent(g);
          if (centered)
          {   FontMetrics fm = g.getFontMetrics(); //获取面板的字体尺度，
              //将字符串显示在面板中央时字符串的坐标值(xCoordinate, yCoordinate)
              int w = fm.stringWidth(message);//获取字符串的宽度
              int h = fm.getAscent();                    //获取字符的 Ascent 值
              xCoordinate = (getWidth()-w)/2;      yCoordinate = (getHeight()+h)/2;
          }
          g.drawString(message, xCoordinate, yCoordinate);
        }
        public Dimension getPreferredSize()
        {       return new Dimension(200, 100);   }
        public Dimension getMinimumSize()
        {       return new Dimension(200, 100);   }
    }
```

MessagePanel 类具有属性 message、xCoordinate、yCoordinate 和 centered。如果 centered 为 false，则通过坐标 xCoordinate 和 yCoordinate 指定字符串显示的位置；如果 centered 为 true，则字符串显示在面板中心。

方法 getWidth()和 getHeight()在 Component 类中定义，分别返回组件的宽度和高度。

由于在 TestFontMetrics 中的属性 centered 的值是 true，因此，字符串在面板的中央显示。改变框架的大小，字符串仍显示在面板中央。

yCoordinate 是字符串中第一个字符的基线高度。centered 为 true 时，yCoordinate 应为 getSize().height/2 + h/2，其中 h 是字符 Ascent 部分高度。

在 Component 类中定义的 getPreferredSize()方法在 MessagePanel 中被覆盖，当把 MessagePanel 对象放置到内容窗格中时，用 getPreferredSize()方法为面板指定大小。

本例中，drawString(s, x, y)方法的作用是在(x, y)处开始绘制一个字符串 s。

Swing 组件使用 paintComponent()方法画图。当用户显示框架或改变框架的大小时，系统都会自动调用该方法。在显示一个新画面之前，必须在程序中调用 super.paintComponent(g)来清除原来的画面。如果没有调用该方法，则不会清除以前的画面。程序运行结果如图 9-10 所示。

图 9-10 程序 TestFontMetrics.java

注意：Component 类具有方法 setBackground()、

setForeground()和 setFont()，这些方法为整个组件设置颜色和字体。如果要在面板上用不同颜色和字体绘制一些信息，则必须使用 Graphics 类中的 setColor()和 setFont()方法来设置当前图画的颜色和字体。

9.4.3 Graphics 类

利用 Graphics 类中的方法可以绘制直线、矩形、椭圆、圆弧和多边形等几何图形，下面将分别介绍。

1．绘制直线

可以用下面的方法画一条直线：

```
drawLine(x1, y1, x2, y2);//在给定的两个点(x1,y1)和(x2,y2)之间画一条直线
```

参数 x1、y1、x2、y2 分别用于指定直线的起点(x1, y1)和终点(x2, y2)，如图 9-11 所示。

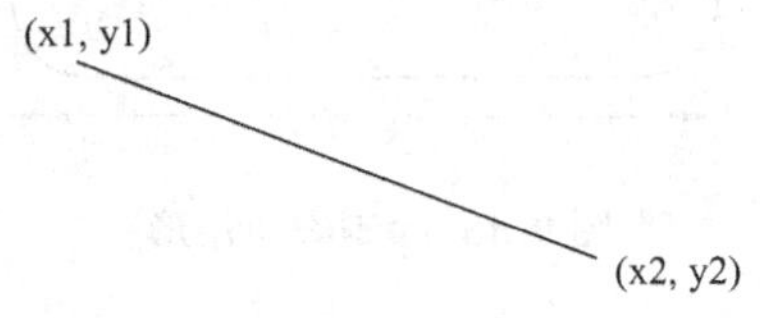

图 9-11　画直线

2．绘制矩形

利用 Graphics 类中的方法可以绘制三类矩形，即直角矩形、圆角矩形或三维的矩形。每类矩形又可以分为空心矩形和填充矩形两种。

（1）绘制直角矩形

画一个空心直角矩形，可使用如下语句：

```
drawRect(x, y, w, h);
```

画一个有填充颜色的直角矩形，可使用如下语句：

```
fillRect(x, y, w, h);
```

其中，参数 x、y 表示矩形的左上角坐标，w 和 h 分别表示矩形的宽和高，如图 9-12 所示。

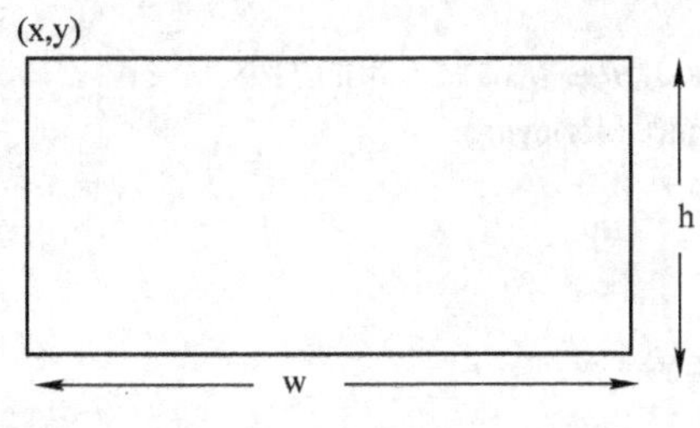

图 9-12　绘制直角矩形

（2）绘制圆角矩形

画一个圆角矩形，可使用如下语句：

```
drawRoundRect(x, y, w, h, aw, ah);
```

画一个填充了颜色的圆角矩形，可使用如下语句：

```
fillRoundRect(x, y, w, h, aw, ah);
```

其中，参数 x、y、w、h 的含义与 drawRect()方法相同，aw 是指角上圆弧的水平半径，ah 是指角上圆弧的竖直半径，如图 9-13 所示。

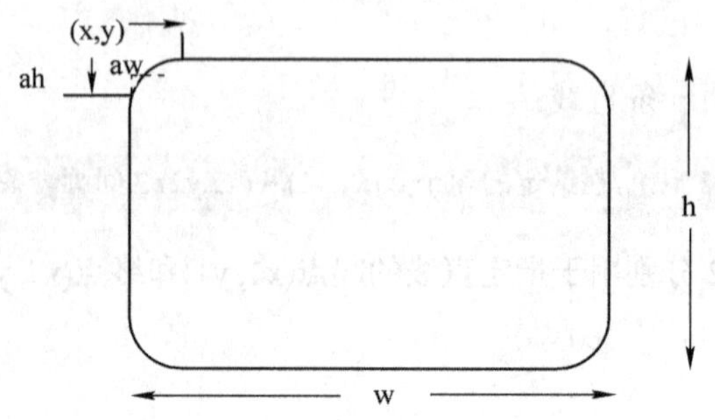

图 9-13 绘制圆角矩形

（3）绘制三维矩形

画一个三维矩形，可使用如下语句：

```
draw3DRect(x, y, w, h, raised);
```

其中，参数 x、y、w、h 的含义与 drawRect()方法相同，最后一个参数（raised）是布尔值，表示矩形是表面凸起还是凹进。

【例 9-12】 用户通过文本框输入矩形的左上角坐标的位置(x,y),以及矩形的宽和高，然后在画布上绘制一个矩形.

程序清单 9-12　　ShowCanvas.java

```
import java.awt.*;    import java.applet.*;    import java.awt.event.*;
class Mycanvas extends Canvas    //定义一个画布类 Mycanvas
{      int x,y,w,h;
       int red,cyan,blue;
       Mycanvas()
       {      setSize(100,100); //必须设置画布的大小
              setBackground(Color.cyan);
       }
     public void setX(int x)
      { this.x=x; }
      public void setY(int y)
      { this.y=y; }
      public void setW(int w)
      { this.w=w; }
     public void setH(int h)
      { this.h=h; }
```

```
        public void paint(Graphics g)
        {    g.drawRect(x,y,w,h); //在画布上绘制一个矩形 }
    }
public class ShowCanvas extends Applet   implements   ActionListener //定义测试类 ShowCanvas
{    Mycanvas canvas;
     TextField inputX,inputY,inputW,inputH;
     Button button;
     public void init()
     {  canvas=new Mycanvas(); //创建画布对象
        //下面创建 4 个文本对象
        inputX=new TextField(6);   inputY=new TextField(6);
        inputW=new TextField(6);    inputH=new TextField(6);
        add(new Label("请输入矩形的位置坐标：")); //创建标签对象并加入容器
        add(inputX);      add(inputY);
        add(new Label("请输入矩形的长和宽：")); //创建标签对象并加入容器
        add(inputW);      add(inputH);
        button =new Button("确定");
        button.addActionListener(this);
        add(button);      add(canvas); //将画布对象加入容器
     }
     public void actionPerformed(ActionEvent e)
     {    int x,y,w,h;
          try
          {  x=Integer.parseInt(inputX.getText());    y=Integer.parseInt(inputY.getText());
             w=Integer.parseInt(inputW.getText());    h=Integer.parseInt(inputH.getText());
             canvas.setX(x);   canvas.setY(y);   canvas.setW(w);   canvas.setH(h);
             canvas.repaint(); //绘制画布对象
          }
        catch(NumberFormatException ee)
        {       x=0; y=0;  w=0; h=0;        }
     }
}
```

程序运行结果如图 9-14 所示。

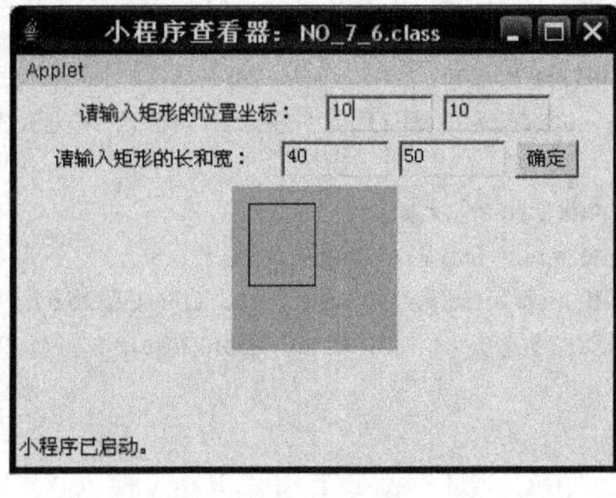

图 9-14　程序 ShowCanvas.java

3．绘制椭圆

在 Java 中，椭圆是根据其外接矩形绘制的，因此所用的参数和矩形相同。

（1）绘制空心椭圆

```
drawOval(x, y, w, h);   //绘制空心椭圆的方法
```

其中，参数 x、y 指外接矩形的左上角坐标，w、h 分别指矩形的宽和高，如图 9-15 所示。

（2）绘制填充颜色的椭圆

```
fillOval(x, y, w, h); //绘制填充颜色的椭圆的方法
```

其中，参数 x、y、w、h 意义与上相同。

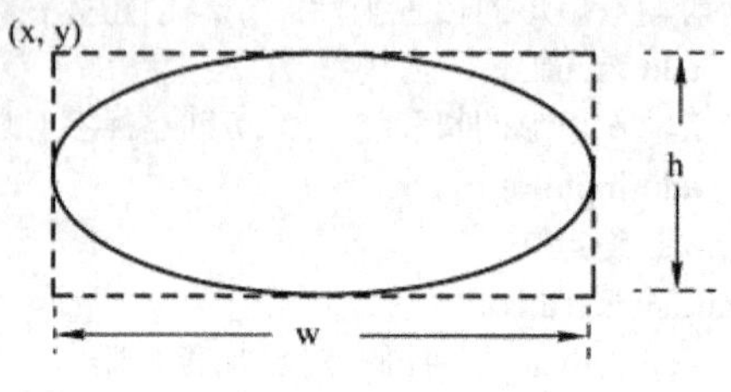

图 9-15　绘制椭圆

【例 9-13】 定义一个绘制椭圆的面板。

程序清单 9-13　DrawOvals.java

```
import javax.swing.JFrame; import javax.swing.JPanel;   import   java.awt.Color;
import java.awt.Graphics;
public class   DrawOvals   extends   JFrame   //框架类 TestOvals
{   class Ovals extends JPanel //内部类 Ovals 定义开始
    {  // 在面板上画椭圆
        public void paintComponent(Graphics g) //创建面板时，系统自动调用该方法绘制椭圆
        {   g.drawOval(10, 30, 100, 60); //绘制空心椭圆
            g.setColor(Color.pink); //设置填充颜色
            g.fillOval(130, 30, 100, 60); //绘制填充椭圆
        }
    }//内部类定义结束
    public DrawOvals()
    {   setTitle("Draw Ovals");
        getContentPane().add(new Ovals()); //创建一个面板，并加入内容窗格
    }
    public static void main(String[] args)
    {   DrawOvals frame = new DrawOvals();
        frame.setDefaultCloseOperation(JFrame.EXIT_ON_CLOSE);
        frame.setSize(250, 150);          frame.setVisible(true);
    }
}
```

程序运行结果如图 9-16 所示。

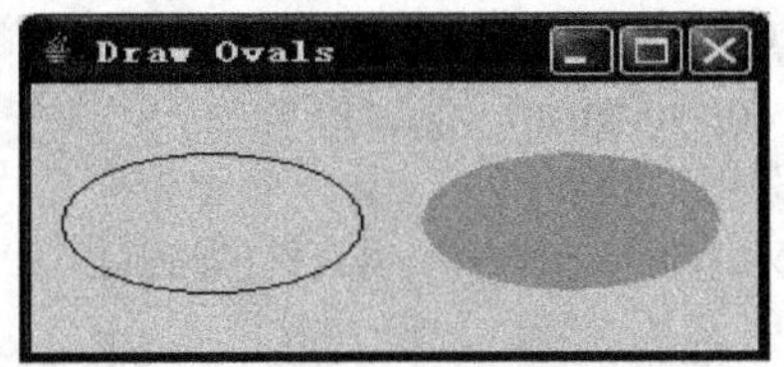

图 9-16　程序 DrawOvals.java

4．绘制圆弧

和椭圆一样，圆弧也是根据其外接矩形绘制的。圆弧可以看做是椭圆的一部分。绘制空心圆弧和填充圆弧的方法如下：

```
drawArc(x, y, w, h, angle1, angle2);        //绘制空心圆弧
fillArc(x, y, w, h, angle1, angle2);        //绘制填充圆弧
```

参数 x、y、w、h 的含义与 drawOval()方法一样。angle1 是指起始角，angle2 是指生成角（圆弧覆盖的角），如图 9-17 所示。角的单位是度，遵循通常的数学习惯。也就是说，0 度指向时钟 3 点处，逆时针方向旋转的角度为正角。

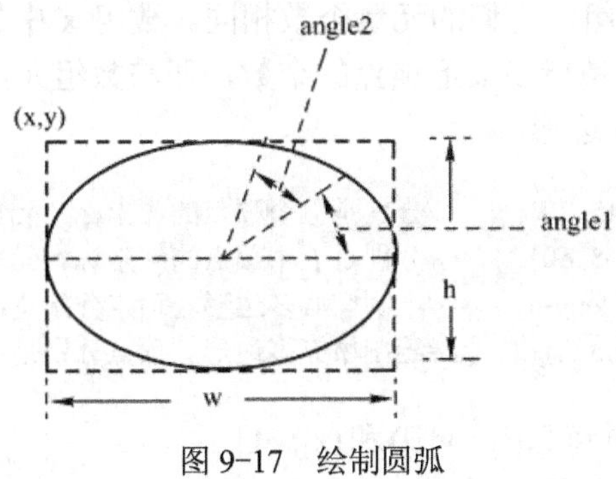

图 9-17　绘制圆弧

【例 9-14】 在面板上画弧

程序清单 9-14　CreateArc.java

```
import java.awt.*;   import javax.swing.*;
public class CreateArc extends JFrame  //下面定义测试类 CreateArc
{    public CreateArc(String s,ArcPanel p)
     {   this.setTitle(s);
         this.getContentPane().add(p);
         this.setSize(300,300);          this.setVisible(true);
     }
     public static void main(String args[]) //主方法
     {   ArcPanel p=new ArcPanel();   CreateArc f=new CreateArc("CreateArc",p);
     }
}
class ArcPanel extends Jpanel   //定义一个画弧形的面板类 ArcPanel
{   public void paintComponent(Graphics g)
    {   //构造两个颜色的对象
        Color c1=new Color(200,50,163);   Color c2=new Color(163,50,200);
```

```
            g.setColor(c1); //设置弧线颜色
            g.drawArc(20,40,150,250,20,90); //画弧形
            g.setColor(c2); //设置填充颜色
            g.fillArc(210,40,150,250,80,120); //画填充颜色的弧形
        }
    }
```

5. 绘制多边形

多边形是由任意多条线段围成的一个封闭区域。多边形由多对坐标(x, y)构成，每对坐标定义多边形的一个顶点，两对相邻坐标连接成多边形的一条边。

可以通过两种方式画多边形：使用顶点绘制多边形，使用 Polygon 对象绘制多边形。

（1）指定顶点绘制多边形

通过指定所有的顶点来画一个多边形，使用下面两种方法。

```
drawPolygon(x, y, n);        //绘制空心多边形
fillPolygon(x, y, n);        //绘制填充多边形
```

参数 x、y 分别表示数组，它们的元素个数相同。数组 x 中的一个元素与数组 y 中的一个元素构成一对坐标点。n 是指多边形顶点的个数，即与数组元素个数相同。

例如绘制五个顶点的多边形：

```
int x[ ] = {40, 70, 60, 45, 20};        //分别是五个顶点的 x 坐标。元素分别是：x[0],x[1]…x[4]
int y[ ] = {20, 40, 80, 45, 60};        //分别是五个顶点的 y 坐标。元素分别是：y[0],y[1]…y[4]
g.drawPolygon(x, y, x.length);          //绘制空心多边形。顶点分别是：(x[0], y[0])…(x[4],y [4])
g.fillPolygon(x, y, x.length);          //绘制填充多边形。顶点分别是：(x[0], y[0])…(x[4],y [4])
```

该绘制方法是通过顶点(x[i], y[i])和(x[i+1], y[i+1])之间的连线来画出多边形，其中 i=1, 2, …, length-1；通过画第一个顶点和最后一个顶点的连线来封闭多边形，如图 9-18 所示。

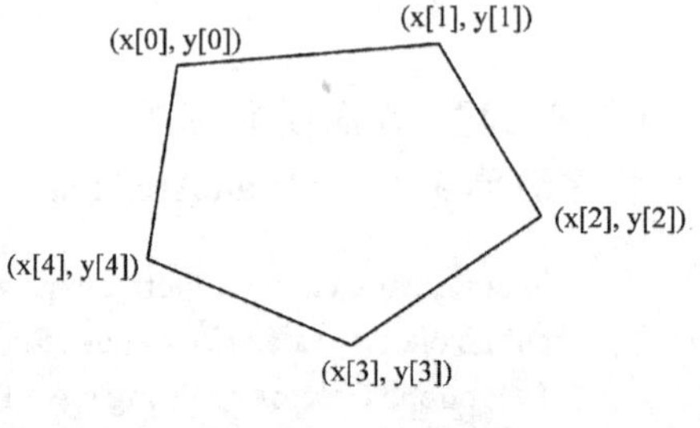

图 9-18　绘制多边形

（2）使用 Polygon 对象绘制多边形

该方法绘制一个多边形的步骤：先创建一个 Polygon 对象，然后向它添加点，最后显示它。创建一个 Polygon 对象的语句格式如下：

```
Polygon poly = new Polygon();
```

或

```
Polygon poly = new Polygon(x, y, n);
```

参数 x、y、n 和前述 drawPolygon()方法中的一样。再来看一个画三边形的例子。

```
Polygon poly = new Polygon();     //创建多边形对象
poly.addPoint(20, 30);            //向多边形对象添加第一个顶点(20, 30)
```

```
poly.addPoint(40, 50);                  //向多边形对象添加第二个顶点(40, 50)
poly.addPoint(50, 60);                  //向多边形对象添加第三个顶点(50, 60)
g.drawPolygon(poly);                    //画多边形
```

addPoint()方法用来给多边形添加顶点，drawPolygon()方法用 Polygon 对象作为参数画出多边形。

【例 9-15】 使用 drawPolygon()方法画一个多边形。

程序清单 9-15　TestPolygons.java

```
import java.awt.*;   import javax.swing.*;
public class TestPolygons extends JFrame
{    public TestPolygons(String s,Polygon_Panel p)
     {  this.setTitle(s);   this.setSize(200,200);
        this.getContentPane().add(p);      this.setVisible(true);
     }
     public static void main(String args[])
    {   Polygon_Panel p=new Polygon_Panel();//面板创建时，在上面画多边形
        TestPolygons f=new TestPolygons("TestPolygons",p);
    }
}
//下面定义一个面板类，面板创建时在上面画一个多边形。
class Polygon_Panel extends JPanel
{    public void paintComponent(Graphics g)
     {  //多边形的顶点位置为 X,Y
        int x[]={20,80,160,80,20}; int y[]={20,20,80,80,80};
        g.drawPolygon(x,y,x.length); //画多边形
      }
}
```

提示：JDK1.1 以前，多边形可以是不封闭的一系列直线。但在 JDK1.1 以后，多边形总是封闭的。不过，也可以使用 drawPolyline(int[ ]x, int[ ]y, int nPoints)方法画一个不封闭的多边形，即绘制由 x 坐标和 y 坐标数组定义的相连直线。如果第一个点不同于最后一点则图形不封闭。

6．绘制文本

绘制文本的方法有两种：通过字符串的方式绘制；通过字符数组的方式绘制。

（1）drawString()方法

drawString(String s, int x, int y)：在坐标（x，y）处从左向右绘制字符串 s。

（2）drawChars()方法

drawChars(char data[],int offset, int length, int x, int y)：从数组 data 中的 offset 位置处获取 length 个字符，然后在坐标（x，y）处从左向右绘制这些字符数组。

【例 9-16】 绘制文本

程序清单 9-16　ShowText.java

```
import java.applet.*;   import java.awt.*;
public class ShowText   extends   Applet
```

```
{   public void paint(Graphics g)
    {  int y=120,x=120;
       g.drawString("我是要绘制的字符串",40,60);
       char a[]="我是字符串".toCharArray();
       for(int i=0;i<a.length;i++)   {   g.drawChars(a,i,1,x,y);     x=x+6;    }
    }
}
```

9.5 事件驱动程序设计

对于结构化编程，代码执行的次序决定了程序执行的顺序，这类程序是由代码驱动的，人与程序不能产生交互。Java 图形程序执行是由事件驱动的，当激活一个事件时就开始执行相应的代码，人与程序可以进行交互。

9.5.1 事件和事件源

当用户通过键盘、鼠标来操作图形界面元素（按钮、选择框、列表框中的选项等）时，这些界面元素就会产生事件。下面先了解一下相关概念。

- 事件：用户在组件上进行操作时，组件产生信息，而这些信息就被封装为事件（对象）。例如，当光标焦点在组件上时，用户单击、双击鼠标或敲击键盘，组件就产生事件。
- 事件源：又称源对象，即产生事件的组件。如按钮、菜单项、列表框等所有的界面组件都是事件源。
- 事件类：java 系统将界面组件产生的事件进行分组、归类，就构成了事件类的继承关系。事件类的根类是 java.util.EventObject。事件是事件类的实例。在 java 系统中，事件类继承关系如图 9-19 所示。

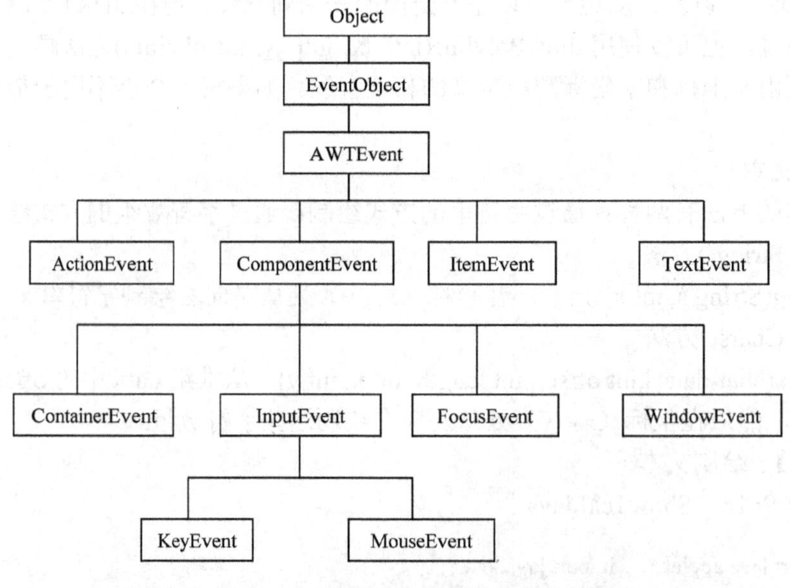

图 9-19　java 系统定义的事件类继承关系

注意：事件封装了事件源、鼠标、键盘等信息。

不同的事件源产生不同的事件，即，组件类型决定了它能产生哪些事件类型。用户行为、源对象及其产生的事件类型的对应关系如表 9-1 所示。

表 9-1　用户行为、源对象和事件类

用户行为（用户通过鼠标、键盘作用于事件源）	事件源（源对象）	产生的事件类
单击按钮	JButton	ActionEvent
改变文本	JTextComponent	TextEvent
在文本域按下 Enter 键	JTextField	ActionEvent
选定一个新项（每一次只能选择一项）	JComboBox	ItemEvent、ActionEvent
选定项（可以一次选择多项）	JList	ListSelectionEvent
选中复选框	JCheckBox	ItemEvent、ActionEvent
选中单选按钮	JRadioButtom	ItemEvent、ActionEvent
选定菜单项	JMenuItem	ActionEvent
移动滚动条	JScrollBar	AdjustmentEvent
窗口打开、关闭、图标化（最小化）、还原或正在关闭	Window	WindowEvent
在容器中添加或删除组件	Container	ContainerEvent
组件移动、改变大小、隐藏或显示	Component	ComponentEvent
组件获得或失去焦点	Component	FocusEvent
释放或按下键	Component	KeyEvent
移动鼠标	Component	MouseEvent

注意：1）如果一个组件能产生某个事件，那么这个组件的任何子类都可以产生同样类型的事件。例如，由于 Component 组件是所有 GUI 组件的父类，所以每个 GUI 组件都可以发生 MouseEvent、KeyEvent、FocusEvent 和 ComponentEvent 事件。

2）ListSelectionEvent 放在 **javax.swing.event** 包中，表 9-1 中的其余事件类都包含在 **java.awt.event** 包中。AWT 事件最初是为 AWT 组件设计的，但是许多 Swing 组件都可以触发它们。

9.5.2　委托事件模型

当用户通过键盘或鼠标与界面组件交互时，组件就产生事件。java 系统处理事件的方法有两种：一种是采用层次事件模型，另一种是采用委托事件模型。

如图 9-20 所示的是委托事件模型。当用户单击 Button 按钮时，Button 产生 ActionEvent 事件，这个事件被发送给监听器。监听器中的方法 actionPerformed(ActionEvent e)接收到 ActionEvent 事件对象 e。程序员可以在 actionPerformed(ActionEvent e)方法体中对事件 e 进行处理。

1．监听器的概念

把接收事件的对象称为监听器。

2．为源对象注册监听器

不是每个对象都能成为监听器。一个对象要成为某个源对象的监听器，必须将其注册到源对象上。可以为同一源对象注册多个监听器，这样每个源对象拥有一个监听器列表。

3．把监听器注册到源对象的方法

如果希望监听器接收某种类型的事件，则就要用相应的方法将监听器注册到源对象上。例如，如果希望监听器处理源对象产生的 ActionEvent 事件，则就应该用 addActionListener()方法将监听器注册到源对象上。一般来说，如果希望监听器处理 Xevent（X 代表某种事件的字符串符号，如事件 **Action**Event 中，**X** 代表 **Action**）事件，就要用 addXListener()方法把监听器注册到源对象上。

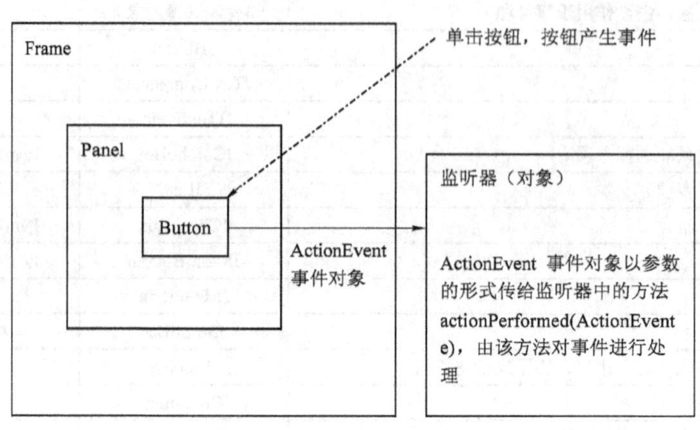

图 9-20　委托事件模型

4．事件与接口

在 Java 语言中，只有系统定义的接口才能接收到相应的事件。Java 为每种事件类型提供了相应的接口类型，即，只有与事件类型对应的接口中的某个方法，才能接收相应的事件。如果希望监听器处理某类事件，则监听器必须实现与事件对应的接口，即监听器类对接口中的相应方法进行重写。这种重写的方法在监听器中被称为**处理器**。

例如，只有 ActionListener 接口才能接收 ActionEvent 事件。如果希望监听器中的处理器能接收到 ActionEvent 事件，则监听器类必须实现接口 ActionListener，即监听器类对接口中的方法进行重写。

当用户以某种方式作用于源对象时，源对象产生某种事件，这种事件只有相应的接口才能接收。如表 9-2 所示列出了事件、接收事件的接口、接口中包含的方法(**具体事件**)。

表 9-2　事件类、接收事件的接口、接口中包含的方法

用户行为	源对象产生的事件	接收事件的接口	接口中包含的方法（该方法中的参数类型与事件类型一致）
激活组件	ActionEvent	ActionListener	actionPerformed(ActionEvent)
选择了某些项目	ItemEvent	ItemListener	itemStateChanged(ItemEvent)
鼠标移动	MouseEvent	MouseMotionListener	mouseDragged(MouseEvent) mouseMoved(MouseEvent)
鼠标单击等		MouseListener	mousePressed(MouseEvent) mouseReleased(MouseEvent) mouseEntered(MouseEvent) mouseExited(MouseEvent) mouseClicked(MouseEvent)
键盘输入	KeyEvent	KeyListener	keyPressed(KeyEvent) keyReleased(KeyEvent) keyTyped(KeyEvent)

（续）

用 户 行 为	源对象 产生的事件	接收事件的接口	接口中包含的方法 （该方法中的参数类型与事件类型一致）
组件获得或失去焦点	FocusEvent	FocusListener	focusGained(FocusEvent) focusLost(FocusEvent)
移动了滚动条等组件	AdjustmentEvent	AdjustmentListener	adjustmentValueChanged(AdjustmentEvent)
组件移动、缩放、显示、隐藏等	ComponentEvent	ComponentListener	componentMoved(ComponentEvent) componentHidden(ComponentEvent) componentResized(ComponentEvent) componentShown(ComponentEvent)
窗口收到窗口级事件	WindowEvent	WindowListener	windowClosing(WindowEvent) windowOpened(WindowEvent) windowIconified(WindowEvent) windowDeiconified(WindowEvent) windowClosed(WindowEvent) windowActivated(WindowEvent) windowDeactivated(WindowEvent)
容器中增加、删除了组件	ContainerEvent	ContainerListener	componentAdded(ContainerEvent) componentRemoved(ContainerEvent)
文本字段或文本区发生改变	TextEvent	TextListener	textValueChanged(TextEvent)

当一个接口包含多个方法时，则，每一个方法将接收和处理一个具体事件。例如，接口 WindowListener 包含 7 个方法，则关闭窗口的方法（windowClosing()）就接收窗口关闭事件（WindowEvent）。

注意：从表 9-2 中可以看出，除了鼠标事件（MouseEvent）对应两个接口外，其他事件都是对应一个接口。如果事件类是 XEvent，则对应的接口是 XListener。

5．处理事件的步骤

在处理事件前要了解的情况有：事件源是谁？希望捕捉哪种事件？哪个接口可以接收这种事件？接口中的哪个方法来处理这个具体事件？选择哪个组件作为监听器？在清楚以上信息后，按以下步骤来编写程序。

1）根据表 9-2，确定监听器类要实现的接口。通过事件类找到对应的接口（事件类、接受事件的接口），如图 9-21 所示。

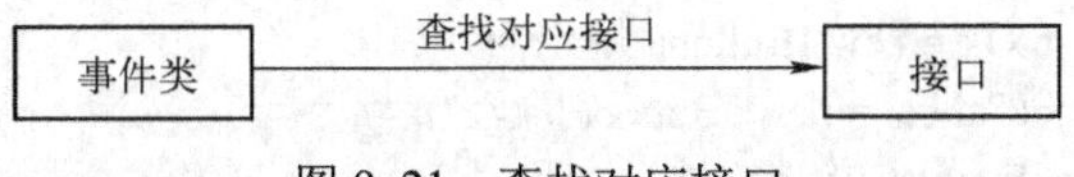

图 9-21　查找对应接口

2）定义监听器类，实现对应接口中的方法，即，在方法体中编写处理事件的代码，如图 9-22 所示。

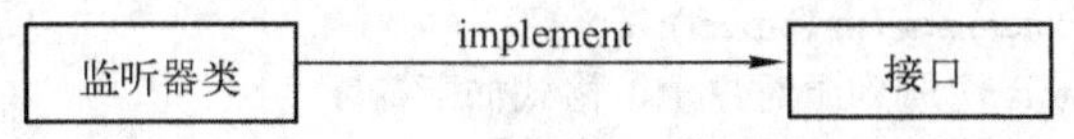

图 9-22　实现接口中的方法

3）通过监听器类创建监听器，并将监听器注册到源对象上。这样，源对象产生的事件就会自动发送到监听器的处理器中，由处理器处理要监听的事件，如图 9-23 所示。

图 9-23　将监听器注册到源对象上

例如，当用户关闭窗口时，窗口（事件源）产生了窗口事件（WindowEvent），该事件对应的接口是 WindowListener。因此定义的监听器类应该实现 WindowListener 接口中的窗口关闭方法 windowClosed(WindowEvent e)（接收窗口关闭事件）。由于具体事件是关闭窗口，因此监听器类应该对接口中的方法 windowClosed(WindowEvent e)进行重写，由该重写的方法来处理窗口关闭事件。

6．事件处理应用

事件包含了事件类型相关的信息，从中可以得到有用的信息。例如，可以用事件（假设 e 是事件对象）中的方法（e.getSource()）获取源对象，判断它是一个按钮还是一个单选按钮、列表框或菜单项。

【例 9-17】 由监听器中的处理器处理行为事件（ActionEvent）。在窗口中包含两个按钮："确定"和"取消"。在控制台上显示用户单击了哪个按钮。

问题分析：

1）谁是事件源？ **回答：**"确定" 按钮和"取消" 按钮。

2）希望捕捉哪种事件？ **回答：**ActionEvent 事件。

3）哪种接口能接收这个事件？**回答：**ActionListener 接口。

4）接口中的哪个方法能接收这个事件？**回答：**actionPerformed(ActionEvent e)方法。

5）定义一个监听器类实现 ActionListener 接口。

6）监听器类实现接口中的哪个具体方法（接口中可能有多个方法）？

回答：实现 actionPerformed(ActionEvent e)方法，处理事件的代码就写在此方法体中。由程序员在处理器中编写处理事件的代码。

程序清单 9-17　TestActionEvent.java

```
import javax.swing.*;   import java.awt.*; import java.awt.event.*;
//我们把 TestActionEvent 类定义为监听器类
public class TestActionEvent extends   JFrame   implements   ActionListener
{   //下面创建 2 个按钮，即，事件源
  private JButton jbtOk = new JButton("确定");
  private JButton jbtCancel = new JButton("取消");
  public TestActionEvent()//构造方法
  {   setTitle("测试 ActionEvent 事件"); //设置窗口标题
      getContentPane().setLayout(new FlowLayout()); //为内容窗格设置 FlowLayout 布局
      getContentPane().add(jbtOk); //将按钮添加到内容窗格中
      getContentPane().add(jbtCancel);
      //将监听器 this 注册到源对象上，格式如下：
      jbtOk.addActionListener(this);          jbtCancel.addActionListener(this);
  }
  public static void main(String[] args) //主方法
  {   TestActionEvent frame = new TestActionEvent();
    //frame.setDefaultCloseOperation(JFrame.EXIT_ON_CLOSE);
    frame.setSize(100, 80);        frame.setVisible(true);
  }
  //单击按钮时将调用该方法，该方法是对接口 ActionListener 中抽象方法的重写
  public void actionPerformed(ActionEvent e) //处理器
```

```
    {  //下面是程序员编写的代码，以处理发送来的事件
      if (e.getSource() == jbtOk)
      {
        System.out.println("The OK button is clicked");
      }
      else if (e.getSource() == jbtCancel)
      {
        System.out.println("The Cancel button is clicked");
      }
    }
  }
```

源对象 jbtOk 和 jbtCancel 产生 ActionEvent 事件。TestActionEvent 类扩展 JFrame 类，并作为监听器类实现 ActionListoner 接口。

```
JbtOk.addActionListener(this);     // 将 this（指 TestActionEvent 对象）注册到 jbtOk 上
JbtCancel.addActionListener(this); // 将 this（指 TestActionEvent 对象）注册到 JbtCancel 上
```

this（指 TestActionEvent 对象）监听 jbtOk 和 JbtCancel 产生的 ActionEvent 事件。单击任何一个按钮时，按钮产生的 ActionEvent 事件被发送到 actionPerformed()方法中，系统自动执行 actionPerformed()方法。调用 e.getSource()方法判断单击的是哪个按钮。

程序运行结果如图 9-24 所示。

图 9-24　程序 TestActionEvent.java

注意：在事件处理中，如果忘记把监听器注册到源对象上，则源对象产生的事件不会发送给监听器，监听器也就不能执行处理器以处理事件。应避免此类错误的发生。

【例 9-18】 处理窗口事件。

下面的例子演示了如何处理窗口事件（窗口能产生 7 个具体事件）。Window 类的任何子类都能发生 7 个具体的窗口事件，具体事件有：打开窗口、正在关闭窗口、关闭窗口、激活窗口、非激活窗口、图标化窗口和还原窗口。在下面的程序中将创建一个窗口，由窗口作为监听器，以监听窗口产生的事件，并把事件信息显示在控制台上，同时，指明当前发生的具体窗口事件。

程序清单 9-18　TestWindowEvent.java

```
import java.awt.*; import java.awt.event.*; import javax.swing.JFrame;
//下面定义监听器类 TestWindowEvent，用来监听窗口发生的事件
public class TestWindowEvent  extends  JFrame  implements WindowListener
{  public static void main(String[] args) //主方法
   { TestWindowEvent frame = new TestWindowEvent();
     frame.setDefaultCloseOperation(JFrame.EXIT_ON_CLOSE);//处理窗口关闭事件
     frame.setTitle("Test Window Event");
```

```
        frame.setSize(100, 80);     frame.setVisible(true);
    }
    public TestWindowEvent()//构造方法
    {
      super();     addWindowListener(this);   //将监听器 this 注册到窗口上
    }
     public void windowDeiconified(WindowEvent event)
     {     System.out.println("Window deiconified");   }
     public void windowIconified(WindowEvent event)
     {     System.out.println("Window iconified");   }
      public void windowActivated(WindowEvent event)
     {     System.out.println("Window activated");   }
     public void windowDeactivated(WindowEvent event)
     {     System.out.println("Window deactivated");   }
      public void windowOpened(WindowEvent event)
     {     System.out.println("Window opened");   }
     public void windowClosing(WindowEvent event)
     {     System.out.println("Window closing");   }
     public void windowClosed(WindowEvent event)
     {     System.out.println("Window closed");   }
}
```

Window 类或其子类都产生 WindowEvent 事件。由于 JFrame 是 Window 类的一个子类，所以它继承了 Window 事件。

TestWindowEvent 扩展了 JFrame 类，并且实现 WindowListener 接口。WindowListener 接口定义的 7 个抽象方法，它们是：windowActivated()、windowClosed()、windowClosing()、windowDeactivated()、windowDeiconified()、windowIconified()、windowOpened()，当窗口激活、关闭、正在关闭、非激活、还原、图标化或打开时可以调用这些方法来处理窗口事件。

当一个窗口事件，如行为事件激活时，监听器中的 windowActivated()方法被调用。如果想处理这个事件，就应该在 windowActivated()方法中加上具体的代码以处理事件。

因为所有这些抽象方法都是在 windowListener 接口中，如果监听器类要实现这个接口，即使程序不关心其他事件，监听器类都必须实现接口中的每个方法。

一个监听器要想接收到某个源对象发出的事件通知，必须将监听器注册到源对象上。在这个例子中，方法 AddWindowListener(this)将 this（TestWindowEvent 类创建的对象）注册到框架上，这样才能接收到源对象产生的事件。TestWindowEvent 既是监听器类，也是源对象。

9.5.3 适配器类

监听器要监听某种事件，必须实现事件对应的接口，即在监听器类中为接口中的每个方法提供方法体，并在方法体中编写处理事件的代码。如果与事件相关的接口包含了两个以上的方法，Java 系统将为每个接口提供一个对应的适配器类。**适配器类对对应接口中的每个抽象方法进行了空实现**。用户可以扩展系统提供的适配器类来定义监听器类。

1．接口与适配器的关系

Java 系统提供的适配器类已实现了对应的接口（处理事件的接口），即，适配器类对接口中所有的方法进行了空实现。例如，Java 系统为 WindowListener 接口提供了一个 WindowAdapter 适配器类。

（1）WindowListener 接口的定义

```
public interface    WindowListener extends EventListener
{   public void windowOpened(WindowEvent e) ;
    public void windowActivated(WindowEvent e);
    pubHc void windowDeactivated(WindowEvent e);
    public void windowClosed(WindowEvent e);
    public void windowClosing(WindowEvent e);
    public void windowIconified(WindowEvent e);
    public void windowDeiconified(WindowEvent e);
}
```

（2）WindowAdapter 适配器类的定义（实现了 WindowListener 接口）

```
public abstract class WindowAdapter implements WindowListener
{   public void windowOpened(WindowEvent e){}
    public void windowActivated(WindowEvent e){}
    public void windowDeactivated(WindowEvent e){}
    public void windowClosed(WindowEvent e){}
    public void windowClosing(WindowEvent e){}
    public void windowIconified(windowEvent e){}
    public void windowDeiconified(windowEvent e){}
}
```

从上面的 WindowAdapter 适配器类的定义可知，适配器类仅仅对对应接口中的每个方法进行了**空实现**，即为接口中的每个抽象方法添加了方法体。**方法体中没有语句。**

2．接口与适配器类

Java 系统为处理事件的接口提供了对应的适配器类，如表 9-3 所示。

表 9-3　接口与对应的适配器类

接 口 名 称	适配器类名称
ComponentListener	ComponentAdapter
ContainerListener	ContainerAdapter
FocusListener	FocusAdapter
KeyListener	KeyAdapter
MouseListener	MouseAdapter
MouseMotionListener	MouseMotionAdapter
WindowListener	WindowAdapter

3．使用适配器类生成监听器

可以将适配器类中的每个方法理解为一个处理具体事件的处理器。如果程序并不要求监听器处理所有的具体事件，则定义监听器类的最好方法是扩展适配器类。这时在监听器类中仅需对要处理的具体事件（方法）进行重写。

【例 9-19】 本程序单击按钮“1”、“2”、“+”时，会将按钮的标签添加到文本行中。单击按钮 C 时，会清空文本行中的内容。

程序清单 9-19　Cal.java

```
import    java.awt.* ;import    java.awt.event.* ;
public class Cal implements ActionListener   //Cal 是接收 ActionEvent 事件的监听器类。
{   Frame        f;
    TextField    tf1;
    Button    b1,b2,b3,b4;
    public void display()
{   f=new Frame("Calculation");
        f.setSize(260,150);        f.setLocation(320,240);
        f.setBackground(Color.lightGray);   f.setLayout(new FlowLayout(FlowLayout.LEFT));
        tf1=new TextField(30);
        tf1.setEditable(false);        f.add(tf1);
        b1=new Button("1");   b2=new Button("2");   b3=new Button("+");     b4=new Button("C");
        f.add(b1);   f.add(b2);   f.add(b3);     f.add(b4);
        //分别为按钮注册监听器(this)
        b1.addActionListener(this);          b2.addActionListener(this);
        b3.addActionListener(this);          b4.addActionListener(this);
        f.addWindowListener( new WinClose());      f.setVisible(true);
    }
  public void actionPerformed(ActionEvent e) //处理 ActionEvent 事件的处理器
{   if(e.getSource()==b4)        tf1.setText(" ") ;
        else    tf1.setText(tf1.getText()+e.getActionCommand());
    }
    public static void main(String arg[])
{        (new Cal()).display()   ;    }
}
//定义一个监听器类，对窗口事件中的一个具体的窗口关闭事件进行处理
class WinClose extends WindowAdapter
{    public void windowClosing(WindowEvent e)
    {        System.exit(0) ;        }
}
```

程序运行结果如图 9-25 所示。

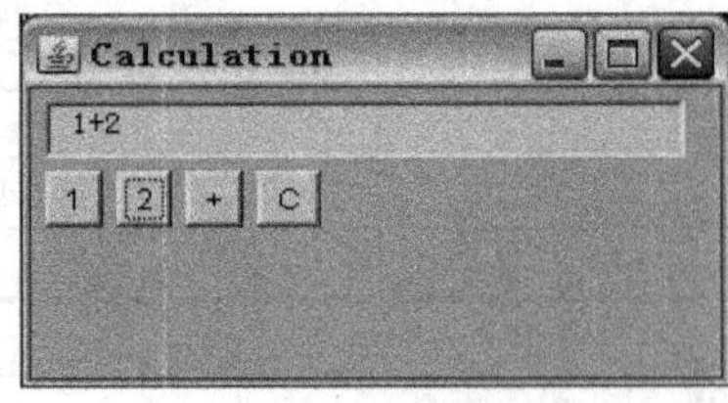

图 9-25　程序 Cal.java

9.6 本章小结

在本章中，学习了使用容器类、UI 组件类和辅助类进行 Java 图形程序设计。如 JFrame、JPanel 和 Japplet 等都是容器类，用来放置其他组件。辅助类 Graphics、Color、Font、FontMetrics、Dimension 和 LayoutManager 等是组件和容器用来绘制图形和对容器中的对象进行布局的，这些类存放在 java.awt 包中。

另外，还学习了覆盖 paintComponent 方法，以及使用 Graphics 类中的方法来显示图像、绘制字符串和简单图形。

Java 图形程序设计是由事件驱动的，事件激发时开始执行代码。事件是由用户行为引发的，用户行为包括移动鼠标、按键或单击按钮等。Java 使用委托模型注册监听器和处理事件。源对象上的外部用户行为引发事件。源对象产生的事件通知给监听器对象，监听器中的处理方法接收事件并进行处理。

9.7 习题

1．编写一个小应用程序，要求有一个面板，该面板是 Panel 类的子类的一个对象，面板中有三个画布组件。

2．JFrame 类对象的默认布局是什么？JPanel 类对象的默认布局是什么？

3．创建 JFrame 窗口对象时，为什么要设置窗口的大小和可见性?

4．编写满足下列要求的程序：

- 创建一个框架并将其内容窗格的布局管理器设置为 FlowLayout。
- 创建两个面板并把它们添加到框架中。
- 每个面板包含 3 个按钮，面板使用 FlowLayout 布局管理器。
- 点击按钮时，在控制台显示信息指明按钮被点击。

5．对上面第 4 题重写，创建与上面程序同样的用户界面。在框架的内容窗格中用 BorderLayout 代替 FlowLayout，将一个面板放在内容窗格的南区，另一个放在北区。

6．对上面第 4 题重写，创建同样的用户界面。扩展 JPanel 类，创建一个面板类，在这个自定义的面板上包含 2 个按钮。用自定义的面板类创建两个面板。

7．哪个类是 Java GUI 组件的根类？哪个类是 Swing GUI 组件的根类？

8．说明 AWT GUI 组件（如 Button）和 Swing GUI 组件（如 Jbutton）之间的区别。

9．说明 J 开头的容器与非 J 开头的容器之间的区别。

10．为什么需要使用布局管理器？框架的默认布局管理器是什么?面板的默认布局管理器是什么？如何向框架中添加组件？

11．如何将一个组件添加到 FlowLayout 容器中？ FlowLayout 容器中可以容纳多少组件？

12．如何创建字体？请编写程序输出系统中所有可用的字体。

13．JPanel 的默认布局管理器是什么？如何将 10 个按钮添加到 JPanel？

14．JLabel 组件是 Container 的子类，可以向 JLabel 中添加组件吗？举例说明。

15．paintComponent 方法在哪里定义？可以调用该方法吗？举例说明。

16．为什么绘制图形时使用面板而不是标签或按钮？

17．编写一程序，绘制字符串、直线、矩形、圆角矩形、3D 矩形、椭圆、弧形、多边形和折线段。

18．如何在 Graphics 对象中获取和设置颜色、字体？举例说明。

19．编写程序实现下面功能：

- 绘制/填充一个半径为 10 的圆。
- 绘制/填充一个宽 50 高 100 的椭圆。
- 绘制一个半径为 50 的上半圆。

20．如何找到字体的行距、ascent、descent 和高？如何找到 Gaphics 对象中字符串准确的长度？举例说明。

21．解释在 JLabel 和 JPanel 上显示图像的不同之处。举例说明。

第 10 章　用户界面组件

在 Java 图形界面设计时，界面上的元素都是组件。常用的轻型组件有 JButton、JLabel、JTextField、JTextArea、JComboBox、JList、JCheckBox、JRadioButton、JMenuBar、JMenu、JMenuItem、JScrollBar、JScrollPane 等。

10.1　组件

Component 类是所有组件（UI 组件和容器）的父类，因此 Component 类的特征被其所有子类继承。所有组件外形都是矩形框。屏幕中有个坐标系，组件以屏幕坐标来确定组件在屏幕上显示的位置。在默认情况下，组件在屏幕上显示的位置是：组件的左上角的坐标值是(0,0)。当组件是容器时，容器也有自己的坐标系。组件在容器中的位置由组件的左上角坐标（x,y）确定，这里的（x,y）是组件的左上角相对于容器坐标系中的值。

10.1.1　组件的属性

组件的重要属性如表 10-1 所示。

表 10-1　组件的属性

属　性	说　明	属　性	说　明
font	组件中显示文字所用的字体	preferredSize	组件在视觉上的理想尺寸
background	组件的背景色	minimumSize	指定组件可用的最小尺度
foreground	组件的前景色	maximumSize	指定组件需要的最大尺
height	组件的当前高度	toolTipText	鼠标指向组件所显示的文字
width	组件的当前宽度	doubleBuffered	绘制组件是否采用双缓冲技术
locale	组件的地区特性	border	指定组件的边框

10.1.2　组件的方法

1. 颜色的设置和获取

- public void setBackground(Color color)：设置组件的背景色。
- public Color getBackground(Color color)：获取组件的背景色。
- public void setForeground(Color color)：设置组件的前景色。
- public Color getForeground(Color color)：获取组件的前景色。

2. 字体的设置和获取

- public void setFont(Font font)：组件调用该方法设置组件上的字体。

● public Font getFont(Font font)：组件调用该方法获取组件上的字体。

在创建字体时，计算机上必须有这个字体名称。创建字体对象时，如果计算机上没有指定字体的名称，系统会自动采用程序运行平台上的默认字体名称。

那么，如何获取计算机上所有可用的字体名称？

首先，通过抽象类 java.awt.GraphicsEnvironment 中的方法获取图形对象。然后通过 GraphicsEnvironment 对象中的 String[]getAvailableFontFamilyNames()方法获取计算机上所有可用的字体名称，并存放到字符串数组中。

获取计算机上所有字体名称的代码如下：

```
GraphicsEnvironment ge=GraphicsEnvironment.getLocalGraphicsEnvironment();//获取计算机的图像对象
String fontName[]=ge.getAvailableFontFamilyNames();//把一系列字体名称保存到数组中
```

【例 10-1】 窗体包含两个按钮和一个标签。两个按钮分别设置标签的颜色和字体。

解题思路：

1）寻找候选对象。已知的对象有：窗体、两个按钮、一个标签。

2）组织界面。创建两个面板 p1、p2。将两个按钮加入 p1，将标签加入 p2。然后，将 p1 和 p2 加入窗体。

3）为两个按钮注册监听器。当按钮“1”和按钮“2”被按下时，在监听器的处理器中设置标签 lab 的颜色和字体。

程序清单 10-1　ChangeFont .java

```
import java.awt.*;    import javax.swing.*;    import java.awt.event.* ;
public class ChangeFont extends JFrame
{  private JButton but1 = new JButton ("设置红色");
   private JButton but2 = new JButton ("设置蓝色");
   private JLabel lab = new JLabel("点击按钮，改变我的字体和颜色");
    //实例化两种字体格式
   private Font font1 = new Font ("Serief", Font.ITALIC,50);
   private Font font2 = new Font ("宋体", Font.BOLD,20);
   public ChangeFont()                                    // 构造方法
   {    Container container = getContentPane();           // 获取框架的内容窗格
        container.setLayout(new BorderLayout());          // 为内容窗格设置布局管理器
      // 创建面板 p1，并为面板设置网格布局管理器(1 行，2 列)
      JPanel p1 = new JPanel();     p1.setLayout(new GridLayout(1, 2));
      p1.add (but1);   p1.add (but2);                     //两个按钮加入面板 p1
      JPanel p2 = new JPanel();          p2.add(lab);     //将标签加入 p2
      //将 p1 和 p2 加入内容窗格
      container.add(p2, BorderLayout.SOUTH); container.add(p1,BorderLayout.NORTH);

      but1.addActionListener (new ActionListener ()       //监听 but1
          {      public void actionPerformed (ActionEvent e)
                 {
                    if (e.getSource ()==but1)    {lab.setFont (font1); lab.setForeground(Color.red);}
```

```
            }
         });
         but2.addActionListener (new ActionListener ()                    //监听 but2
            {    public void actionPerformed (ActionEvent e)
               {  if (e.getSource ()==but2) { lab.setFont (font2); lab.setForeground(Color.blue);}
               }
            });

      }
      public static void main(String[] args)
      {   ChangeFont frame = new ChangeFont();
          frame.setTitle(" Change the Font ");
          frame.setDefaultCloseOperation(JFrame.EXIT_ON_CLOSE);  //设置关闭方式
          frame.setSize(400, 300);     frame.setVisible(true);              //设置窗体可见
          frame.setLocation(300,300);                                        //设置显示位置
      }
   }
```

程序运行结果如图 10-1 所示。

图 10-1　ChangeFont .java

注意：字体名称只对轻型组件有效，对重型组件，系统将取默认的字体名称。

3．组件的大小和位置

- public void setSize(int width,int height)：组件调用该方法设置组件的大小。其中，参数 width 指定组件的宽度，height 指定组件的高度。
- public void setLocation(int x,int y)：组件调用该方法设置组件在容器中的位置。参数 x、y 指定组件的左上角在容器坐标系中的位置，即组件距容器的左边界 x 像素，距容器的上边界 y 像素。
- public Dimension getSize()：组件调用该方法返回一个 Dimension 对象的引用。该对象中包含 width 和 height 的成员变量。Dimension 对象的成员 width 值就是当前组件的宽度，成员 height 的值就是当前组件的高度。
- public Point getLocation(int x,int y)：组件调用该方法返回一个 Point 对象的引用。Point 对象包含成员变量 x 和 y。x、y 值就是组件的左上角在容器坐标系中的坐标。
- public void setBounds(int x,int y,int width,int height)：组件调用该方法设置组件在容器中的位置和组件的大小。该方法相当于 setSize 方法和 setLocation 方法的组合。
- public Rectangle getBounds()：组件调用该方法返回一个 Rectangle 对象的引用。Rectangle 对象包含成员变量 x、y、width 和 height。其中 x、y 的值就是组件左上角的坐标，width 和 height 的值就是组件的宽度和高度。

4．Rectangle 类的方法

- Rectangle(int x,int y,int width,int height)：创建一个左上角坐标是(x,y)、宽是 width、高是 height 的矩形。
- public boolean intersects(Rectangle rect)：若当前矩形与矩形 rect 相交，返回 true。

- public boolean contains(int x,int y)：若点(x,y)是在当前矩形内，返回 true。
- public boolean contains(int x,int y,int width,int height)：判断当前矩形是否包含参数所指定的矩形。
- public boolean contains(Rectangle rect)：若当前矩形包含矩形 rect，则返回 true。
- public Rectangle intersection(Rctangle rect)：返回当前矩形与矩形 rect 相交部分所构成的矩形。如果当前矩形与 rect 不相交，则返回 null。
- public Rectangle union(Rectangle rect)：得到同时包含当前矩形和矩形 rect 的最小矩形。

5．组件的激活性

- public void setEnabled(boolean bol)：当参数 bol 取值 true 时，可以激活组件，否则组件不可激活。默认情况下可以激活组件。
- public boolean isEnabled()：用于判断组件是否可激活。当组件是可激活时，该方法返回 true。

6．组件的可见性

- public void setVisible(boolean bool)：设置组件的可见性。bool 取值 true 时，组件可见，否则组件不可见。在默认情况下，Window 组件及其子组件是不可见的，其他类型的组件默认都是可见的。
- public boolean isVisible()：当组件可见时，该方法返回 true。

7．组件的光标设置

- public Cursor(Cursor cur)：该构造方法创建组件的光标对象。
- public void setCursor(Cursor cur)：为组件设置光标对象，即，当鼠标指向组件时光标显示所用到的对象。

Cousor 类中的类常量有：HAND_CURSOR、CROSSHAIR_CURSOR、TEXT_CURSOR、WAIT_CURSOR、SW_RESIZE_CURSOR、SE_RESIZE_CURSOR、NW_RESIZE_CURSOR、NE_RESIZE_CURSOR、N_RESIZE_CURSOR、S_RESIZE_CURSOR、W_RESIZE_CURSOR、E_RESIZE_CURSOR、MOVE_CURSOR 和 CUSTOM_CURSOR。可以使用常量构造光标对象。给组件设置光标对象常采用以下两种方法：

（1）创建光标对象

例如，创建一个手形的光标对象：

```
Cursor c=new Cursor(Cursor.HAND_CURSOR);
```

（2）用 Cursor 类方法获得一个光标对象

例如，获取一个手形的光标对象的格式如下：

```
Cursor c=Cursor.getPredefinedCursor(Cursor.HAND_CURSOR);
```

8．组件上绘制图形

Component 类提供了 paint()、update()和 repaint()三个方法在组件视区中绘制、清除和重新绘制图形。

（1）paint(Graphics g)方法

在 Java 程序中，每当 Java 虚拟机创建一个组件时，就会相应地为每个组件构造一个

Graphics 对象，并且，在组件创建成功后，虚拟机自动调用组件中的 paint(Graphics g)方法。因此，如果希望重新绘制组件，只需要将绘制图形的代码放在 paint(Graphics g)方法体中即可。当创建组件、改变组件的大小或者修改了组件所在的容器后，虚拟机就会自动调用 paint(Graphics g)方法。

（2）update(Graphics g)方法

该方法执行时，虚拟机首先清除组件视区上以前所绘制的内容，接着，虚拟机调用组件中的 paint(Graphics g)方法。程序员可以在子类中重写 update(Graphics g)方法，根据需要来清除组件上某个部分或保留某个部分。

（3）repaint()方法

调用 repaint()方法时，虚拟机首先自动调用 update(Graphics g)方法，然后调用 paint(Graphics g)方法。

【例 10-2】 创建一个 Applet 容器，在容器中加入画布、面板和按钮。当单击按钮 Button1 时，能清除画布第一部分的内容；当单击按钮 Button2 时，能清除画布第一、二部分的内容；当单击按钮 Button3 时，能清除画布三个部分的内容。

【解题思路】

1）寻找候选对象。已知的对象有：Applet 容器、画布、面板和三个按钮。

2）定义一个子类扩展画布类 Canvas。该子类对象绘制三部分内容。

3）组织界面。创建面板 jp，将三个按钮加入 jp。将画布和面板 jp 加入 Applet 容器。

4）为三个按钮注册监听器。三个按钮共用一个监听器。

处理器中，当用户点击不同的按钮时，给标志位设置不同的值。随后调用 repaint()方法，此时系统自动调用 update()方法。该方法依据标志位的值清除相应内容。

程序清单 10-2　Clear.java

```
import java.awt.*;import javax.swing.*;
import java.awt.event.*;import java.applet.*;
class MyCanvas extends Canvas    //定义一个画布，该画布创建后绘制了三个部分的内容。
{   int n=-1;                    //标志位
    MyCanvas()
    { setSize(200,210); }
    public void paint(Graphics g)
    {   g.setColor(Color.red);   g.drawString("我是第一部分",10,35);
        g.drawLine(10,49,getSize().width,49);
        g.setColor(Color.blue);   g.drawString("我是第二部分",10,80);
        g.drawLine(10,99,getSize().width,99);
        g.setColor(Color.black); g.drawString("我是第三部分",10,125);
    }
    public void setN(int n)
    {   this.n=n;  }
    public void update(Graphics g)
    {   int width=0, height=0;
        width=getSize().width;
        height=getSize().height;
```

```
        if(n==0)        g.clearRect(0,0,width,49);          //标志位等于 0 时，清除第一部分
        if(n==1)        g.clearRect(0,0,width,99);          //标志位等于 1 时，清除第一和第二部分
        if(n==2)        g.clearRect(0,0,width,height);      //标志位等于 2 时，清除三个部分
    }
}
public class Clear extends Applet implements ActionListener
{    Button bt1,bt2,bt3;
     MyCanvas canvas;
     public void init()
     {  setSize(300,300);    setLayout(new BorderLayout());
        canvas=new MyCanvas();
        //三个按钮加入面板 jp 中
        JPanel jp=new JPanel();jp.setSize(300,10);
        bt1=new Button("Button1");    bt2=new Button("Button2");    bt3=new Button("Button3");
        jp.add(bt1);    jp.add(bt2);jp.add(bt3);
        add(canvas,BorderLayout.CENTER); add(jp,BorderLayout.SOUTH);
        //为三个按钮注册监听器
        bt1.addActionListener(this);    bt2.addActionListener(this);    bt3.addActionListener(this);
     }
     public void actionPerformed(ActionEvent e)
     {  if(e.getSource()==bt1){canvas.setN(0);canvas.repaint();}
        if(e.getSource()==bt2){canvas.setN(1);canvas.repaint();}
        if(e.getSource()==bt3){canvas.setN(2);canvas.repaint();}
     }
}
```

程序运行结果如图 10-2 所示。

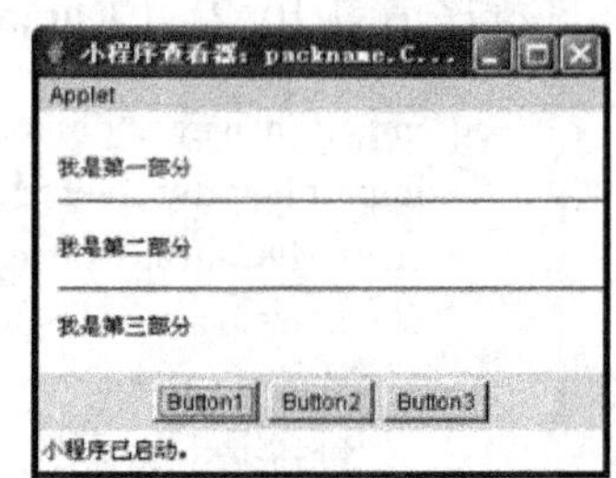

图 10-2　Clear.java

10.2　按钮

javax.swing 包中的 JButton 类创建的对象就是一个按钮。当单击按钮时，按钮产生行为（ActionEvent）事件。由于 JButton 是 JComponent 的子类，因此 JComponent 的所有属性和部分方法被 JButton 继承。此外，JButton 还有下列属性：

- Text：按钮上的文字。
- Icon：按钮上的图标。
- Mnemonic：指定热键。同时按下〈Alt〉键和指定热键时相当于单击该按钮。
- HorizontalAlignment：指定按钮上的标签的水平对齐方式。此属性有三个值，即 SwingConstants.LEFT、SwingConstants.CENTER、SwingConstants.RIGHT。默认值为 SwingConstants.CENTER。
- VerticalAlignment：指定按钮标签的垂直对齐方式。此属性有三个值，即 SwingConstants.TOP、SwingConstants.CENTER 和 SwingConstants.BOTTOM，默认值为 SwingConstants.CENTER。

- HorizontalTextPosition：指定文本相对于图标的水平位置。此属性有三个值，即 SwingConstants.LEFT、SwingConstants.CENTER 和 SwingConstants.RIGHT，默认值为 SwingConstants.RIGHT。
- VerticalTextPosition：指定文字相对图标的垂直位置，此属性有三个值，即 SwingConstants.TOP、SwingConstants.CENTER 和 SwingConstants.BOTTOM，默认值为 SwingConstants.CENTER。

10.2.1 构造方法

- public JButton(String text)：创建一个名称是 text 的按钮。
- public JButton(Icon icon)：创建一个图标是 icon 的按钮。
- public JButton(String text,Icon icon)：创建一个名称是 text 和图标是 icon 的按钮。

10.2.2 实用方法

- public void setText(String str)：按钮调用该方法可以设置按钮上的名称为 str。
- public String getText()：该方法获取按钮上的名称。
- public void addActionListener(ActionListener)：该方法向按钮增加行为监听器。
- public void removeActionListener(ActionListener)：该方法删除按钮上的行为监听器。
- public setActionCommand(String command)：按钮产生 ActionEvent 事件时，按钮调用该方法把按钮上的名称设置为 command。

10.2.3 事件

按钮可以产生多种事件，我们常常捕捉的是 ActionEvent 事件。为了让监听器能接收到 ActionEvent 事件，在定义监听器类时，必须实现接口 ActionListener，即监听器类对接口中的方法 actionPerformed(ActionEvent e)进行重写，并在重写的方法中处理 ActionEvent 事件。

【例 10-3】 通过按钮控制窗体的不同背景色。

程序清单 10-3 DemoButton.java

```
import java.awt.*;import java.awt.event.*;
public class DemoButton
{    public static void main(String args[])
    {  Frame f=new Frame("演示");
       Button button1=new Button("红");                     //创建按钮对象
       Button button2=new Button("蓝");                     //创建按钮对象
       Button b3=new Button("绿");                          //创建按钮对象
       f.setLayout(new FlowLayout());                       //修改窗口的布局管理器
      f.add(button1);    f.add(button2);    f.add(b3);      // 把按钮添加到窗口 f 中
       //下面为按钮注册监听器，监听器是 ButtonCtl 类创建的对象
       button1.addActionListener(new ButtonCtl(f)); button2.addActionListener(new ButtonCtl(f));
       b3.addActionListener(new ButtonCtl(f));
       f.setBounds(0,0,260,120);   f.setVisible(true);
    }
```

```
    }
    //定义监听器类 Buttonctl,该监听器设置组件 component 的背景颜色。
    class   ButtonCtl   implements   ActionListener
    {  Component component;                          //声明引用组件的变量
       ButtonCtl(Component component)               //实现 component 对象的初始化
       {        this.component=component;     }
       public void actionPerformed(ActionEvent e)
       {        //单击不同的按钮对组件设置不同的背景色
            if (e.getActionCommand()=="红")      component.setBackground(Color.red);
            if(e.getActionCommand()=="蓝")     component.setBackground(Color.blue);
            if(e.getActionCommand()=="绿")   component.setBackground(Color.green);
       }
    }
```

程序运行结果如图 10-3 所示。

图 10-3　DemoButton.java

10.3　标签

标签能显示一小段文字、一幅图片或二者皆有的区域，常用于为其他组件（通常为文本区域）添加说明。用 JLabel 类创建一个标签对象。

1. 构造方法

- public JLabel()：创建一个没有名称的标签。
- public JLabel(String text)：创建一个名称是 text 的标签。名称靠左对齐。
- public JLabel(Icon icon)：创建一个图标为 icon 的标签。
- public JLabel(Icon icon,int horizontalAlignment)：创建一个指定图标为 icon、水平对齐方式为 horizontalAlignment 的标签。其中，horizontalAlignment 的取值为 SwingConstants.LEFT、SwingConstants.CENTER 和 SwingConstants.RIGHT 之一。
- public JLabel(String text, int horizontalAlignment)：创建一个名称为 text、水平对齐方式为 horizontalAlignment 的标签。其中水平对齐方式的取值为 SwingConstants.LEFT、SwingConstants.CENTER 和 SwingConstants.RIGHT 之一。
- public JLabel(String text, Icon icon, int horizontalAlignment)：创建一个名称是 text、图标是 icon、水平对齐方式是 horizontalAlignment 的标签。

例如，创建一个名称是“我是文本标签”的语句如下：

```
JLabel myLabel=new JLabel("我是文本标签");
```

再比如，使用“images/map.gif”文件中的图像作为图标，创建一个标签的格式如下：

```
JLabel mapLabel=new JLabel(new ImageIcon("images/map.gif"));//创建图像标签
```

JLabel 继承了类 JComponent 的所有属性，并具有 JButton 类的许多属性，如 text、icon、horizontalAlignment 和 verticalAlignment 等属性。

2. 实用方法

- public void setText(String name)：标签调用该方法把标签上的名称设置为 name。
- public String getText()：标签调用该方法可以获取标签上的名称。
- public void setAlignment(int alignment)：标签调用该方法可以设置标签上名称的对齐方式。alignment 取值可以是 Label.LEFT、Label.RIGHT、Label.CENTER 之一。
- public int getAlignment()：标签调用该方法可以获取标签上名称的对齐方式。返回的值是 Label.LEFT、Label.RIGHT、Label.CENTER 之一。

【例 10-4】 使用 Jlabel 对象显示图片。假设采用 MyEclipse6 工具执行本程序，工程名为 pro，则，在\pro\bin 目录下建立一个子目录 image，在该目录下保存 7 个图像文件。图像 1.gif、2.gif、3.gif、4.gif 用做被浏览的图像。图像 5.gif、6.gif、7.gif 作为按钮上的图标。按钮 jbtPrior 显示上一张图片，按钮 jbtNext 显示下一张图片，按钮 jbtText 显示文本。

程序清单 10-4 DemoLabel.java

```
import java.awt.BorderLayout;   import java.awt.event.ActionEvent;
import java.awt.event.ActionListener;   import javax.swing.*;
public class DemoLabel extends JFrame implements ActionListener
{   private ImageIcon[] imageIcon = new ImageIcon[4]; //声明一个变量 ImageIcon 来引用图像数组
    private int currentIndex = 0;                        //第一个图像的索引号设为 0
    final int TOTAL_NUMBER_OF_IMAGES = 4;
    private JLabel jlblImageViewer = new JLabel();       //用来显示图像的标签
    //下面语句创建文本标签
    private JLabel jlblText = new JLabel("现在显示文本标签",SwingConstants.CENTER);
    private JButton jbtPrior, jbtNext,jbtText;           //声明 3 个按钮型变量，以浏览图像
    public DemoLabel()                                   //构造方法
    {   setTitle("Label Demo");
        //下面语句把图像载入数组中
        for (int i=1; i<=4; i++)
         { imageIcon[i-1] = new ImageIcon(this.getClass().getResource("/image/" + i + ".gif")); }
        jlblImageViewer.setIcon(imageIcon[currentIndex]); //把数组中的第一个图像设置为标签的图像
        //下面设置图像的对齐方式为中央对齐
        jlblImageViewer.setHorizontalAlignment(SwingConstants.CENTER);
        //jlblImageViewer.setVerticalAlignment(SwingConstants.CENTER);
        //下面的面板 jpButtons 中包含两个用来浏览图像的按钮和一个显示文本的按钮
        JPanel jpButtons = new JPanel();
        jpButtons.add(jbtPrior = new JButton());//显示上一张的按钮加入面板 jpButtons
        jbtPrior.setIcon(new ImageIcon( this.getClass().getResource("/image/5.gif")));

        jpButtons.add(jbtNext = new JButton());//显示下一张的按钮加入面板 jpButtons
        jbtNext.setIcon(new ImageIcon( this.getClass().getResource("/image/6.gif")));
        jpButtons.add(jbtText= new JButton());//显示文本的按钮加入面板 jpButtons
        jbtText.setIcon(new ImageIcon( this.getClass().getResource("/image/7.gif")));
        //下面把面板 jpButtons 和用来显示图像的标签 jlblImageViewer 添加到窗口中
        getContentPane().add(jlblImageViewer, BorderLayout.CENTER);
        getContentPane().add(jpButtons, BorderLayout.SOUTH);
```

```
        //下面注册监听器
        jbtPrior.addActionListener(this); jbtNext.addActionListener(this);
        jbtText.addActionListener(this);
    }
    public void actionPerformed(ActionEvent e)         //处理三个按钮产生的事件
    {   if (e.getSource()== jbtPrior)
          {   //确保非负索引
             if (currentIndex == 0) currentIndex = TOTAL_NUMBER_OF_IMAGES;
             currentIndex = (currentIndex - 1)%TOTAL_NUMBER_OF_IMAGES;
             jlblImageViewer.setIcon(imageIcon[currentIndex]);
          }
       else if (e.getSource()== jbtNext)
          {  currentIndex = (currentIndex + 1)%TOTAL_NUMBER_OF_IMAGES;
             jlblImageViewer.setIcon(imageIcon[currentIndex]);
          }
       else if (e.getSource()==jbtText)
          {  getContentPane().add(jlblText,BorderLayout.CENTER);    //把文本标签添加到窗口中
             jlblImageViewer.setVisible(false);           //把图片标签设置为不可显示
          }
    }
    public static void main(String[] args)                //主方法
    {    DemoLabel frame = new DemoLabel();
         frame.setDefaultCloseOperation(JFrame.EXIT_ON_CLOSE);
         frame.setSize(500, 500);       frame.setVisible(true);
    }
}
```

利用一个 for 循环将这些图片装入 imageIcon 数组中。当把文本标签加入窗口时，图片标签设置为不可见。程序运行结果如图 10-4 所示。

图 10-4　DemoLabel.java

10.4　文本框

文本框是指用户可以输入一行字符的区域。文本框允许用户在框中输入各种数据，如姓名和描述性文字。我们用 JTextField 类创建一个文本框。

文本框除了有 text、horizontalAlignment 属性外，还有以下属性：

- Editable：布尔型属性，表明用户能否修改文本框。

● Columns：文本框的宽度。

10.4.1 构造方法

● public JTextField()：构造一个空文本框。
● public JTextField(int columns)：创建一个指定列数为 columns 的空文本框。
● public JTextField(String text)：用文字为 text 创建一个文本框。
● public JTextField(String text, int columns)：用文字是 text，列数是 columns 创建一个文本框。

10.4.2 事件

JTextField 能产生 ActionEvent、TextEvent 等其他事件。在文本域中按〈Enter〉键引发 ActionEvent 事件。改变文本域内容引发 TextEvent 事件。

【例 10-5】 分别在第一、第二两个文本框中输入字符串，单击“连接”按钮后，在第三个文本框中显示两个文本框中的字符串连接后构成的字符串。

程序清单 10-5　DemoTextField.java

```
import java.awt.*;import java.awt.event.*;import javax.swing.*;
public class  DemoTextField  extends  JFrame implements  ActionListener
{ private JTextField jtfStr1, jtfStr2, jtfResult;  //声明 3 个文本框型的变量
  private JButton jbtAdd; //声明按钮型变量
  public static void main(String[] args)  //主方法
  {  DemoTextField   frame = new DemoTextField ();
    frame.pack();
    frame.setDefaultCloseOperation(JFrame.EXIT_ON_CLOSE);  frame.setVisible(true);
  }
  public DemoTextField ()//构造方法
  {  setTitle("TextFieldDemo");  setBackground(Color.yellow); setForeground(Color.black);
    //创建一个面板 p1，用来容纳 3 标签和 3 个文本框
    JPanel p1 = new JPanel();    p1.setLayout(new FlowLayout());
    p1.add(new Label("String 1"));     p1.add(jtfStr1 = new JTextField(10));
    p1.add(new Label("String 2"));     p1.add(jtfStr2 = new JTextField(10));
    p1.add(new Label("Result"));     p1.add(jtfResult = new JTextField(20));
    jtfResult.setEditable(false);   //设置 jtfResult 为不可编辑状态
    //下面创建面板 p2，将“连接”按钮加入该面板
    JPanel p2 = new JPanel();
    p2.setLayout(new FlowLayout());     p2.add(jbtAdd = new JButton("连接"));
    //设置内容窗格的布局管理器为 BorderLayout，并把面板 p1 和 p2 加入内容窗格
    getContentPane().setLayout(new BorderLayout());
    getContentPane().add(p1, BorderLayout.CENTER);
    getContentPane().add(p2, BorderLayout.SOUTH);
    jbtAdd.addActionListener(this); //给按钮注册监听器
  }
   public void actionPerformed(ActionEvent e) //处理事件的处理器
  { if (e.getSource()= = jbtAdd)
```

```
        {   String string1 = jtfStr1.getText().trim();        //删除文本框 jtfStr1 中字符串的前后空格
            String string2 = jtfStr2.getText().trim();        //删除文本框 jtfStr2 中字符串的前后空格
            String result =string1+string2;
            jtfResult.setText(result);
        }
    }
}
```

本程序使用面板 p1 和面板 p2 放置组件。面板 p1 用来存放标签和文本框，面板 p2 存放“连接”按钮。pack()方法根据框架中组件的尺寸自动设置窗口的大小。

程序运行结果如图 10-5 所示。

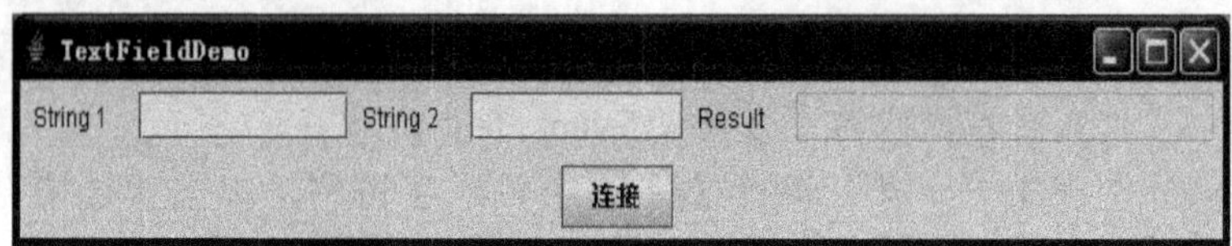

图 10-5　DemoTextField.java

10.5　文本区

如果想让用户在框中输入多行文字，除了通过创建多个 JTextField 实例来实现之外，使用 JTextArea 是一种更好的方案，它允许用户在框中输入多行文字。

除了属性 text、editable 和 columns 之外，JTextArea 还具有以下属性：

- lineWrap：布尔型属性，指出文本区中文本是否自动换行。
- wrapStyleWord：布尔型属性，指出按单词或按字母换行。默认值为 false，表示按字母换行。
- rows：文本区的行数。包含空行数。
- lineCount：文本的行数。不包含空行数。
- tabSize：按下〈Tab〉键可以插入的字符数。

10.5.1　构造方法

- public JTextArea()：默认构造方法，用于创建一个空的文本区。
- public JTextArea(int rows, int columns)：创建一个指定行数和列数的文本区。
- public JTextArea(String text, int rows, int columns)：创建一个指定文本、行数和列数的文本区。

10.5.2　实用方法

以下方法用于插入、追加和替换文本：

- public void insert(String s, int pos)：将字符串 s 插入到文本区的指定位置 pos。
- public void append(String s)：将字符串 s 添加到文本的末尾。

- public void replaceRange(String s, int start, int end)：用字符串 s 替换文本中从位置 start 到 end 的字符串。

用类 JTextArea 创建的文本区不能处理文字滚动，但是可以用 JTextArea 对象为参数，创建一个 JScrollPane 对象，让 JScrollPane 对象来处理文本区的滚动问题。例如：

```
//创建一个包含文本区的滚动窗格(JscrollPane：滚动窗格类)
JScrollPane scrollPane = new JScrollPane(jta = new JTextArea());//以文本区为参数创建滚动窗格
getContentPane().add(scrollPane, BorderLayout.CENTER);//把滚动窗格添加到内容窗格
```

10.5.3 事件

文本区可以发生 TextEvent 事件。当文本区中的内容发生变化时，例如输入字符、删除字符时，都会导致文本区中的内容发生变化，这时，文本区将产生一个 TextEvent 事件。

【例 10-6】 在窗体中实现同步显示文本区中的内容。

程序清单 10-6　TestJTArea.java

```
import java.awt.*;import java.awt.event.*;
public class TestJTArea extends Frame    implements TextListener, ActionListener
{ TextArea text1,text3;                    //声明三个文本区对象
   Button bclear;
   public TestJTArea()                     //构造方法
   {   setTitle("文本区测试");        setLayout(new GridLayout(3,1));
     setBounds(200, 200, 300, 100);        setResizable(false);
       //创建文本区和按钮
     text1 = new TextArea(10, 15); text3 = new TextArea(10,15);    bclear = new Button("清除数据");
     text3.setEditable(false); //不允许编辑文本区
     text1.addTextListener(this);     bclear.addActionListener(this); //注册监听器
     addWindowListener(new WindowAdapter()
        {     public void windowClosing(WindowEvent e)
              {        System.exit(0);   }
        });
     add(text1);         add(text3);          add(bclear);
     setVisible(true);     validate();
   }
   public void textValueChanged(TextEvent e)          //处理文本区的文本事件，实现同步显示
   { String s = text1.getText();
     text3.replaceRange(s,0,s.length());
     }
   public void actionPerformed(ActionEvent e)          //处理按钮事件，清除数据
{      if(e.getSource()==bclear) { text1.setText(null);      text3.setText(null);}
   }
   public static void main(String args[])
   {     new TestJTArea(); }
}
```

程序运行结果如图 10-6 所示。

图 10-6　TestJTArea.java

10.6　组合框

组合框也称为下拉列表框，是对一组选项的简单列表，用户能够在列表中进行选择，每次只能选择一个选项。使用它可以限制用户的选择范围并能避免对输入数据有效性的繁重验证。用 JComboBox 类创建组合框。组合框的常用属性有：

- selectedIndex：表示组合框中选定项的序号（数据类型是 int）。
- selectedItem：表示已经选定的项（数据类型是 Object）。

10.6.1　构造方法

- public JComboBox()：构造空的组合框。
- public JComboBox(Object[] stringItems)：其中 stringItems 是一个字符串数组，每个字符串数组元素作为组合框的一条选项。

10.6.2　实用方法

下面的方法对组合框中的选项进行操作。

- public void addItem(Object item)：在组合框中添加一个选项，它可以是任何对象。
- public Object getItem(int index)：获取组合框中指定序号的选项。
- public void removeItem(Object anObject)：删除组合框中指定的选项。
- public void removeAllItems()：删除列表中所有选项。

下面举例说明如何创建组合框及向组合框中添加选项。例如：

```
JComboBox   jcb = new JComboBox(); //创建一个组合框 jcb
jcb.addItem("Item 1");   //向组合框 jcb 中添加选项"Item 1"
jcb.addItem("Item 2");   //向组合框 jcb 中添加选项"Item 2"
jcb.addItem("Item 3");   //向组合框 jcb 中添加选项"Item 3"
```

可以使用 getSelectedItem()返回组合框的当前选项，也可以使用 e.getItem()方法从事件处理器 itemStateChanged(ItemEvent e)中获得当前选项。

10.6.3　事件

JComboBox 可以引发 ActionEvent、ItemEvent 事件（选项事件）等其他事件。

当用户在组合框中选中某项时，JComboBox 会产生两次 ItemEvent 事件，一次是取消前一个选项，另一次是选择当前选项。产生两次 ItemEvent 事件后，JComboBox 接着产生一个 ActionEvent 事件。

要响应 ItemEvent 事件，需要实现方法 itemStateChanged(ItemEvent e)来处理选择。

【例 10-7】 在组合框中选择某项时，则将其项目加入文本区中。

程序清单 10-7　TestJCBox.java

```
import java.awt.*;import javax.swing.*;import java.awt.event.*;
class TestJCBox extends JFrame implements ActionListener
{
    JComboBox choice;
    TextArea area1;
    Panel panel;
    Container   frame;
    TestJCBox()
    {   super("JComboBox 示例");
        String[] fruit={"苹果","香蕉","桔子","梨","芒果"};          //数组对象并初始化
        choice = new JComboBox(fruit);                              //创建一个组合框
        choice.addItem("其他");                                     //为 choice 添加项目
        choice.setBorder(BorderFactory.createTitledBorder("您最喜欢的水果:")); //为组件添加一个框
        area1 = new TextArea();
        choice.addActionListener(this);                             //添加监听器
        addWindowListener(new WindowAdapter()
        {   public void windowClosing(WindowEvent e)
         {   System.exit(0);   }
        });
         frame=this.getContentPane();
         panel = new Panel(new GridLayout(1,2));
         panel.add(choice);       panel.add(area1);
        frame.add(panel,BorderLayout.NORTH);
        this.setSize(300,300);          setVisible(true);     validate();
    }
    public void actionPerformed(ActionEvent e)                      //处理选择框的 ActionEvent 事件
    {   int index = choice.getSelectedIndex();                      //获取选中的 index
        String name = (String)choice.getSelectedItem();             //获取选中的项目
        area1.append("\n" + index + ":" + name);
    }
    public static void main(String args[])
    {      new TestJCBox();   }
}
```

程序运行结果如图 10-7 所示。

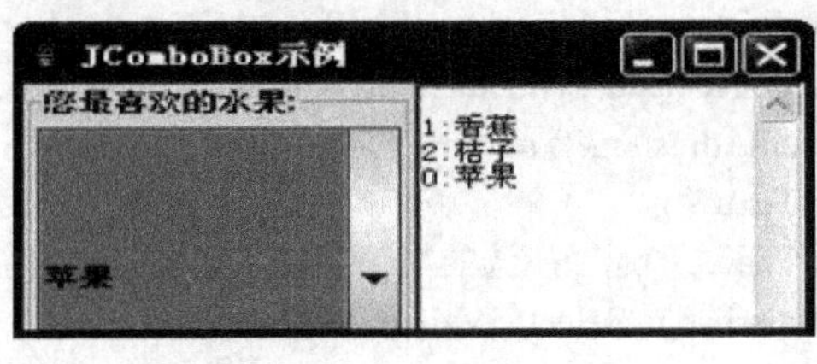

图 10-7　TestJCBox.java

10.7　列表框

列表框（JList）的作用与组合框基本相同，但它允许用户同时选择多项。JList 的内容

非常丰富，在此仅讲解如何从列表框中选择多个选项。

（1）列表框的常用属性

- SelectedIndex：表示列表框中已经选定项的序号（数据类型是 int）。
- SelectedIndices：整形数组。数组中的每个元素表示列表框中已被选定项的序号（数组元素的数据类型是 int）。
- SelectedValue：列表框中第一个被选定项的序号（数据类型是 int）。
- SelectedValues：整形数组。数组中的每个元素表示列表框中的每个选项。
- SelectedMode：取值为 SINGLE_SELECTION、SINGLE_INTERVAL_SELECTION 和 MULTIPLE_INTERVAL_SELECTION 之一，指明选定了单项、单区间项还是多区间项。单项只允许选择一项；单区间项允许选择多项，但是选定的项之间必须是连续的；多区间项允许选择多组，每组的选项是连续的，组间可以不连续，此属性的默认值是 MULTIPLE_INTERVAL_SELECTION。
- VisibleRowCount：表示列表框中不用滚动条所能显示的行数。默认值是 8。

提示：列表框不会自动滚动。给列表框添加滚动条的方法与文本区相同，只需创建一个滚动窗格并将列表框加入其中即可。

（2）构造方法

public JList(Object[] stringItems)：用字符串数组构造一个列表框，其中 stringItem 是一个 String 数组，每个数组元素作为列表框的一项。

（3）事件

JList 对象产生 java.swing.event.ListSelectionEvent 事件。监听器必须实现接口中的 valueChanged (ListSelectionEvent e)方法以处理事件。

【例 10-8】 本例是用户从列表框中选择选项，然后在文本区中显示。

程序清单 10-8　TestJList.java

```
import javax.swing.*;import java.awt.*;import javax.swing.event.*;
public class TestJList extends   JFrame
{   private String[] cities={"北京","上海","南京","深圳","济南","沈阳","常州"};
    private JList list=new JList(cities);                    //以数组对象创建 list 对象
    private JTextArea textArea =new JTextArea(5,20);
    //ListSelectionListener 列表选择值发生更改时收到通知的监听器
    private ListSelectionListener listener=new ListSelectionListener()
      {   public void valueChanged(ListSelectionEvent e)
          {   if(e.getValueIsAdjusting()) return;
              textArea.setText("");
              //getSelectedValues()返回所选的第一个值，如果选择为空，则返回 null
              Object[] items=list.getSelectedValues();
              for(int i=0;i<items.length;i++)      textArea.append(items[i]+"\n");
          }
      };
   public TestJList()
   {   super("TestJList 示例");
       textArea.setEnabled(false);                          //文本区不可编辑
```

```
            list.setVisibleRowCount(6);                    //在列表框中显示 6 个选项
            Container contentPane=getContentPane();
            contentPane.setLayout(new FlowLayout());
            contentPane.add(new JScrollPane(list));        //将列表框 list 加入滚动条
            contentPane.add(textArea);
            list.addListSelectionListener(listener);
            setDefaultCloseOperation(JFrame.EXIT_ON_CLOSE);
            pack();     setVisible(true);
        }
        public static void main(String[] args)
        {   new TestJList(); }
    }
```

程序运行结果如图 10-8 所示。

图 10-8　TestJList.java

10.8　复选框

复选框是一种用户能够打开或关闭选项的组件，如同电灯开关一般。我们用 JCheckBox 类创建复选框。

复选框属性：text、icon、mnemonic、selected、verticalAlignment、horizontalAlignment、horizontalTextPosition 和 verticalTextPosition 等。selected 属性用于指出复选框是否被选中。

10.8.1　构造方法

要创建复选框，可使用下列构造方法来实现。在默认情况下，复选框状态是未选择。

- public JCheckBox()：创建一个未选的空复选框。
- public JCheckBox(String text)：创建一个文字是 text 的未选复选框。
- public JCheckBox(String text, boolean selected)：创建一个文字是 text 的复选框，并指定其初始状态是否为选中：selected 为 true 表示选中。
- public JCheckBox(Icon icon)：创建一个图标是 icon 的复选框。
- public JCheckBox(Icon icon, boolean selected)：创建一个图标是 icon 的复选框，并指定其初始状态是否为选中。selected 为 true 表示选中。
- public JCheckBox(String text, Icon icon)：创建一个标有文字和图标的复选框。
- public JCheckBox(String text, Icon icon, boolean selected)：创建一个标有文字和图标的复选框，并指定其初始状态是否为选中。

10.8.2　事件

JCheckBox 能够产生 ActionEvent 和 ItemEvent 事件。下面的例子演示了如何实现 itemStateChanged 处理器，以判断是否选中了复选框，并对 ItemEvent 事件作出相应的响应。

【例 10-9】 多种字型组合，以显示信息。

程序清单 10-9　CheckBoxDemo.java

```
import java.awt.BorderLayout;    import java.awt.FlowLayout; import java.awt.Color;
import java.awt.Font;    import java.awt.event.*;    import javax.swing.*;
public class CheckBoxDemo extends JFrame implements ItemListener
{   private JCheckBox    jchkCentered, jchkBold, jchkItalic; //声明 3 个复选框变量
    private MessagePanel messagePanel; //声明一个面板型变量
    public CheckBoxDemo()//构造方法
  {   setTitle("组合框");
      messagePanel = new MessagePanel();//构造包含字符串的面板。应该导入 MessagePanel 类。
    messagePanel.setMessage("Java 程序设计");    messagePanel.setBackground(Color.yellow);

      //创建 3 个复选框，并放置在面板 p 上
      JPanel p = new JPanel();     p.setLayout(new FlowLayout());
      p.add(jchkCentered = new JCheckBox("Centered"));
      p.add(jchkBold = new JCheckBox("Bold"));     p.add(jchkItalic = new JCheckBox("Italic"));

      //给 3 个复选框设置热键
      jchkCentered.setMnemonic('C');    jchkBold.setMnemonic('B');    jchkItalic.setMnemonic('I');

      //将消息面板(messagePanel)和面板(p)加入到框架中
      getContentPane().setLayout(new BorderLayout());
      getContentPane().add(messagePanel, BorderLayout.CENTER);
      getContentPane().add(p, BorderLayout.SOUTH);

      //为 3 个复选框 jchkCentered、jchkBold 和 jchkItalic 注册监听器
      jchkCentered.addItemListener(this);    jchkBold.addItemListener(this);
      jchkItalic.addItemListener(this);
  }
  //处理 3 个按钮发出的事件的处理器
  public void itemStateChanged(ItemEvent e)
  { if (e.getSource() instanceof JCheckBox)
     {   //确定字体的风格
        int selectedStyle = 0;
        if (jchkBold.isSelected())      selectedStyle = selectedStyle+Font.BOLD;
        if (jchkItalic.isSelected())      selectedStyle = selectedStyle+Font.ITALIC;
        messagePanel.setFont(new Font("Serif", selectedStyle, 20)); //设置字符串的字体
        if (jchkCentered.isSelected())          messagePanel.setCentered(true);
        else          messagePanel.setCentered(false);
        messagePanel.repaint();              //刷新消息面板上的字符串
     }
  }
   public static void main(String[] args) //主方法
  {   CheckBoxDemo frame = new CheckBoxDemo();
      frame.setDefaultCloseOperation(JFrame.EXIT_ON_CLOSE);
      frame.pack();        frame.setVisible(true);
  }
}
```

程序运行结果如图 10-9 所示。

图 10-9 CheckBoxDemo.java

10.9 单选按钮

复选框允许用户在一组选项中选择多项，而单选按钮只允许用户在一组选项中选择一个选项。另外，两者的外观也不同，不管选中与否，复选框都是方形的，而单选按钮都是圆形的。

JRadioButton 具有属性 text、icon、mnemonic、verticalAlignment、horizontalAlignment、selected、horizontalTextPosition 和 verticalTextPosition 等。

10.9.1 构造方法

JRadioButton 的构造方法类似于 JCheckBox 的构造方法，分别介绍如下：

- public JRadioButton()：创建一个未选中也没有标签的单选按钮。
- public JRadioButton(String text)：创建一个标有指定文字的未选中的单选按钮。
- public JRadioButton(String text, boolean selected)：创建一个标有指定文字的单选按钮，并指定其初始状态是 selected。selected 为 true 时表示选中，否则未选中。
- public JRadioButton(Icon icon)：创建一个标有指定图标的未选的单选按钮。
- public JRadioButton(Icon icon, boolean selected)：创建一个标有指定图标的单选按钮，并指定其初始状态是 selected。selected 为 true 时表示选中，否则未选中。
- public JRadioButton (String text, Icon icon)：创建一个标有指定文字和图标的未选的单选按钮。选中单选按钮时，按钮中有一个黑点。
- public JRadioButton(String text, Icon icon, boolean selected)：创建一个标有指定文字和图标的单选按钮，并指定其初始状态是 selected。selected 为 true 时表示选中，否则未选中。

例如，下面的语句创建了一个标有文字和图标的单选按钮。

```
JRadioButton jrb = new JRadioButton(    "我是单选按钮", new ImageIcon("imagefile.gif"));
```

要将单选按钮分组，需要创建 java.swing.ButtonGroup 的一个实例（**按钮组**），并用 add() 方法将单选按钮添加到该按钮组中。语句如下：

```
JradioButton    jrb1=new JRadioButton() ;
JradioButton      jrb2=new JRadioButton() ;
ButtonGroup btg = new ButtonGroup();
btg.add(jrb1);   btg.add(jrb2);   //将 jrb1 和 jrb2 加入按钮组中
```

上述代码创建了一个单选按钮组 **btg**，这样用户就不能同时选择 jrb1 和 jrb2。

10.9.2 事件

JRadioButton 能够产生 ActionEvent 和 ItemEvent 事件。下面的例子演示了如何实现 itemStateChanged 处理器，以判断是否选中了单选按钮，并对 ItemEvent 事件作出相应的响应。

【例 10-10】 要求用户从红、黄、绿 3 种颜色的灯中选择一种。选择后相应的灯会亮，并且同一时刻只有一盏灯亮。起始时刻所有灯都不亮。

程序清单 10-10 RadioButtonDemo.java

```
import java.awt.*;   import java.awt.event.*; import javax.swing.*;
class Light extends JPanel   //定义一个面板 l 类，在该面板上可以绘制 3 盏灯
{   private boolean red,   yellow ,   green ;
    public Light()
    {
      red = false;   yellow = false;   green = false; //开始 3 个灯都不亮
    }
   public void turnOnRed()   //让红灯亮
   {
      red = true;   yellow = false; green = false;   repaint();
   }
   public void turnOnYellow()   //让黄灯亮
   {
      red = false;   yellow = true;   green = false;   repaint();
   }
   public void turnOnGreen()   //让绿灯亮
   {
      red = false;   yellow = false;   green = true;   repaint();
   }
   public void paintComponent(Graphics g) //在面板上绘制 3 个交通灯
   {   super.paintComponent(g); //清除面板上的所有绘制图画
     if (red)
     {
       g.setColor(Color.red);            g.fillOval(10, 10, 20, 20);
       g.setColor(Color.black);          g.drawOval(10, 35, 20, 20);
       g.drawOval(10, 60, 20, 20);    g.drawRect(5, 5, 30, 80);
     }
     else if (yellow)
     {   g.setColor(Color.yellow);       g.fillOval(10, 35, 20, 20);
       g.setColor(Color.black);          g.drawRect(5, 5, 30, 80);
       g.drawOval(10, 10, 20, 20);     g.drawOval(10, 60, 20, 20);
     }
     else if (green)
     {   g.setColor(Color.green);   g.fillOval(10, 60, 20, 20);
       g.setColor(Color.black);      g.drawRect(5, 5, 30, 80);
       g.drawOval(10, 10, 20, 20); g.drawOval(10, 35, 20, 20);
     }
     else
     {
       g.setColor(Color.black);         g.drawRect(5, 5, 30, 80);
       g.drawOval(10, 10, 20, 20);   g.drawOval(10, 35, 20, 20);
       g.drawOval(10, 60, 20, 20);
```

```
    }
  }
  public Dimension getPreferredSize()   //设置面板的最佳尺寸
  {       return new Dimension(40, 90);   }
}
//下面定义一个窗口类，也是主类 RadioButtonDemo
public class RadioButtonDemo extends JFrame implements ItemListener
{   private JRadioButton jrbRed, jrbYellow, jrbGreen;       //声明 3 个引用单选按钮的变量
    private ButtonGroup btg = new ButtonGroup();           //创建单选按钮组，并用变量 btg 引用
    private Light light;                       //声明一个引用面板的变量 light，用面板模拟交通灯
    public RadioButtonDemo()                   //构造方法
    {   setTitle("RadioButton Demo");
      JPanel p1 = new JPanel();                //把显示交通灯的面板添加到面板 p1 中
      p1.setSize(200, 200);     p1.setLayout(new FlowLayout(FlowLayout.CENTER));
      light = new Light();                     //创建一个交通灯
      light.setSize(40, 90);     p1.add(light);               //把交通灯 light 加入到 p1 中

      //放置 3 个单选按钮到面板 p2 上
      JPanel p2 = new JPanel();
      p2.setLayout(new FlowLayout());
      p2.add(jrbRed = new JRadioButton("Red", false));
      p2.add(jrbYellow = new JRadioButton("Yellow", false));
      p2.add(jrbGreen = new JRadioButton("Green", false));

      //给 3 个单选按钮设置热键
      jrbRed.setMnemonic('R'); jrbYellow.setMnemonic('Y');   jrbGreen.setMnemonic('G');

      //将 3 个单选按钮添加到单选按钮组 btg 中
      btg.add(jrbRed);   btg.add(jrbYellow);   btg.add(jrbGreen);

      //将面板 p1 和 p2 添加到框架中
      getContentPane().setLayout(new BorderLayout());
      getContentPane().add(p1, BorderLayout.CENTER);
      getContentPane().add(p2, BorderLayout.SOUTH);
       //为 3 个单选按钮注册监听器
      jrbRed.addItemListener(this); jrbYellow.addItemListener(this); jrbGreen.addItemListener(this);
    }
    public void itemStateChanged(ItemEvent e)              //处理按钮事件的处理器
    {   if (jrbRed.isSelected())        light.turnOnRed();       //使红灯亮
      if (jrbYellow.isSelected())   light.turnOnYellow();  //使黄灯亮
      if (jrbGreen.isSelected())     light.turnOnGreen();    //使绿灯亮
    }
  public static void main(String[] args)                    //主方法
  {   RadioButtonDemo frame = new RadioButtonDemo();
      frame.setDefaultCloseOperation(JFrame.EXIT_ON_CLOSE);
      frame.setSize(250, 170);         frame.setVisible(true);
```

```
    }
  }
```

程序运行结果如图 10-10 所示。

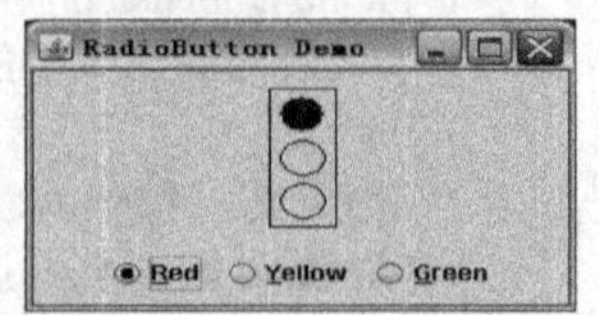

图 10-10 RadioButtonDemo.java

10.10 菜单条、菜单、菜单项

窗口中的菜单条、菜单、菜单项都是我们十分熟悉的界面元素。菜单广泛用于各种视窗应用程序。Java 提供了 5 个实现菜单的类：JMenuBar、JMenu、JMenuItem、JCheckBoxMenuItem 和 JradioButtonMenuItem。

菜单条（JMenuBar 的实例）是窗口上的一个横条。一个菜单条容纳多个菜单（JMenu 的实例）。一个菜单可容纳多个菜单项。菜单项由 JMenuItem、JCheckBoxMenuItem 或 JradioButtonMenuItem 创建的实例。

10.10.1 菜单条

菜单条是一个容器。创建菜单条后，应该将其添加到窗口的顶端。假设窗口是 frame，菜单条是 bar，则把菜单条添加到窗口的格式如下：

```
frame.setJMenuBar(bar);//将菜单条(bar)添加到窗口(frame)的顶端
```

需要注意的是，只能向窗口添加一个菜单条，一个菜单条可以包含多个菜单。

10.10.2 菜单

菜单也是一个容器。菜单必须包含在菜单条或另一菜单中。菜单的主要方法如下：

- JMenu()：创建一个空标题的菜单。
- JMenu(String title)：创建一个标题是 title 的菜单。
- public void add(MenuItem item)：向菜单增加菜单项 item。

10.10.3 菜单项

菜单项应该包含在菜单中。菜单项是 JMenu 的父类。JMenuItem 类的主要方法如下：

- JMenuItem()：构造无标题菜单项。
- JMenuItem(String title)：构造标题为 title 的菜单项。
- public void setEnabled(boolean bol)：设置当前菜单项是否被选择。参数 bol 为 true 时表示该项被选中，否则，未选中。
- public String getLabel()：获取菜单项的名称。
- public void addActionListener(ActionListener)：把监听器注册到菜单项上。菜单项发出的 ActionEvent 事件就通知给监听器。

10.10.4 建立菜单的步骤

在 Java 中建立菜单，并把菜单与框架关联起来的步骤如下：

（1）创建一个菜单条，并将其添加到框架的顶端

```
JFrame frame = new JFrame();              //建立窗口 frame
frame.setSize(300,200);                   //设置窗口的大小
frame.setVisible(true);                   //使窗口可见
JMenuBar    jmb = new JmenuBar();         //创建菜单条 jmb
frame.setJMenuBar(jmb);                   //将菜单条添加到框架的顶端
```

上述代码创建了一个框架和一个菜单条，并把菜单条添加到框架的顶端。

（2）创建菜单

下面是创建菜单的例子：

```
JMenu    fileMenu = new JMenu("File");          //创建菜单 fileMenu，菜单标题是 File
JMenu    helpMenu = new JMenu ("Help");         //创建菜单 helpMenu，菜单标题是 Help
jmb.add(fileMenu);      //把菜单 fileMenu 加入菜单条 jmb 中
jmb.add(helpMenu);      //把菜单 helpMenu 加入菜单条 jmb 中
```

上例创建了两个标题分别为 File 和 Help 的菜单。**在把菜单添加到菜单条之前，菜单是不可见的。**

（3）创建菜单项，并将它们添加到菜单 fileMenu 中

```
fileMenu.add(new JMenuItem("New")); //菜单项的标题是 New
fileMenu.add(new JMenuItem("Open")); //菜单项的标题是 Open
fileMenu.addSeparator();      //菜单项是个分隔线
fileMenu.add(new JMenuItem("Print")); //菜单项的标题是 Print
fileMenu.addSepatator();      //菜单项是个分隔线
fileMenu.add(new JMenuItem("Exit")); //菜单项的标题是 Exit
```

上述代码依次将菜单项标题为：New、Open、分隔线、Print、一分隔线和 Exit 添加到 fileMenu 菜单中。方法 addSeparator()用于在菜单中添加一条分隔线。

1）创建子菜单

可以将一个菜单嵌入到另一个菜单中，被嵌入的菜单称为子菜单。子菜单既是菜单，也是一个菜单项。如下例所示：

```
JMenu softwareHelpSubMenu = new JMenu("Software");          //将它作为子菜单项
JMenu hardwareHelpSubMenu = new JMenu("Hardware");          //将它作为子菜单项

helpMenu.add(softwareHelpSubMenu);  //将菜单 softwareHelpSubMenu 加入菜单 helpMenu 中
helpMenu.add(hardwareHelpSubMenu); //将菜单 hardwareHelpSubMenu 加入菜单 helpMenu 中

softwareHelpSubMenu.add(new JMenuItem("Unix"));
softwareHelpSubMenu.add(new JMenuItem("NT"));
softwareHelpSubMenu.add(new JMenuItem("Win95"));
```

上述代码将两个子菜单 softwareHelpSubMenu 和 hardwareHelpSubMenu 添加到菜单 helpMenu 中；将三个菜单项 Unix、NT 和 Win95 添加到菜单 softwareHelpSubMenu 中。

2）创建复选框菜单项

可以将 JCheckBoxMenuItem 添加到 JMenu 中。JCheckBoxMenuItem 是 JMenuItem 的子类，它在 JMenuItem 上添加一个布尔状态，该状态为真时，该项前显示对号。单击菜单项时，表示选中或取消该项。

例如，下面的语句在菜单中加入了复选框菜单项 Check it。

```
helpMenu.add(new JCheckBoxMenuItem("Check it"));
```

3）创建单选按钮菜单项

使用 JRadioButtonMenuItem 可以在菜单中加入单选按钮。它常用于菜单中一组相互排斥的选项。例如，下述语句添加了 Color 子菜单和一组用来选择颜色的单选按钮。

```
JMenu colorHelpSubMenu = new JMenu("Color");
helpMenu.add(colorHelpSubMenu);

JRadioButtonMenuItem    jrbmiBlue, jrbmiYellow, jrbmiRed;
colorHelpSubMenu.add(jrbmiBlue = new JRadioButtonMenuItem("Blue"));
colorHelpSubMenu.add(jrbmiYellow = new JRadioButtonMenuItem("Yellow"));
colorHelpSubMenu.add(jrbmiRed = new JRadioButtonMenuItem("Red"));

ButtonGroup btg = new ButtonGroup();
btg.add(jrbmiBlue);
btg.add(jrbmiYellow);
btg.add(jrbmiRed);
```

（4）菜单项产生 ActionEvent 事件

当单击菜单项时，菜单项产生 ActionEvent 事件，程序必须实现方法 actionPerformed()，以处理菜单项产生的 ActionEvent 事件。例如：

```
public void actionPerformed(ActionEvent e)
{   String actionCommand = e.getActionCommand();
    if   (e.getSource() instanceof JMenuItem)
        if ("New".equals(actionCommand))     respondToNew();
}
```

选择标有 new 的菜单项后，上述代码执行方法 respondToNew()。

（5）图标、热键和快捷键

菜单组件 JMenuBar、JMenu、JCheckBoxMenuItem、JRadioBurttonMenuItem 和 JMenuItem 具有属性 icon 和 mnemonic。

例如，下面的代码为菜单项 New 和 Open 添加了图标，并分别为 File、Help、New 和 Open 设置了热键。

```
JMenuItem    jmiNew,jmiOpen;
fileMenu.add(jmiNew=new JMenuItem("New"));
fileMenu.add(jmiOpen=new JMenuItem("Open"));
```

```
jmiNew.setIcon(new ImageIcon("images/new.gif"));
jmiOpen.setIcon(new ImageIcon("images/open.gif"));

helpMenu.setMnemonic('H');
fileMenu.setMnemonic('F');
jmiNew.setMnemonic('N');
jmiOpen.setMnemonic('O');
```

可以使用如下构造方法在一条语句中创建一个菜单项，并为它设置图标或热键。格式如下：

```
public JMenuItem(String label,Icon icon);       //创建一个菜单项，并为它设置图标
public JMenuItem(string label,int mnemonic); //创建一个菜单项并为它设置热键
```

同时按下〈Alt〉键和热键即可选择菜单项。例如，按下〈Alt+F〉键可以选择菜单项 File，按下〈Alt+O〉键可以选择菜单项 open。热键很有用，但它只能在当前打开的菜单中选择。相比而言，快捷键更为方便，同时按下〈Ctrl〉键和快捷键可以直接选择菜单项。

下面把〈Ctrl+O〉设置为菜单项 open 的快捷键：

```
jmiOpen.setAccelerator(KeyStroke.getKeyStroke(keyEvent.VK_0,ActionEvent.CTRL_MASK));
```

方法 setAccelerator()用于设置 KeyStroke 类对象。KeyStroke 的静态方法 getKeyStroke()用于创建一个按键的实例。常量 VK_O 代表 O，常量 CTRL_MASK 代表〈Ctrl〉键及与其关联的按键。

10.10.5 菜单项上的事件

下面举例说明菜单项上的 ActionEvent 事件。

【例 10-11】 在窗口显示菜单条。

程序清单 10-11 DemoAction.java

```
import java.awt.*;   import java.awt.event.*;
public class DemoAction extends WindowAdapter   implements ActionListener,MouseListener
{   Frame f;
  MenuBar mb;                       //声明引用菜单条的变量
  Menu mf,me,mh;                    //声明引用菜单的变量
  CheckboxMenuItem   cbm;           //声明一个变量，以引用带复选框的菜单项
  PopupMenu pm;                     //声明一个变量，以引用弹出式菜单
  Dialog d;                         //声明一个变量，引用对话框
  Label l;                          //声明一个变量，以引用对话框上的标签
  public void display()
  {   f=new Frame("Menu test");
      f.setSize(250,200);      f.setLocation(400,200);
      f.setBackground(Color.lightGray);
      f.addWindowListener(this);
```

```
        f.addMouseListener(this);              // 为框架 f 注册鼠标事件监听器
        f.setVisible(true);   setPopupMenu();    showDialog();    setMenu();
    }
    public void setPopupMenu()                 //设置弹出式菜单
    {   pm=new PopupMenu("Popup");     //生成一个弹出式菜单对象
        pm.add(new MenuItem("cut"));     //加入菜单项
        pm.add(new MenuItem("Copy"));
        pm.add(new MenuItem("Paste"));
        pm.addSeparator();                     //加入分隔线
        pm.add(new MenuItem("Open"));
        pm.add(new MenuItem("Exit"));
        pm.addActionListener(this);            //为菜单注册事件监听器
        f.add(pm);//在框架 f 上添加弹出式菜单
    }
    public void showDialog()                   //显示对话框
    {   d=new Dialog(f,"Dialog Example",true);    l=new Label("一个模式对话框");
        d.add(l,"Center");   d.setSize(200,160);   d.setLocation(400,270);
        d.addWindowListener(this);             //为对话框 d 注册事件监听器
    }
    public void setMenu()                      //设置窗口菜单
    {   mb=new MenuBar();                      //生成一个菜单条
        f.setMenuBar(mb);                      //在框架 f 上添加菜单条
        mf=new Menu("文件");                   //生成一个菜单
        me=new Menu("编辑");
        mh=new Menu("帮助");
        mb.add(mf);//在菜单栏中加入菜单
        mb.add(me);      mb.add(mh);
        mf.add(new MenuItem("Open Dialog"));//生成菜单项并加入菜单
        mf.add(new MenuItem ("Save",new MenuShortcut(KeyEvent.VK_S)));
        mf.addSeparator();                     //加分隔线
        mf.add(me);                            //菜单加入到菜单成为二级菜单
        cbm=new CheckboxMenuItem("Delect",true);
        mf.add(new MenuItem("Exit"));    mf.addActionListener(this);
        me.add(new MenuItem("Cut"));     me.add(new MenuItem("Exit"));
        me.addActionListener(this);            //为菜单注销事件监听器
        mh.add(new MenuItem("Adout"));   mh.addActionListener(this);
    }
    public void windowClosing(WindowEvent e)
    {   if(e.getSource()==d)    d.setVisible(false);
        else   System.exit(0);
    }
    public void actionPerformed(ActionEvent e)   //选择菜单项时触发
    {   String s=e.getActionCommand();   //获取所选菜单项的标签名
        if((s=="Open")||(s=="Open Dialog"))    d.setVisible(true);//显示对话框
        if(s=="Exit")      System.exit(0);
        if(s=="About")                         //选择 help 菜单的 about 项是触发
```

```
        {l.setText("Vision 1.0 CopyRight: 2005-2010");     d.show();}//显示对话框
    }
    public void mouseClicked(MouseEvent mec)   //单击鼠标时触发
    {     if(mec.getModifiers()==mec.BUTTON3_MASK)// 单击的是鼠标右键
          pm.show(f, mec.getX(), mec.getY());//在鼠标单击处显示菜单
    }
    public void mousePressed(MouseEvent mep){}
    public void mouseReleased(MouseEvent mer){}
    public void mouseEntered(MouseEvent mee){}
    public void mouseExited(MouseEvent mex){}
    public void mouseDragged(MouseEvent med){}
    public static void main(String arg[])
    {     (new DemoAction()).display();      }
    }
```

程序运行结果如图 10-11 所示。

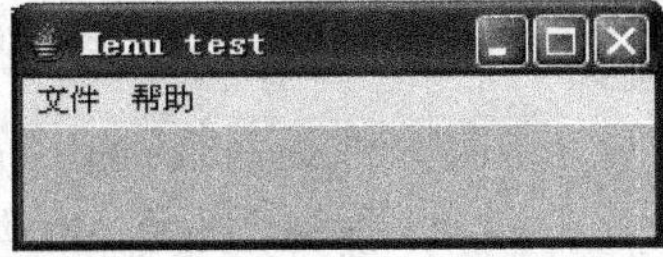

图 10-11 DemoAction.java

10.11 对话框

创建对话框的方式有两种，一种是使用 JOptionPane 类的类方法创建标准对话框，另一种是扩张 Dialog 类或者 JDialog 类创建自定义对话框。

对话框分为无模式和有模式两种。一个有模式的对话框关闭前不能访问其他窗口或组件。无模式对话框处于激活状态时，用户仍能激活对话框外的其他窗口或组件。

JOptionPane 类创建的对话框都是模式对话框。Dialog 类或者 JDialog 类 默认情况下创建的对话框是无模式对话框。

10.11.1 JOptionPane 类

使用 javax.swing.JOptionPane 类中的类方法可以创建四种标准对话框：

- 消息对话框。显示消息，并等待用户单击“Ok”按钮。
- 确认对话框。显示问题，要求用户确认，等待用户选择 OK 或 Cancel 按钮。
- 输入对话框。显示问题，获取用户的输入，如文本框、列表框、组合框。
- 选项对话框。现实问题，从一组选项中获取用户的响应。

1．消息对话框

JOptionPane 类中的类方法 showMessageDialog()可以创建一个消息对话框。根据参数表不同，showMessageDialog()方法有三种形式：

- public static void showMessageDialog(Component parentComp, Object message)
- public static void showMessageDialog(Component parentComp, Object message,String title, int messageType)
- public static void showMessageDialog(Component parentComp, Object message,String title, int messageType,Icon icon)

其中，参数 parentComp 指定消息对话框所依赖的组件，消息对话框会在该组件的正前方显示出来；message 是一个对象，常常是一个字符串，这两个参数必须指定。title 指定对

话框的标题，默认值是“Message”。

messageType 指定消息框的类型，它取以下五个常量之一：

- JOptionPane.INFORMATION_MESSAGE。
- JOptionPane.WARNING_MESSAGE。
- JOptionPane.ERROR_MESSAGE。
- JOptionPane.QUESTION_MESSAGE。
- JOptionPane.PLAIN_MESSAGE。

默认情况下，messageType 的取值为 JOptionPane.INFORMATION_MESSAGE。

message 是一个对象。如果它是 GUI 组件，就会显示该组件，如果是一个非 GUI 组件，就会显示该对象对应的字符串。

【例 10-12】 在本例中，要求用户在文本框中只能输入数字字符。当输入非数字字符时，弹出“警告”消息对话框。

程序清单 10-12　MessageDialog.java

```
import java.awt.event.*; import java.awt.*; import javax.swing.JOptionPane;
class DefineFrame extends Frame implements ActionListener
{   TextField inputNumber;          //声明一个文本域型的变量
    TextArea   show;                //声明一个文本区型的变量
    Label l=new Label("请输入整数，按 ENTER 求其平方值");
    DefineFrame(String s)
    {  super(s);
       add(l,BorderLayout.NORTH);
       inputNumber=new TextField(10);
       show=new TextArea();
       add(inputNumber,BorderLayout.WEST); add(show,BorderLayout.CENTER);
       setBounds(60,60,300,300); setVisible(true);        validate();
       inputNumber.addActionListener(this);            //为文本域注册监听器
       addWindowListener(new WindowAdapter()   //为框架本身注册监听器
         {   public void windowClosing(WindowEvent e)
             {  System.exit(0);         }
         } );
    }
    public void actionPerformed(ActionEvent e)
    {  boolean boo=false;
       if(e.getSource()==inputNumber)
         {  String s=inputNumber.getText();
            char a[]=s.toCharArray();
            for(int i=0;i<a.length;i++)
              {     if(!(Character.isDigit(a[i])))
                    boo=true;         //如果文本框中有一个字符不是数字，则置 boo 为 true
              }
          if(boo==true)             //如果文本框中有一个非数字字符，弹出"警告"消息对话框
            {  JOptionPane.showMessageDialog(this,"您输入了非法字符","警告对话框",
               JOptionPane.WARNING_MESSAGE);
```

```
                inputNumber.setText(null); //将文本框清空
            }
        else if(boo==false)
         {    int number=Integer.parseInt(s);
              show.append("\n"+number+"平方:"+(number*number));
         }
      }
  }
}
public class MessageDialog
{   public static void main(String args[])
    {   new DefineFrame("带对话框的窗口");   }
}
```

程序运行结果如图 10-12 所示。

图 10-12　MessageDialog.java

2. 确认话框

确认对话框提出一个问题，要求用户选择适当的按钮，确认对话框返回按钮对应的值。根据参数表不同，showConfirmDialog()方法有四种形式：

- public static int showConfirmDialog(Component parentComp,Object message)。
- public static int showConfirmDialog(Component parentComp,Object message,String title,int optionType)。
- public static int showConfirmDialog(Component parentComp,Object message,String title,int optionType, int messageType)。
- public static int showConfirmDialog(Component parentComp,Object message,String title,int optionType, int messageType,Icon icon)。

其中，参数 parentComp、message、title、messageType、icon 与方法 showMessageDialog()中的一样。但是，默认值有所不同。title 的默认值是“Select an Option”，messageType 的默认值是“QUESTION_MESSAGE”。

optionType 的值决定对话框中显示哪些按钮。它取以下三个值之一：

- JOptionPane.YES_NO_OPTION。在对话框显示“YES”“NO”按钮。
- JOptionPane.YES_NO_CANCEL_OPTION。在对话框显示“YES”“NO”“CANCEL”按钮。
- JOptionPane.OK_CANCEL_OPTION。在对话框显示“YES”“CANCEL”按钮。

当对话框消失后，showConfirmDialog()方法会返回下列整数值之一：

- JOptionPane.YES_OPTION。表明用户单击了“YES”按钮
- JOptionPane.NO_OPTION。表明用户单击了“NO”按钮
- JOptionPane.CANCEL_OPTION。表明用户单击了“CANCEL”按钮
- JOptionPane.OK_OPTION。表明用户单击了“OK”按钮
- JOptionPane.CLOSED_OPTION。表明用户单击了“CLOSE”按钮

【例 10-13】本例演示的是确认对话框和颜色框等。

程序清单 10-13　ConfirmDialog.java

```
import java.awt.*;   import javax.swing.*;   import java.awt.event.*; import java.util.concurrent.*;
public class ConfirmDialog extends JFrame implements ActionListener
{ private JButton BUpdateBackgroundColor,BClear;
  private JPanel JP=new JPanel();
  private Color c1,c3,c2=JP.getBackground();
  private int Count=0;
  public ConfirmDialog()//构造方法
  {   setTitle("确认颜色对话框");
      BUpdateBackgroundColor=new JButton("更改背景颜色");
      BClear=new JButton("撤销");
      JP.setLayout(new FlowLayout());
      JP.add(BUpdateBackgroundColor);                //往面板上添加按钮
      JP.add(BClear);
      add(JP);//往框架上添加面板
      BUpdateBackgroundColor.addActionListener(this);//注册监听器
      BClear.addActionListener(this);
  }
   public void actionPerformed(ActionEvent e)      //实现接口方法
  {   if(e.getSource()==BUpdateBackgroundColor)
       {   int r=JOptionPane.showConfirmDialog(this,"确认要更改颜色吗？",
              "颜色对话框",JOptionPane.YES_NO_OPTION );               //确认对话框
           if(r==JOptionPane.YES_OPTION)
            {   c1=JColorChooser.showDialog(this,"颜色对话框",c3);      //颜色对话框
              JP.setBackground(c1);        validate();
              if(c1==null)    {     c1=c3;   JP.setBackground(c1); validate();   }
            }
       }
     else if(e.getSource()==BClear)
        {
          if (++Count<=1)      { JP.setBackground(c2); validate(); }
          else
             JOptionPane.showMessageDialog(this, "已经撤销",
                    "消息对话框", JOptionPane.WARNING_MESSAGE );
        }
   }
  public static void main(String[]args)          //主方法
  {    ConfirmDialog frame=new ConfirmDialog();
       frame.setVisible(true);   frame.setSize(300,300);   frame.validate();
  }
}
```

程序运行结果如图 10-13 所示。

图 10-13　ConfirmDialog.java

3．输入对话框

输入对话框接受用户的输入。用户可以从文本框中输入，或者从列表框、组合框中选择。

输入对话框的备选值可以用一个数组指定。如果创

建输入对话框时没有设置备选值，输入框就会采用文本框作为用户输入；如果指定的备选值少于 20 个，输入对话框就会采用组合框作为用户输入；如果备选值大于或等于 20 个，则输入框就会采用列表框作为用户输入。输入对话框中的按钮是不可更改，总是包含 OK 和 Cancel 两个按钮。

根据参数表不同，showInputDialog()方法有四种形式：

- public static String showInputDialog(Object message)。
- public static String showInputDialog(Component parentComp,Object message)。
- public static String showInputDialog(Component parentComp,Object message, String title,int messageType)。
- public static Object showInputDialog(Component parentComp,Object message, int messageType,Icon icon,Object[] seleValue,Object initialSeleValue)。

前三个方法用于创建文本框输入方式的对话框，第四个方法用于 seleValue 作为备选值和 initialSeleValue 作为初始备选值的对象数组。前三个方法返回从文本框中输入的 String 对象，第四个方法返回从组合框或列表框中选择的 Object 对象。

4．选项对话框

选项对话框允许用户创建自己的按钮。创建选项对话框的方法如下：

public static int showOptionDialog(Component parentComp,Object message,String title,
int optionType, int messageType,Icon icon,Object []options,Object initialValue)

参数 options 指定按钮，initialValue 指定对话框初始化后接受焦点的按钮。方法返回的值表示激活的按钮。

10.11.2 JDialog 类

可以通过扩展 JDialog 类创建自定义对话框。自定义对话框的默认布局是 BorderLayout。在自定义对话框中，可以添加组件、放置关闭对话框的按钮，以实现与用户的交互。

1．构造方法

（1）JDialog(Frame frame,String Title)

构造一个标题名称是 Title，所依赖的窗口是 frame 的对话框。

（2）JDialog(Frame frame,String Title,boolean bol)

构造一个标题名称是 Title，所依赖的窗口是 frame 的对话框。参数 bol 决定对话框是否为有模式或无模式。在默认情况下，JDialog 类及其子类创建的对话框是无模式的，也是不可见的。要创建模式对话框，必须将 bol 值设置为 true。

2．实用方法

- getTitle()：获取对话框的标题。
- setTitle()：设置对话框的标题。
- setModal(boolean bol)：设置对话框的模式。bol 为真表示有模式，否则无模式。
- setSize()：设置对话框的大小。
- setVisible(boolean bol)：bol 为真时显示对话框，否则隐藏对话框。

【例 10-14】 本例演示有模式对话框。运行程序时，首先出现一个主窗口，单击“关闭”按钮时出现一个主界面，用户可以根据菜单选择子对话框的颜色。选中后单击相应的条目，则弹出一个带有背景颜色的子对话框。

程序清单 10-14　DialogFrame.java

```
import java.awt.*;   import java.awt.event.*;
class dlg extends Dialog //定义对话框 dlg 类
{   Button bt=new Button("关闭");
    dlg(Frame fe,String str)
    {   super(fe,str,true);     setLayout(new FlowLayout());
        setSize(200,180);      add(bt);
        bt.addActionListener(new ko1ActionListener());
    }
   //监听 bt 按钮的监听器类，用于关闭对话框
   class ko1ActionListener implements ActionListener
   {   public void actionPerformed(ActionEvent e)
       {   setVisible(false);   }
   }
}
public class DialogFrame extends Frame   //定义主窗口类 DialogFrame
{   Frame fe;
    MenuBar bar=new MenuBar();
    Menu mu=new Menu("颜色对话框");
    MenuItem i1,i2,i3,i4;
    public DialogFrame()
    {   super("窗口");
        setLayout(new FlowLayout());
        mu.add(i1=new MenuItem("红色..."));      mu.add(i2=new MenuItem("绿色..."));
        mu.add(i3=new MenuItem("蓝色..."));      mu.add(new MenuItem("-"));
        mu.add(i4=new MenuItem("退出"));
        bar.add(mu);
        setMenuBar(bar);     setSize(500,400);     setVisible(true);
        i1.addActionListener(new ko2ActionListener()); i2.addActionListener(new ko2ActionListener());
        i3.addActionListener(new ko2ActionListener()); i4.addActionListener(new ko2ActionListener());
        addWindowListener(new koWindowListener());
    }
    //监听器类的定义（ko2ActionListener），监听菜单项
    class ko2ActionListener implements ActionListener
    {   Frame fe=new Frame();
        public void actionPerformed(ActionEvent e)
        {   String ko=e.getActionCommand();
            if (ko.equals("红色..."))
            {
                dlg d=new dlg(fe,"红色的子对话框"); d.setBackground(Color.red); d.setVisible(true);
            }
            else if (ko.equals("绿色..."))
            {   dlg d=new dlg(fe,"绿色的子对话框"); d.setBackground(Color.green);
```

```
                d.setVisible(true);
            }
            else if (ko.equals("蓝色..."))
            {   dlg d=new dlg(fe,"蓝色的子对话框");    d.setBackground(Color.blue);
                d.setVisible(true);
            }
            else if (ko.equals("退出")){   dispose();    System.exit(0);   }
        }
    }
    //监听主窗口的监听器类(内部类)的定义，用于关闭主窗口
    class koWindowListener    extends    WindowAdapter
    {     public void windowClosing(WindowEvent e)
        {       dispose();      System.exit(0);         }
    }
    public static void main(String args[])    //主方法
    {   Frame fe=new Frame();
        dlg k=new dlg(fe,"最初的对话框");
        k.setVisible(true);
        DialogFrame ko=new DialogFrame();
    }
}
```

10.11.3 文件对话框

文件对话框是有模式对话框。可以使用 javax.swing.JFileChooser 类创建文件对话框。用户可以在文件对话框中浏览文件系统、从中选择要打开的文件，或者保存文件。

文件对话框有两种类型：打开（open）和保存（save）。

1．属性

JFileChooser 类除了继承了 Jcomponent 类的属性外，还有如下重要的属性：

（1）dialogType

表示对话框类型。如果要建立一个打开文件的对话框，其值设为：OPEN_DIALOG。如果要建立一个保存文件对话框，其值设为：SAVE_DIALOG。

（2）dialogTitle

对话框标题栏显示的字符串。

（3）currentDirectory

设置文件的当前目录。数据类型是 File。如果要使用当前目录，可以用方法 set CurrentDirectory(new File(“.”))。

（4）selectedFile

属性类型是：File，代表用户选定的文件。可以利用方法 getSelectedFiles()从对话框返回用户选定的文件。如果想设置一个默认的文件名使用，可以使用方法 setSelectedFile(new File(filename))。

2．显示对话框的方法

- public int showOpenDialog(Component)：显示 Open 对话框。让用户选择一个文件。

● public int showSaveDialog(Component)：显示 Save 对话框。让用户保存文件。
● 两个方法返回的值要么是 APPROVE_OPTION（用户单击了确定按钮 OK），要么是 CANCEL_OPTION（用户选择了取消按钮 Cancel）。

【例 10-15】 使用 JFileChooser 打开和保存文件。创建一个记事本，该记事本允许用户打开一个已经存在的文件、编辑文件，并把内容保存在当前文件，或保存在指定的文件中。

程序清单 10-15　FileDialogDemo.java

```
import java.awt.*; import java.awt.event.*;
import java.io.*; import javax.swing.*;
public class FileDialogDemo extends JFrame   implements ActionListener
{ private JMenuItem jmiOpen, jmiSave,jmiExit, jmiAbout;          //菜单项：Open, Save, exit, and About
  private JTextArea jta = new JTextArea();    //作为显示和编辑文本的文本区
  private JLabel jlblStatus = new JLabel();     // 用于显示文件的打开状态
  private JFileChooser   jFileChooser = new JFileChooser();    //创建文件对话框
  public static void main(String[] args)
  {
    FileDialogDemo frame = new FileDialogDemo();
    frame.setSize(300, 150);      frame.setVisible(true);
  }
  public FileDialogDemo()
  {   setTitle("文件对话框");
    JMenuBar mb = new JMenuBar();           //创建菜单条
    setJMenuBar(mb);//将菜单条与窗口关联起来

    JMenu fileMenu = new JMenu("文件");  // 创建 fileMenu 菜单
    mb.add(fileMenu);                    // 将 fileMenu 加入菜单条 mb 中
    JMenu helpMenu = new JMenu("帮助"); // 创建 helpMenu 菜单
    mb.add(helpMenu);                    // 将 helpMenu 加入菜单条 mb 中

    // 创建菜单项，并将它们加入菜单 fileMenu 中
    fileMenu.add(jmiOpen = new JMenuItem("Open"));
    fileMenu.add(jmiSave = new JMenuItem("Save"));
    fileMenu.addSeparator();                    //加分隔符
    fileMenu.add(jmiExit = new JMenuItem("Exit"));
    helpMenu.add(jmiAbout = new JMenuItem("About"));

    jFileChooser.setCurrentDirectory(new File("."));       // 将当前目录设置为缺省目录

    // 修改框架的布局方式
    getContentPane().add(new JScrollPane(jta),   BorderLayout.CENTER);
    getContentPane().add(jlblStatus, BorderLayout.SOUTH);
    // 为菜单项注册监听器
    jmiOpen.addActionListener(this);      jmiSave.addActionListener(this);
    jmiAbout.addActionListener(this);      jmiExit.addActionListener(this);
  }
  public void actionPerformed(ActionEvent e)              // 处理菜单项产生的事件
```

```
{ String actionCommand = e.getActionCommand();
  if (e.getSource() instanceof JMenuItem)
  {
    if ("Open".equals(actionCommand))
      open();
    else if ("Save".equals(actionCommand))
      save();
    else if ("About".equals(actionCommand))
      JOptionPane.showMessageDialog(this, "对话框", "About This Demo",
        JOptionPane.INFORMATION_MESSAGE);
    else if ("Exit".equals(actionCommand))
      System.exit(0);
  }
}
private void open()                    // 打开文件
{
  if (jFileChooser.showOpenDialog(this) == JFileChooser.APPROVE_OPTION)
  {
    System.out.println("File name is " + jFileChooser.getSelectedFile());
    open(jFileChooser.getSelectedFile());
  }
}
private void open(File file)        // 打开指定的文件
{ try
  {  //从文件中读取数据，并保存到文本区 jta 上
    BufferedInputStream in = new BufferedInputStream( new FileInputStream(file));
    byte[] b = new byte[in.available()];
    in.read(b, 0, b.length);   jta.append(new String(b, 0, b.length));
    in.close();

    jlblStatus.setText(file.getName() + " Opened");// 用 jlblStatus 显示文件的打开状态
  }
  catch (IOException ex)
  {
    jlblStatus.setText("Error opening " + file.getName());
  }
}
private void save()            // 保存文件
{ if (jFileChooser.showSaveDialog(this) == JFileChooser.APPROVE_OPTION)
  {
    save(jFileChooser.getSelectedFile());
  }
}
private void save(File file)  // 用指定的文件名保存文件
{ try
  {  // 将文本区 jta 的内容写到指定文件中
```

```
            BufferedOutputStream out = new BufferedOutputStream( new FileOutputStream(file));
            byte[] b = (jta.getText()).getBytes();
            out.write(b, 0, b.length);        out.close();
            jlblStatus.setText(file.getName()   + " Saved ");//用 jlblStatus 显示文件的存储状态
        }
        catch (IOException ex)
        {
            jlblStatus.setText("Error saving " + file.getName());
        }
    }
}
```

程序运行结果如图 10-14 所示。

图 10-14　FileDialogDemo. java

10.11.4　JColorChooser 类

javax.swing.JColorChooser 类的类方法 showDialog()可以创建颜色对话框。

```
public static Color showDialog(Component component,String title,Color color)
```

其中，参数 component 指定对话框所依赖的组件，title 指定对话框的标题，color 指定对话框返回的初始颜色，即对话框消失后返回的默认值。该方法根据用户在颜色对话框中选择的颜色，返回一个颜色对象。

【例 10-16】 当用户单击按钮时，弹出一个颜色对话框，然后根据用户选择的颜色来改变按钮的颜色。

程序清单 10-16　Customer.java

```
import java.awt.event.*;   import java.awt.*;   import javax.swing.JColorChooser;
class DefineFrame extends Frame implements ActionListener
{    Button colorButton;
     DefineFrame(String windowTitle)
     {   super(windowTitle);
         colorButton=new Button("打开颜色对话框");
         setLayout(new FlowLayout());     add(colorButton);     setBounds(70,70,400,400);
         setVisible(true);       validate();
         colorButton.addActionListener(this); //为按钮注册监听器，按钮产生的事件由 this 处理

         addWindowListener(new WindowAdapter()
         {    public void windowClosing(WindowEvent e)
              {       System.exit(0);       }
         });
     }

//处理按钮事件的处理器
public void actionPerformed(ActionEvent e)
```

```
    {
        Color getColor=JColorChooser.showDialog(this,"调色板",colorButton.getBackground());
        colorButton.setBackground(getColor);
      }
    }
public class  Customer  //定义测试类 Customer
{   public static void main(String args[])
   {     new DefineFrame("带颜色对话框的窗口");}
}
```

程序运行结果如图 10-15 所示。

图 10-15 Customer.java

10.12 鼠标事件

用户通过鼠标和键盘作用于事件源，事件源就产生鼠标事件。Java 把鼠标事件分成两组，一组事件由 MouseListener 接口中的方法处理，另一组事件由 MouseMotionListener 接口中的方法处理。

10.12.1 MouseEvent 类

鼠标事件是用 MouseEvent 类创建的对象。MouseEvent 对象封装了鼠标信息和事件源信息。在 MouseEvent 类中，获取鼠标信息和事件源信息的方法如下：

- public int getX()：获取鼠标在事件源的坐标系中的 x 坐标。
- public int getY()：获取鼠标在事件源的坐标系中的 y 坐标。
- getModifiers()：获取鼠标的左键或右键。左键和右键分别使用 InputEvent 类中的常量 BUTTON1_MASK 和 BUTTON3_MASK 来表示。
- public int getClickCount()：获取鼠标单击的次数。

- getSource()：获取产生鼠标事件的事件源。
- public boolean isAltDown()：判断鼠标事件发生时是否按下了〈Alt〉键。
- public boolean isControlDown()：判断鼠标事件发生时是否按下了〈Ctrl〉键。
- public boolean isShiftDown()：判断鼠标事件发生时是否按下了〈Shift〉键。
- public boolean isMetaDown()：如果按下鼠标右键，则返回 true。

10.12.2 MouseListener 接口

MouseListener 接口处理的具体鼠标事件有：鼠标按下、鼠标释放、鼠标进入、鼠标离开和单击鼠标等 5 种事件。

1．为事件源注册监听器的方法

为了监听鼠标按下、鼠标释放等五种事件，为事件源注册监听器的方法如下：

```
事件源．addMouseListener(监听器)；
```

2．MouseListener 接口中的方法

MouseListener 接口中处理鼠标按下、鼠标释放等五种事件的方法如下：

- mousePressed(MouseEvent)：负责处理鼠标按下事件，即在事件源上按下鼠标时，监听器中的该方法负责处理该事件。
- mouseReleased(MouseEvent)：负责处理鼠标释放事件。即在事件源上释放鼠标时，监听器中的该方法负责处理该事件。
- mouseEntered(MouseEvent)：负责处理鼠标进入事件。即当鼠标进入事件源时，监听器中的该方法负责处理该事件。
- mouseExited(MouseEvent)：负责处理鼠标离开事件。即当鼠标离开事件源时，监听器中的该方法负责处理该事件。
- mouseClicked(MouseEvent)：负责处理单击鼠标事件。即当单击鼠标时，监听器中的该方法负责处理该事件。

【例 10-17】 在这个小程序中有一个文本框，负责记录鼠标事件。当鼠标进入小程序时，文本区显示“鼠标进入”；当鼠标离开时，文本区显示“鼠标离开”；当鼠标被按下时，文本区显示“鼠标被按下”并显示鼠标的坐标。

程序清单 10-17 MouseEventDemo.java

```
import java.awt.*; import java.awt.event.MouseEvent;   import java.awt.event.MouseListener;
import java.awt.event.WindowAdapter;   import java.awt.event.WindowEvent;
public class   MouseEventDemo     implements     MouseListener
{   Frame f = new Frame("鼠标事件 1");
  TextArea text = new TextArea(20, 20);
  public MouseEventDemo ()
  {   f.add(text);
    text.addMouseListener(this); //为文本区加入监听器
    f.setVisible(true);             f.setSize(300, 200);        f.setVisible(true);
    f.addWindowListener(new WindowAdapter()
    {        public void windowClosing(WindowEvent e)
```

```
            {    System.exit(0);      }
        });
    }
    public static void main(String[] args)
    {     new MouseEventDemo();   }
    public void mouseClicked(MouseEvent arg0)
    {    text.append("单击\n");   }
    public void mouseEntered(MouseEvent arg0)
    {    text.append("进入\n");   }
    public void mouseExited(MouseEvent arg0)
    {     text.append("离开\n");   }
    public void mousePressed(MouseEvent arg0)
    {    text.append("按下\n");   }
    public void mouseReleased(MouseEvent arg0)
    {     text.append("放开\n");   }
}
```

程序运行结果如图 10-16 所示。

图 10-16　MouseEventDemo.java

10.12.3　MouseMotionListener 接口

使用 MouseMotionListener 接口可处理两种具体鼠标事件：在事件源上移动鼠标和拖动鼠标。

1．为事件源注册监听器的方法

为了监听鼠标移动和拖动事件，给事件源注册监听器的方法如下。

```
事件源．addMouseMotionListener(监听器)；
```

2．MouseMotionListener 接口中的方法

MouseMotionListener 接口中处理鼠标移动和拖动事件的抽象方法如下：

- mouseDragged(MouseEvent)：负责处理鼠标拖动事件，即在事件源上按下鼠标左键并拖动鼠标时，监听器中的该方法对事件作出处理。
- mouseMoved(MouseEvent)：负责处理鼠标移动事件，即在事件源上移动鼠标时，监听器中的该方法对事件作出处理。

【例 10-18】　在面板上按住鼠标左键移动鼠标，就可以绘制图形，按住鼠标右键移动鼠标，就可以擦去所画的图形。

程序清单 10-18　ScribbleDemo.java

```
import java.awt.*; import javax.swing.*;import java.awt.event.*;
public class ScribbleDemo extends JApplet
{ public static void main(String[] args) // 主方法使 Applet 程序作为应用程序执行
  {    JFrame frame = new JFrame("Scribbling Demo");
       ScribbleDemo applet = new ScribbleDemo(); //创建小程序的一个实例
       frame.getContentPane().add(applet, BorderLayout.CENTER);//将小程序加入内容窗格
       applet.init();       applet.start();// 调用方法 init() and start()
```

```
            frame.setSize(300, 300);
            frame.setDefaultCloseOperation(JFrame.EXIT_ON_CLOSE);    frame.setVisible(true);
    }

    public void init()// 初始化小程序的方法定义
    {    // 创建一个面板，并将它加入小程序的窗格中
        getContentPane().add(new ScribblePanel());
    }
}
// 定义面板 ScribblePanel，在该面板用鼠标绘制图形
class ScribblePanel extends JPanel    implements MouseListener, MouseMotionListener
{   final int CIRCLESIZE = 20; // Circle diameter used for erasing
    private Point lineStart = new Point(0, 0); // Line start point
    private Graphics g; // 用于绘制图形的对象
    public ScribblePanel()
    {   // 为面板注册鼠标监听器
      addMouseListener(this);     addMouseMotionListener(this);
    }
    public void mouseClicked(MouseEvent e)
    {       }
    public void mouseEntered(MouseEvent e)
    {  }
    public void mouseExited(MouseEvent e)
    {  }
    public void mouseReleased(MouseEvent e)
    {  }
    public void mousePressed(MouseEvent e)
    {
      lineStart.move(e.getX(), e.getY());
    }
    public void mouseDragged(MouseEvent e)
    {
      g = getGraphics(); // 获得面板对应的图形对象

      if (e.isMetaDown()) // 检测鼠标右键是否被按下
      {
        // 使用椭圆形擦除绘制的图形
        g.setColor(getBackground());
        g.fillOval(e.getX() - (CIRCLESIZE/2),
             e.getY() - (CIRCLESIZE/2), CIRCLESIZE, CIRCLESIZE);
      }
      else
      {
        g.setColor(Color.black);    g.drawLine(lineStart.x, lineStart.y, e.getX(), e.getY());
      }
      lineStart.move(e.getX(), e.getY());
      g.dispose(); // 释放图形对象
```

```
    }
    public void mouseMoved(MouseEvent e)
    { }
}
```

10.13 键盘事件

当一个组件处于激活状态时，敲击键盘上任意一个键，这个组件就产生了键盘事件。可以利用键来控制和执行一些操作，或从键盘上进行输入。

1．KeyEvent 类

当键盘作用于事件源时，事件源就产生一个键盘事件，即用 KeyEvent 类创建的对象。KeyEvent 对象封装了键盘信息。KeyEvent 类中，获取键盘信息的方法如下：

- public int getKeyCode()：判断哪个键被按下、敲击或释放。该方法返回一个键码值，如表 10-2 所示。

表 10-2 键码表

键名称	对应的常量	键名称	对应的常量
功能键 F1～F12	VK_F1-VK_F12	Tab（制表符键）	VK_TAB
"←"（向左箭头键）	VK_LEFT	BackSpace（退格键）	VK_BACK_SPACE
"→"（向右箭头键）	VK_RIGHT	Esc 键	VK_ESCAPE
"↑"（向上箭头键）	VK_UP	取消键	VK_CANCEL
"↓"（向下箭头键）	VK_DOWN	清除键	VK_CLEAR
小键盘的向上箭头键"↑"	VK_KP_UP	Shift 键	VK_SHIFT
小键盘的向下箭头键"↓"	VK_KP_DOWN	Ctrl 键	VK_CONTROL
小键盘的向左箭头键"←"	VK_KP_LEFT	Alt 键	VK_ALT
小键盘的向右箭头键"→"	VK_KP_RIGHT	暂停键	VK_PAUSE
End 键	VK_END	空格键	VK_SPACE
Home 键	VK_HOME	逗号键"，"	VK_COMMA
Page Down（向后翻页键）	VK_PAGE_DOWN	分号键"；"	VK_SEMICOLON
Page Up（向前翻页键）	VK_PAGE_UP	"."键	VK_PERIOD
Print Screen Sysrq（打印屏幕键）	VK_PRINTSCREEN	"/"键	VK_SLASH
Scroll Lock（滚动锁定键）	VK_SCROLL_LOCK	"\"键	VK_BACK_SLASH
Caps Lock（大写锁定键）	VK_CAPS_LOCK	0～9 键	VK_0~VK_9
Num Lock（数字锁定键）	VK_NUM_LOCK	a～z 键	VK_A~VK_Z
Pause Break（暂停键）	PAUSE	"["键	VK_OPEN_BRACKET
键名称	对应的常量	"]"键	VK_CLOSE_BRACKET
Insert（插入键）	VK_INSERT	小键盘上的 0～9 键	VK_UNMPAD0-VK_NUMPAD9
Delete（删除键）	VK_DELETE	单引号键" ' "	VK_QUOTE
Enter（回车键）	VK_ENTER	单引号键"'"	VK_BACK_QUOTE

- public char getKeyChar()：判断哪个键被按下、敲击或释放。该方法返回键的字符。

● KeyEvent 类为许多键定义了常量，表 10-2 列出了一些常用的键和对应的常量。

2．为事件源注册监听器的方法

为了监听键盘事件，给事件源注册监听器的方法如下：

```
事件源．addKeyListener (监听器) ；
```

3．KeyListener 接口中的方法

下面是 KeyListener 接口中处理键盘事件的 3 个抽象方法：

● public void keyPressed(KeyEvent e)：按下键时调用该方法。

● public void keyReleased(KeyEvent e)：松开键时调用该方法。

● public void keyTyped(KeyEvent e)：按下并松开键时调用该方法。

【例 10-19】 用户输入一个字符，然后使用箭头键（上、下、左、右）移动字符。

程序清单 10-19　KeyboardEventDemo.java

```
import java.awt.*; import java.awt.event.*; import javax.swing.*;
public class KeyboardEventDemo extends JApplet
{   private KeyboardPanel keyboardPanel = new KeyboardPanel();
  public static void main(String[] args)          // 作为应用程序运行
  {    JFrame frame = new JFrame("KeyboardEvent Demo");
       KeyboardEventDemo applet = new KeyboardEventDemo();     //创建一个小程序实例
       frame.getContentPane().add(applet, BorderLayout.CENTER); //将小程序容器加入框架中
       applet.init();      applet.start();          // 调用方法 init() 和 start()
       frame.setSize(300, 300);
       frame.setDefaultCloseOperation(JFrame.EXIT_ON_CLOSE);   frame.setVisible(true);
       applet.focus();                              // 使面板 keyboardPanel 获得焦点
  }
  public void init()     // 将面板 keyboard panel 加入 Applet 容器，并接受和显示用户输入
  {   getContentPane().add(keyboardPanel);
      focus();           //使 Applet 获得焦点，即，面板 keyboard panel 获得焦点。
  }
  public void focus()  // 使面板 keyboard panel 获得焦点，接受用户输入
  {
       keyboardPanel.requestFocus();
  }
}
class KeyboardPanel extends JPanel implements KeyListener // KeyboardPanel 接受用户输入
{ private int x = 100;
  private int y = 30;
  private char keyChar = 'H';        // 缺省键
  public KeyboardPanel()
  {
    addKeyListener(this);            // 为面板注册监听器
  }
  public void keyReleased(KeyEvent e)
  {  }
  public void keyTyped(KeyEvent e)
  {  }
```

```
    public void keyPressed(KeyEvent e)
    { switch (e.getKeyCode())
      {
        case KeyEvent.VK_DOWN: y += 10; break;
        case KeyEvent.VK_UP: y -= 10; break;
        case KeyEvent.VK_LEFT: x -= 10; break;
        case KeyEvent.VK_RIGHT: x += 10; break;
        default: keyChar = e.getKeyChar();
      }
      repaint();
    }
    public void paintComponent(Graphics g)    //在面板上绘制字符
    {   super.paintComponent(g);
        g.setFont(new Font("TimesRoman", Font.PLAIN, 24));
        g.drawString(String.valueOf(keyChar), x, y);
    }
  }
```

如果用户按下的是一个非光标键，就会显示该键对应的字符。若按下的是光标键，字符就会按照相应的方向移动。

由于从键盘输入字符或者通过光标键移动字符，因此，必须监听键盘事件 KeyEvent，监听器就应该实现接口 KeyListener，以处理键盘输入。

在默认情况下，最后一个加入容器中的组件获得焦点。因此，当把包含面板 keyboardPanel 的 applet 容器加入 frame 框架中时，焦点就是 applet 容器。在这种情况下，必须通过程序设置 keyboardPanel 的焦点。

10.14 本章小结

所有的组件都是类 Component 的子类对象。Component 提供了三个重要的方法，它们是：paint(Graphics g)、update(Graphics g)和 repaint()，程序员常使用这三个方法在组件视区上绘制、清除和重新绘制图形。

对话框分为无模式和有模式两种。有模式的对话框处于激活状态时，程序只能响应对话框及内部组件产生的事件，只有当对话框消失或不可见后，才能激活对话框外其他窗口或组件。无模式对话框处于激活状态时，用户仍能激活它所依赖的窗口或组件。

Dialog 与 Frame 都是 Window 的子类，二者不同之处在于，Dialog 创建的对话框没有添加菜单的功能，而且对话框必须要依赖于某个窗口或组件。

Java 把鼠标事件分成两组，一组事件由接口 MouseListener 中的方法处理，另一组事件由 MouseMotionListener 接口中的方法处理。

当键盘作用于事件源时，事件源就产生一个键盘事件。键盘事件是用 KeyEvent 类创建的对象。KeyEvent 对象封装了键盘信息。

10.15 习题

1．编写程序，用绘图方法在面板中显示乘法表。

2．编写程序画出函数 f(x)=2x+x*x 的图像。提示：创建表示坐标的数组 x[]和 y[],并使用 DrawPolyline 连接这些点。

3．分别编写两个程序，画出正弦函数、余弦函数的图像。

4．编写一个通用类来绘制函数图像，这个类的定义如下：

```
public abstract class DrawFunction extends Jpanel
{   abstract double f(double x);
    // 绘图方法
    public void drawFunction()
    {
        //Complete the code to draw a diagram for the function f
    }
}
```

实现 drawFunction 方法，并分别用下述函数检验这个类：

f(x)=2x*x; f(x)=2cos(x)+3sin(x); f(x)=log(x)+x*x;

对每一个函数，创建 DrawFunction 的一个扩展类并实现 f 方法。

5．编写程序，画出四叶风扇。用蓝色画圆，红色画扇叶。要使风扇可重用，创建一个面板来显示它，并把面板放到框架中。这个面板在其他任何地方都可以重复使用。

6．定义一个面板，其中包含两个文本框，在一个文本框中输入中文单词并按 Enter 键后，在另一个文本框中显示对应的英文。

7．编写一个小应用程序，设计 4 个按钮，分别命名为“加”、“减”、“乘”、“除”，以及 3 个文本框。单击相应的按钮，将两个文本框的数字做算术运算，在第三个文本框中显示运算的结果。

8．定义一个面板类，包含一个文本框，在文本框中输入颜色常量并按 Enter 键后，面板的背景色被设置为文本框中输入颜色。

9．参考 Windows 平台的 NotePad 程序，编写一个简单的“记事本”程序。

10．假定一个 JButton 对象 jbtok 编写程序设置按钮的前景色为红色、背景色为黄色、热键为“b”，工具提示文本为“我是按钮” 水平对齐方式设置 left、垂直对齐方式位置 botton、水平对齐文本位置为 right、垂直文本位置为 top，而图标文本间隔设置为 5 像素。

11．如何创建一个 20 列的文本区，并且将默认文本设置为“我是文本区”？如何检验文本域是否为空？

12．为什么监听器类必须实现适当的接口？事件与接口有什么关系？

13．一个事件源可以有多个监听器吗？一个监听器可以监听多个事件源吗？一个事件源可以监听自己吗？

14．一个监听器类需要覆盖接口中的所有方法吗？适配器类有什么好处？

15．鼠标的按下、释放、单击、移入和退出的接口是什么？鼠标移动和拖动的接口是什么？

16．键盘上每个键是否都有统一码？KeyEvent 类中的键编码是否等于统一码？

17．编写程序，读取键盘输入的字符并将其显示到鼠标所指的位置。

第 11 章　Applet 小程序

一个 Java 小程序由若干个类组成，其中必须有一个类扩展了 Applet 类或其子类，必须把该类定义为 public 类。

小程序不能独立存在，必须将其嵌入到超文本文件（.html 文件或.htm 文件）中，然后通过浏览器中的 java 虚拟机（JVM）调用小程序中的相应方法来执行小程序。

11.1　小程序的结构

Applet 类提供了一个基本的框架，它包含 4 个基本的方法。程序员根据需要，扩展 Applet 类或子类，对其中的 4 个基本方法进行重写，即把我们希望执行的代码写在这 4 个方法中。

1．小程序的基本结构

下面是一个小程序的结构：

```
public class MyApplet extends java.applet.Applet //MyApple 类被定义为 public 类
{  //在这里定义成员常量和成员变量；
    public void init()//当网页包含小程序时，浏览器调用该方法对小程序进行初始化
    {
        //这里写希望要执行的代码
    }
    public void start()//浏览器执行 init()方法后，接着调用该方法
    {
        //这里写希望要执行的代码
    }
    public void stop()//当浏览器离开包含小程序的页面时调用该方法
    {
        //这里写希望要执行的代码
    }
    public void destroy()//当浏览器退出包含小程序的页面时调用该方法
    {
        //这里写希望要执行的代码
    }
    //如果有必要，调用或重写父类中的其他方法，则可以重写父类中的 paint()方法以绘制图像
}
```

从以上程序可以看出，程序员定义的 MyApplet 类扩展了 Applet 类，并对 Applet 类中的四个方法进行重写。

2．小程序执行流程

浏览器通过调用方法 init()、start()、stop()和 destroy()来控制 Applet 程序执行流程。在

Applet 类中，上面 4 个方法什么也不做。为了在 Applet 程序中实现用户希望的功能，程序员在扩展 Applet 类或 JApplet 时，应该对其中的方法进行重写，这样浏览器在执行时将调用预先编写好的代码。如图 11-1 所示说明了浏览器如何调用这些方法。

如图 11-1 所示可以看出，init()和 destroy()方法只执行一次，start()、stop()方法可能多次执行。

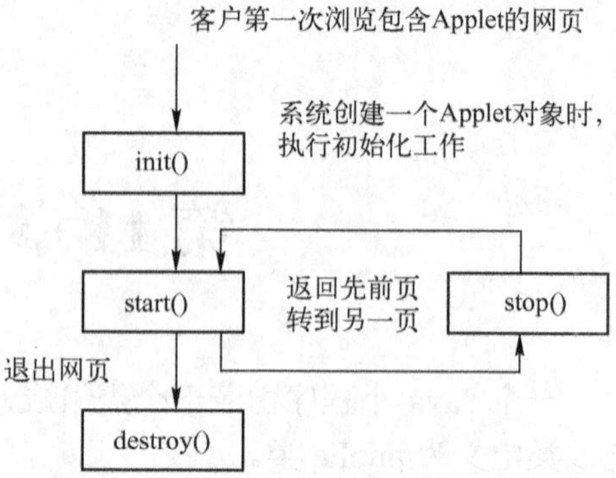

图 11-1　Web 浏览器调用 4 个方法的流程

11.1.1　init()方法

当浏览器第一次访问包含 Applet 小程序的网页时，系统就会以 Applet 主类为模板创建一个 Applet 对象，然后调用对象中的 init()方法。在 Applet 对象的生命周期内，init()方法仅执行一次。

定义小程序的主类时，把进行初始化工作的代码写在 init()方法中。通常该方法实现的功能包括创建新线程、装载图像、创建用户界面组件以及从 HTML 网页的<applet>标记中获取参数值。

11.1.2　start()方法

对包含小程序的页面来说，每当用户进入网页，浏览器执行完 init()方法后，浏览器会自动调用 start()方法。当浏览器从图标状态恢复到窗口状态，或者再次访问包含 Applet 的网页时，Applet 对象又被激活，这时又会调用 start()方法。在 Applet 对象的生命周期内，start()方法可以被浏览器多次调用。例如，当用户离开包含 Applet 的网页，或访问其他网页后又回到包含 Applet 的该网页时，start()方法又会被调用。

如果每次访问包含 Applet 的网页都需执行某一操作，则可将该操作写在 start()方法中。例如，包含动画的 Applet 网页就需要在 start()方法中添加刷新动画的操作。

11.1.3　stop()方法

与 start()方法恰好相反，每当用户离开网页时，浏览器就会自动调用 stop()方法。当用户离开包含 Applet 的网页，或者浏览器从窗口状态变为图标状态时，浏览器就自动执行 stop()方法。在 Applet 对象的生命周期内，stop()方法可以被浏览器多次调用。

如果离开包含 Applet 的网页前还有其他需要执行的操作，则应把这些操作写在 stop()方法中。例如，在用户离开网页前，在 Applet 中还有一些线程在继续运行，这时应使用 stop()方法挂起这些正在运行的线程，让不活动的 Applet 对象释放系统资源。

11.1.4　destroy()方法

浏览器正常关闭包含 Applet 的网页，或者关闭 Applet 对象中的组件时，浏览器会通知 Applet 对象，让它释放所有的资源，这时就会调用 destroy()方法。stop()方法总是在 destroy()方法之前调用。在 Applet 对象的生命周期内，destroy()方法仅执行一次。

在销毁 Applet 对象之前，如果还有需要执行的操作，则应把这些操作写在 destroy()方法中。通常情况下，不需要覆盖这一方法，除非要释放指定的资源，如 Applet 所创建的线程等。

11.2　HTML 文件与 Applet 程序

为了运行小程序，必须编写一个 HTML 文件。在 HTML 文件中，用<applet>标记把小程序的字节码文件嵌入到网页中。如果要向小程序中传递参数，则需要使用<param>标记。

下面编写一个 HTML 文件（文件名为 first.html），文件内容如下。

```
<html>
    <head>
        <title>演示小程序</title>
    </head>
    <body>

        <applet
          code = "DisplayMessage.class"                          //小程序的字节码文件
          width = 500
          height =500
          alt="You must have a JDK 1.2-enabled browser to view the applet">

          <param name = "message"     value = "Happy New Year">       //声明参数变量 message
          <param name = "fontName"    value = "Book antiqua">         //声明参数变量 fontName
        </applet>
    </body>
</html>
```

11.2.1　<applet>标记

<applet>标记必须嵌入在 HTML 文件中的<body>与</body>标记之间，用于指定 Applet 程序的字节码文件、视区大小（Applet 容器的宽度和高度）和其他相关参数。<applet>标记的语法如下：

```
< applet
    code=classfilename.class
    width= applet_viewing_width_in_pixels
    height= applet_viewing_height_in_pixels

    [archive=archivefile]
    [codebase=applet_url]                                  //标签 applet 的属性和属性值
    [vspace=applet_url]
    [hspace=horizontal_margin]
    [align=applet_alignment]
    [alt=alternative_text]
>
```

```
        <param name=param_name1 value=param_value1>
        < param name=param_name2 value=param_value2>
        ...
        < param name=param_name3 value=param_value3>
    </applet>
```

在使用<applet>标记时，必须给出属性 code、width 和 height 的值，其余属性是可选的。

- archive：利用这一属性可以引导浏览器装载一个存档文件，该文件包含运行 Applet 所需要的所有类文件。存档属性允许 Web 浏览器从一个压缩文件中一次装载所有需要的类（字节码文件），这样可以减少装载时间，提高执行效率。
- codebase：如果不使用这一属性，Web 浏览器将从<applet>标记所属网页的目录下装载 Applet。如果 Applet 与 HTML 网页不在同一目录下，则必须为浏览器指定装载小程序的位置，即 codebase 的属性值（applet-url）。利用这一属性，可以从 Internet 上的任何地方装载小程序需要的类。必要时，小程序动态地装载所使用的类。
- vspace 和 hspace：这两个属性用来指定 Applet 垂直方向和水平方向空白边界的大小，度量单位为像素。
- align：指定 Applet 容器在浏览器中是如何对齐的。使用下列 9 个值之一来指定 Applet 容器在网页中的对齐方式：left、right、top、texttop、middle、absmiddle、baseline、bottom 和 absbottom。
- alt：当浏览器不能调用 Applet 时，可以使用这一属性来显示相关信息。

注意：W3 国际协会（www.w3.org）引进了<object>标记，用来代替<applet>标记。<object>标记比<applet>标记更具可选性和灵活性，然而本书仍然采用<applet>标记，因为到目前为止，并非所有的 Web 浏览器都支持<object>标记。

下面通过一个例子来说明编辑、编译、编写 HTML 文件、执行小程序的全过程。

1．编辑 Applet 程序

【例 11-1】 用“记事本”编写小程序。小程序演示画直线。

程序清单 11-1　Straight_line.java

```
import java.applet.*; import java.awt.*; import javax.swing.*;
public class Straight_line extends Applet
{ private int x1,y1,x2,y2;
  public void init()
  {   x1=30;y1=40;x2=200;y2=300;     }
  public void paint(Graphics g)
  {   g.drawLine(x1,y1, x2,y2);    }
  public void start()
  {
      JOptionPane.showMessageDialog(this, "欢迎光临", "小程序启动画直线",
          JOptionPane.INFORMATION_MESSAGE);
      repaint();
  }
  public void stop()
  {
```

```
        JOptionPane.showMessageDialog(this, "欢迎再次光临", "哈哈，再见！",
            JOptionPane.INFORMATION_MESSAGE);
    }
}
```

当保存上面的源文件时，必须将其命名为 Straight_line.java，假设保存在 d:\user 目录下。

2．编译小程序

```
d:\user>javac Straight_line.java
```

编译成功后，文件夹 d:\user 下会生成一个 Straight_line.class 文件。如果源文件有多个类，则将生成多个.class 文件，都和源文件在同一文件夹里。

3．编写 HTML 文件

我们必须编写一个超文本文件，通过<applet>标记嵌入 Applet 程序。

在此使用“记事本”编写一个超文本文件，将其命名为 Straight_line.html，保存在 d:\user 目录下。其中，扩展名必须是.html，主文件名只要符合 Java 标识符规定即可。文件内容如下：

```
<html>
<head>
<title>通过浏览器执行 Straight_line 小程序</title>
</head>
<body>

< applet code=Straight_line.class
    height=180
    width=300
>
</applet>
</body>
</html>
```

超文本中的标记<apple … >和</applet>告诉浏览器将运行一个 Applet 小程序，code 属性值则用于告诉浏览器将要执行的 Applet 主类的字节码文件。

4．执行小程序

```
d:\user>appletviewer    Straight_line.html
```

如果浏览器访问的网页包含一个小程序，当遇到 code 属性时，浏览器将以 code 属性值（主类）为模板创建一个 Applet 对象，并调用 init()方法实现对象初始化。执行 init()方法后，浏览器将调用 start()方法。当用户离开本网页，转而去浏览其他网页，则执行 stop()方法。若用户回到原先包含小程序的网页，则又会调用 start()方法。若用户改变了 Applet 容器的大小，浏览器就会调用 paint(Graphics g)方法对视区进行重新绘制。若用户关闭浏览器，就会调用 destroy()方法销毁 Applet 对象。

Applet 对象从创建到销毁这段时间称为 Applet 的生命周期。由上可见，在一个 Applet

对象的生命周期内，浏览器必然会调用 Applet 对象中的 4 个方法，即 init()、start()、stop()和 destroy()。如果涉及视区重新绘制，则会调用 paint(Graphics g)方法。

11.2.2 <param>标记

利用<param>标记，可以将 HTML 文件中声明的参数值传递给 Applet 小程序。<param>标记主要用于声明参数变量和参数值，该标记必须嵌入到<applet>标记之中。

1．声明参数变量和参数值

用<param>标记声明参数变量和参数值的语法格式如下：

```
<param name = "parametername"    value = parametervalue >
```

该标记声明了一个参数变量为 parametername、参数值为 parametervalue，并且，上面语句表示以下语句的含义：

```
parametername = parametervalue  ;
```

2．向小程序传递参数值

【例 11-2】 在网页文件（HTML 文件）中定义变量和值，然后把变量的值传递给小程序。

（1）编写小程序（DisplayMessage.java）

程序清单 11-2　DisplayMessage.java

```
import java.awt.event.*; import java.awt.*; import java.applet.Applet;   import java.applet.*;
public class DisplayMessage   extends Applet
{   int i,n,s,sum;
    Panel p;
    public void init()
    {   i=0;sum=0;
        n=Integer.parseInt(getParameter("Nu"));       //获取 html  文件中的变量 NU 的值
        s=Integer.parseInt(getParameter("Su"));       //获取 html  文件中的变量 SU 的值
        p =new Panel();
        setVisible(true);
        p.setLayout(new FlowLayout());
        setSize(500,300);        setLayout(new BorderLayout());
        add(p,BorderLayout.SOUTH);
    }

   public void start()
   {     i=n/s;
         for(int j=1;j<=i;j++)      sum=sum+j;
   }
   public void stop() { }
   public void destroy(){ }
   public void paint(Graphics g)
   {   g.setColor(Color.blue);   g.drawString("程序设计方法",20,60);
       g.setColor(Color.red);     g.drawString(n+"/"+s+"="+i+"\n"+" sum="+sum,20,100);
```

```
    }
  }
```

上面程序中的"Nu"、 "Su"分别是下面 HTML 文件中定义的两个参变量。

（2）HTML 文件中的<param>标记

DisplayMessage.html 文件内容如下：

```
<html>
    <head>
        <title>把本页面上的参数值传递给上面的小程序 DisplayMessage.java </title>
    </head>
    <body>
        <p>
        <applet
            code = "DisplayMessage.class"
            width = 300
            height = 300
            alt="You must have a Java-enabled browser to view the applet">
             <param name=Nu     value=15> //定义变量 Nu=15
             <param name=Su     value=4>  //定义变量 Su=4

        </applet>
    </body>
</html>
```

下面再举一个参数传递的例子。

【例 11-3】 通过网页文件给小程序传递变量值，并显示飞行的字符串（flying words）。

程序清单 11-3　FlyWord.java

```
import java.awt.*; import java.applet.*; import java.awt.event.*;
public class FlyWord   extends   Applet implements   Runnable
{  Image image;              //声明 Image 型变量
   Graphics graphics;        //声明 Graphics 型变量
   Font font;
   String message;           //显示的字符串
   Thread thread;            //飞行运动线程
   int xpos,ypos,fontsize;   //x、y 坐标及字体大小
   public void init()
   {  image=createImage(getSize().width,getSize().height);    //得到 Image 实例
      graphics=image.getGraphics();                            //得到 Graphics 实例
      message=getParameter("Message");                         //传递参数
      addMouseListener(new MouseListener()                     //添加监听器
        {  public void mousePressed(MouseEvent e)
           {  if(e.getButton()==e.BUTTON1)   System.out.println("hit the left key");}
           public void mouseClicked(MouseEvent e){}
           public void mouseEntered(MouseEvent e){}
```

```
            public void mouseExited(MouseEvent e){}
            public void mouseReleased(MouseEvent e){}
        });
        font=new Font("TimesRoman",Font.BOLD,10);              //实例化字体
    }
    public void start()
    {   if(thread= =null)
        {   thread=new Thread(this);   thread.start();}          //运行线程
    }
    public void run()
    {       while(thread!=null)
        {   if(fontsize>getSize().height)       fontsize=0;
            try{
                        Thread.sleep(50);                        //让出 CPU50 毫秒
              }
            catch(InterruptedException e){      }
            repaint();
        }
    }
    public void stop()
    {   thread=null;}
    public void update(Graphics g)
    {   graphics.setColor(Color.black);                          //设置当前颜色
        graphics.fillRect(0, 0, getSize().width, getSize().height); //填充背景
        font=new Font("TimesRoman",Font.BOLD,fontsize);          //得到字体实例
        graphics.setFont(font);                                  //设置字体
        graphics.setColor(Color.pink);                           //设置当前颜色
        FontMetrics fontMetrics=graphics.getFontMetrics(font);   //得到字体的 FontMetrics 对象
        int fontheight=fontMetrics.getHeight();                  //得到字体高度
        int width;                                               //字体宽度
        int baseline=getSize().height/2+fontheight/2;            //显示文本基线
        width=fontMetrics.stringWidth(message);                  //字符串宽度
        width=(getSize().width-width)/2;                         //显示字符串宽度
        graphics.drawString(message, width, baseline-=20)  ;     //绘制字符串
        g.drawImage(image, 0, 0, this);                          //绘制 Image 对象
        fontsize++;                                              //增加字体尺寸
    }
    public void paint(Graphics g)
    {   update(g);}
}
```

html 文件名：FlyWord.html

```
<html>
    <head>
        <title>FlyWord</title>
    </head>
```

```
    <body>

        <applet
          code = "FlyWord.class"
          width = 300
          height =300
          alt="You must have a JDK 1.2-enabled browser to view the applet">
            <param name=Message value="Flying words">
        </applet>
    </body>
</html>
```

程序运行结果如图 11-2 所示。

图 11-2　例 11.3 程序运行结果

11.3　本章小结

一个 Java 小程序由若干个类组成，其中必须有一个 public 类扩展了 Applet 类。

Applet 类提供了一个基本的框架，其中包含 4 个基本方法。程序员可以根据需要扩展 Applet 类，对其中的 4 个基本方法进行覆盖，以实现客户的需求。

Java 小程序不能独立存在，必须将其嵌入到超文本文件（html 文件）中，通过浏览器调用小程序中的方法来执行小程序。

11.4　习题

1．举例说明如何将一个应用程序转换成一个小程序。

2．编写一个小程序，该程序界面包含 3 个文本框、1 个标签、2 个按钮。单击一个按钮，对 3 个文本框中的数字求和，并把结果显示在标签上；单击另一个按钮，对 3 个文本框中的数字求平方和，并把结果显示在标签上。

3．用小程序实现计算器。

4．编写一个小程序，通过页面给小程序传递参数(x,y)，以(x,y)为圆心坐标，在小程序界面上画一个圆。

5．分别编写三个小程序，在面板上分别用 FlowLayout、GridLayout 和 BorderLayout 布局放置计算器界面，并实现加（+）、减（-）、除（/）、开平方根（sqrt）和求余（%）运算。

6．能把一个 Applet 容器放入一个框架中吗？能将一个框架放入 Applet 容器中吗？

7．如何将一个应用程序转换为 Applet 程序？举例说明。

第4篇　高级技术

第12章　处理异常

我们知道，程序错误分为三种，即，编译错误、运行时错误和逻辑错误。编译错误是因为程序没有遵循语法规则，编译程序能发现错误的原因和位置；运行时错误是因为程序执行时，运行环境发现了不能执行的操作；逻辑错误是因为程序没有按照预期的方案执行。

异常就是指程序运行时发生的错误，而异常处理就是对这些错误进行处理和控制。

12.1　异常现象

当程序运行发生错误时，系统抛出异常对象，并中断程序的正常控制流程。如果程序中没有专门的代码来捕捉和处理异常对象，程序就可能非正常结束，并引起严重问题。

程序运行时出现异常的原因有很多，比如用户输入了一个无效的数据、程序试图打开一个不存在的文件、网络连接可能已经挂起、程序试图访问一个越界的数组元素等。

【例 12-1】 本例演示数组下标越界异常和除数为 0 异常。该程序的作用是从程序执行的命令行中获取两个参数值，即 args[0]和 args[1]，然后计算 args[0]/ args[1]的值。

程序清单 12-1　ArrayException.java

```
public   class   ArrayException
{   public static void main (String args[])
    {   try {   int a=Integer.parseInt(args[0]);  //获取命令行的第一个参数
                int b=Integer.parseInt(args[1]);  //获取命令行的第二个参数
                int c=a/b;                        //第一个参数做被除数，第二个参数做除数
                System.out.print(a+"/"+b+"="+c);
            }
        catch(ArrayIndexOutOfBoundsException e)
          { e.printStackTrace();    System.out.println("缺少命令行参数"); }
        catch(ArithmeticException E)
          { E.printStackTrace();    System.out.println("除数为 0"); }
    }
}
```

程序运行时，正常输出了循环的前四句，但在试图输出 a[4]时，Java 抛出一个异常对象。系统报告了异常对象的类型（java.1ang.ArrayIndexOutOfBoundsException：数组越界异常类）及异常发生所在的方法，同时终止程序运行。

12.2 Java 异常类

异常对象封装了运行时发生的错误的类型及错误发生时程序的状态。Java 语言对程序中可能出现的异常作归类，并对这些异常类进行了预定义。

在图形程序设计中，事件可以忽略，但是异常是不能忽略的。当异常出现时，如果没有代码对异常进行处理，程序就会终止。下面介绍主要的异常类。

1. Throwable 类

java.lang 包中的 Throwable 类是所有异常类的父类。异常类的继承关系如图 12-1 所示。Throwable 类的方法介绍如下。

- public string getMessage()：返回异常发生时的详细信息。
- public string toString()：返回发生异常时的简要描述。
- public string getLocalizedMessage()：返回异常对象的本地化信息。使用 Throwable 的子类覆盖这个方法，可以生成本地化信息。如果子类没有覆盖该方法，则该方法返回的信息与 getMessage()返回的结果相同。
- public void printStackTrace()：在控制台上打印 Throwable 对象封装的异常信息。

注意：一个异常父类可以派生多个异常子类。如果一个 catch 子句捕获了一个父类的异常对象，它就能捕获该父类所有子类生成的异常对象。

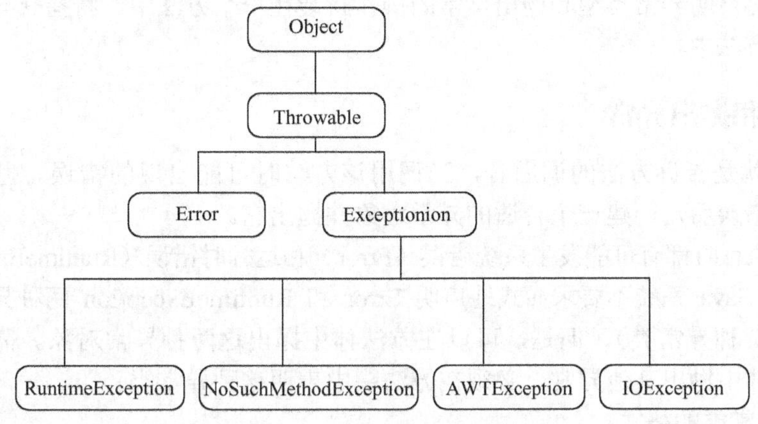

图 12-1 异常类层次结构

2. 错误类型与异常类型

程序中经常出现三类错误，它们是：系统错误、异常、编程错误。下面介绍处理这三种错误的异常类。

（1）Error 类

系统内部发生的错误由 Error 类描述。该异常是系统程序产生的，因此，程序无法处理这种异常，如果出现了这种错误，用户只能终止程序。该异常由java虚拟机抛出。

（2）Exception类

外部环境和应用程序引起的错误由 Exception 类描述。可以在程序中捕获和处理这种错误。Exception的子类说明如下：

- IOException：该类描述了输入/输出操作引起的异常。
- AWTException：该类描述了图形界面中的组件引起的异常。
- ClassNotFoundException：程序企图使用一个不存在的类。
- CloneNotSupportedException：企图克隆一个对象，而定义该对象的类没有实现接口Cloneable。

（3）RuntimeException类

编程中的出现的错误由 RuntimeException 类描述。如不合适的数据转换，访问一个越界数组元素等等，都会出现这种异常。该种异常由Java虚拟机抛出。

RuntimeException类的子类说明如下：

- ArithmeticException：一个整数除以0时抛出该异常。
- NullPointerException：要访问的变量没有引用任何对象时，抛出该异常。
- IndexOutofBoundsException：要访问的数组元素的下标超出范围时，抛出该异常。
- IllegalArgumentException：将无效或不合适的参数传递给方法。

12.3 异常处理方法

Java 对异常的处理涉及三种操作：声明异常、抛出异常和处理异常。Java 程序处理异常的方式是：将声明异常类型和抛出异常的操作封装在一个方法中，将捕获异常和处理异常封装在另一个方法中。

12.3.1 声明和抛出异常

声明异常就是告诉方法的调用者，当调用该方法时可能出现的错误。抛出异常是指程序检查到一个错误后，创建一个合适的异常对象并抛出它。

任何代码执行时都有可能发生系统错误（Error）和运行时错误（RuntimeException），因此在方法声明时，Java 系统不要求显式地声明 Error 和 RuntimeException 两种异常类（系统隐含地声明了这两种异常类），但是，可以在方法体中抛出这两种异常对象。需要注意的是，如果要在方法体中抛出其他异常，必须在方法头中声明这种异常类。

1．声明异常类的格式

在方法头中使用关键字 **throws** 可以声明异常类。例如：

```
public void myMethod() throws IOException    //这里声明的异常类是：IOException
```

关键字 throws 指出方法 myMethod 在执行时有可能抛出 IOException 异常（对象）。如果方法执行时可能抛出多种异常，可以在关键字 throws 后添加多种异常类的列表，异常类之间用逗号分隔。例如：

```
methodDeclaration throws Exception1, Exception2, …, ExceptionN
```

2．抛出异常对象的格式

在方法头中声明了异常类后，就应该在方法体中抛出一个与方法头中声名的异常类相一致的异常对象。例如：

```
Throw new TheException(); //抛出异常（对象）
```

或

```
TheException ex=new TheException();
Throw ex;  //抛出异常对象 ex
```

注意：声明异常类的关键字是 **throws**，抛出异常对象的关键字是 **throw**。在方法体中，只能抛出方法头中声明过的异常及 Error、RuntimeException 异常和它们的子类的实例。例如，如果没有在方法声明中声明 IOException，那么在方法体中就不能抛出它。但是，即使方法头中没有声明 RuntimeException 或它的子类，在方法体中也可以抛出它们的实例。因为，Java 系统隐含地认为在每个方法头中声明了 RuntimeException 或它的子类。

3．声明和抛出异常的方法

在方法中声明和抛出异常的通用格式如图 12-2 所示。

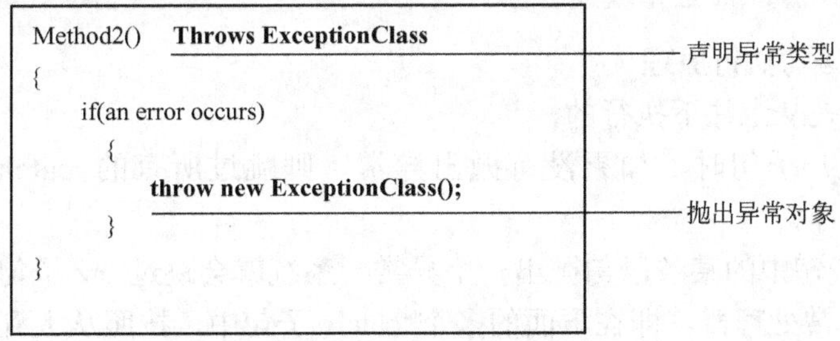

图 12-2　在方法中声明和抛出异常

在上图中，在方法体中抛出的异常对象必须是在方法头中声明过的异常类。

12.3.2　捕获和处理异常

在 Java 程序中，实现捕获和处理异常是通过 try-catch 语句块实现的。try 子句实现捕获异常的功能，catch 子句实现处理异常的功能。

1．try-catch 语句格式

try-catch 语句由一个 try 子句和多个 catch 子句组成。我们把有可能抛出异常的语句放在 try 子句中。由多个 catch 子句对 try 子句中抛出的异常进行处理，因此，catch 子句的作用是处理异常。

try-catch 语句格式如下：

```
try
```

```
{   …
        Statements;                    //把所有可能抛出异常的语句安排在此
}
catch (Exception1 ex)                  //检测 Exception1 异常
{
        Handler for exception1;        //Exception1 异常在此处理异常
}
catch (Exception2 ex)                  /检测 Exception2 异常
{
        Handler for exception2;        //Exception2 异常在此处理异常
}
……
catch (ExceptionN ex)                  //检测 ExceptionN 异常
{
        Handler for exceptionN;        //ExceptionN 异常在此处理异常
}
```

一个 catch 子句被称为异常处理器。下面就是一个**异常处理器**的示例。

```
catch (ExceptionN ex)                  //检测 ExceptionN 异常
{
        Handler for exceptionN;        //处理 ExceptionN 异常
}
```

2．try-catch 语句执行原理

try-catch 语句是从上往下执行的：

1）当执行 try 子句时，如果没有抛出异常，则跳过所有的 catch 子句，结束整个 try-catch 语句的执行。

2）如果 try 子句中的某条语句抛出一个异常，系统就会跳过 try 子句中的其余语句，开始为该异常搜索异常处理器。即在下面的多个 catch 子句中，按照从上到下的顺序，寻找与抛出的异常类型一致的 catch 子句。若某个 catch 子句的异常类型与已抛出的异常匹配，就会执行该 catch 子句中的代码，即处理异常；如果被抛出的异常与任何一个 catch 子句中的异常类型都不匹配，Java 就会退出 try-catch 语句所在的方法，并将异常传递给该方法的调用语句，继续重复寻找异常处理器；如果在方法调用链中始终没有找到异常处理器，程序就会中止，并在控制台上打印出错误信息。

注意：如果一个方法定义时声明了异常，则调用该种方法的语句应该放在 try 子句中，以便捕捉方法中抛出的异常。任一 catch 子句执行完后，系统就不再执行其他的 catch 子句，标志着整个 try-catch 语句执行完毕。

3．方法调用链

捕获和处理异常的过程，就是方法链调用的过程。下面以四个方法为例说明方法链的调用过程。假设有 main()、method1、method2、method3 四个方法，当程序从 main()方法开始执行后，这四个方法的调用顺序构成一个方法调用链。它们之间的调用关系如图 12-3 所示。

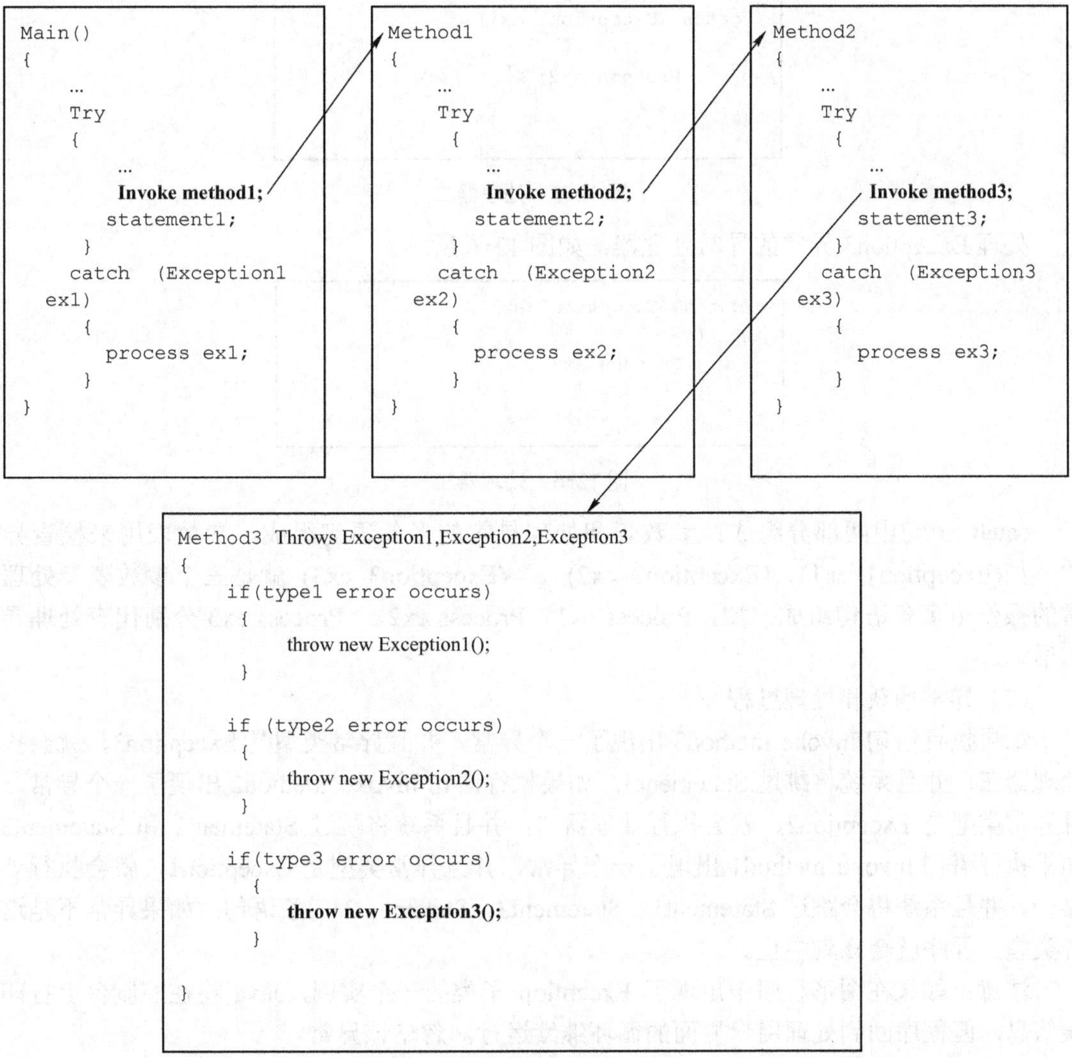

```
Main()
{
    …
    Try
    {
        …
        Invoke method1;
        statement1;
    }
    catch  (Exception1
  ex1)
    {
        process ex1;
    }
}
```

```
Method1
{
    …
    Try
    {
        …
        Invoke method2;
        statement2;
    }
    catch  (Exception2
  ex2)
    {
        process ex2;
    }
}
```

```
Method2
{
    …
    Try
    {
        …
        Invoke method3;
        statement3;
    }
    catch  (Exception3
  ex3)
    {
        process ex3;
    }
}
```

```
Method3 Throws Exception1,Exception2,Exception3
{
    if(type1 error occurs)
    {
        throw new Exception1();
    }

    if (type2 error occurs)
    {
        throw new Exception2();
    }

    if(type3 error occurs)
    {
        throw new Exception3();
    }

}
```

图 12-3　4 个方法构成的调用链

在上图中，声明异常和抛出异常被封装在同一个方法中，把处理异常放在另 3 个方法中。

（1）异常处理器

处理 Exception1 异常的异常处理器，如图 12-4 所示。

```
catch (Exception1 ex1)
  {
    Process ex1;
  }
```

图 12-4　处理器一

处理 Exception2 异常的异常处理器，如图 12-5 所示。

```
catch (Exception2 ex2)
   {
     Process ex2;
   }
```

图 12-5　处理器二

处理 Exception3 异常的异常处理器，如图 12-6 所示。

```
catch (Exception3 ex3)
   {
     Process ex3;
   }
```

图 12-6　处理器三

catch 子句由两部分组成：参数表和处理异常的多条语句组成。参数表用来检查异常的，如(Exception1 ex1)、(Exception2 ex2) 、 (Exception3 ex3) 就是三个参数表。处理异常的操作由多条语句组成，如，Process ex1、Process ex2、 Process ex3 分别代表处理异常的语句。

（2）异常捕获和处理过程

如果执行语句 Invoke method3 出现了一个异常，并且异常类型是 Exception3，就会执行处理器三，并且系统将跳过 Statement3；如果执行语句 Invoke method2 出现了一个异常，并且异常类型是 Exception2，就会执行处理器二，并且系统将跳过 Statement2 和 Statement3；如果执行语句 Invoke method1 出现了一个异常，并且异常类型是 Exception1，就会执行处理器一，并且系统将会跳过 Statement1、Statement2、Statement3 三条语句；如果异常不是这三种类型，程序就会立刻中止。

注意：如果在图形程序中出现了 Exception 子类的一个实例，Java 将在控制台上打印错误信息，但程序回到处理用户界面的循环继续运行，忽略该异常。

4．捕获和处理异常的方法

Java 使用 try-catch 语句来捕获和处理异常，如图 12-7 所示。

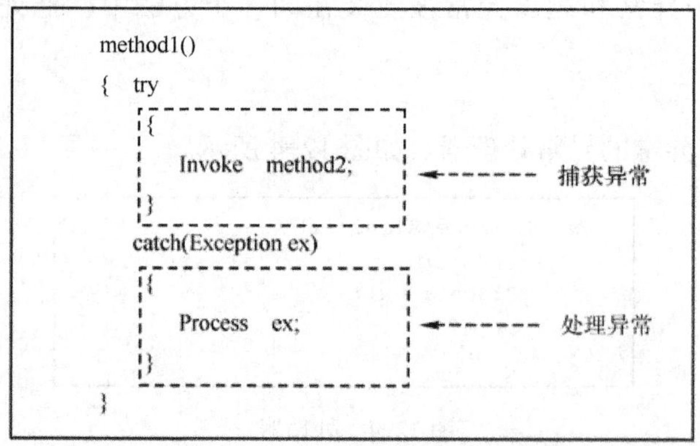

图 12-7　在方法体中捕获和处理异常

下面的例子演示了方法 calc()中声明和抛出异常。在方法 run()中捕获和处理异常。

【例 12-2】 不断给数组添加新成员，数组越界时抛出异常。

程序清单 12-2　ExceptionDemo.java

```
public   class   ExceptionDemo
{   private      int a[]=new int[10];
    public void addNewMember() throws Exception        //在 addNewMember()声明异常
    {
        for(int i=0,k=0;;i++,k++)
        {
            if(i>9)//数组越界则抛出异常
             {     throw new Exception();     }                //抛出异常
           else
             {
                System.out.println("k 的值为："+k+"添加成功！");
                a[i]=k;                 //给数组添加新的成员
             }
        }
    }
    public void cth()                       //在该方法中捕获并处理异常
    {
      try
        {
          addNewMember();
        }
      catch(Exception e)              //捕获到异常后在控制台上打印异常（处理异常）
        {    System.out.println("捕获到异常 i>9,数组越界");     }
  }
  public static void main(String[]args)
  {    ExceptionDemo E=new ExceptionDemo();      E.cth();    }
}
```

程序运行结果如图 12-8 所示。

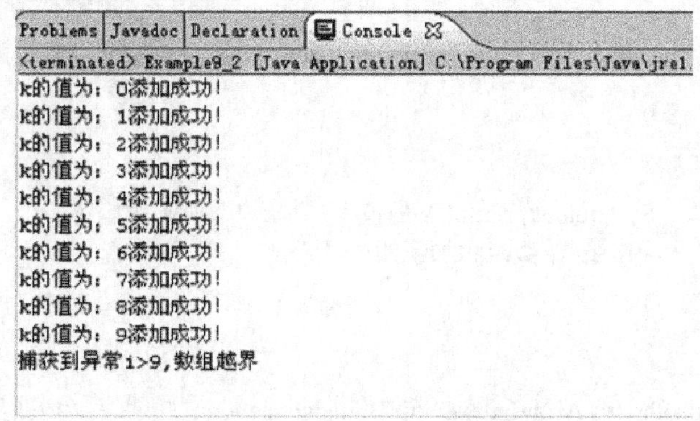

图 12-8　例子 12-2 运行结果

12.4 重新抛出异常

方法执行时，如果没有语句捕获抛出的异常，程序将立刻退出该方法，控制权则返回到调用该方法的方法。为了在退出方法之前让其执行某些任务，应该在方法中先捕获异常，待执行完任务后再重新抛出这个异常。为了实现这一方案，常用的语句格式如图 12-9 所示。

```
method() Throws    ExceptionClass
{
    try
    {
      //可能抛出异常的语句写在这里   <-----  捕获异常
    }
    catch(ExceptionClass)
    {
      //执行一些任务的语句写在这里
      Throw    new ExceptionClass();  <-----  重新抛出异常

    }
}
```

图 12-9 在 catch 子句中重新抛出异常

【例 12-3】 在处理一些事情后重新抛出异常的示例。

程序清单 12-3 ReThrowException.java

```
public   class    ReThrowException
{  private      int a[]=new int[10];
   public void addNewMember()throws ArrayIndexOutOfBoundsException          //声明和抛出异常
   {
       for(int i=0,k=0;;i++,k++)
       {
           if(i>9)
           {
                   throw new ArrayIndexOutOfBoundsException();   //数组越界则抛出异常
           }
           else
           {
                  System.out.println("k 的值为："+k+"添加成功！");
                  a[i]=k;//给数组添加新的成员
           }
       }
   }
   public void cth()throws ArrayIndexOutOfBoundsException                //捕获异常并重新抛出异常
   {
       try
```

```
        {
            addNewMember();      //被调用的方法可能抛出异常
        }
    catch(ArrayIndexOutOfBoundsException e) //捕获异常后做一些别的事，再重新抛出异常
        {
            System.out.println("捕获到异常 i>9,数组越界");
            System.out.println("可以在这里做一些别的事");
            throw e;                    //重新抛出异常
        }
    }
    public static void main(String[]args)
    {   try
        {
            ReThrowException   exception=new ReThrowException();
            exception.cth();
        }
      catch(Exception e){ System.out.println("重新捕获到异常 i>9,数组越界");    }
    }
}
```

12.5 finally 子句

有时，无论是否出现异常，都希望在方法中执行某些代码，这种情况下，就应该使用 finally 子句来达到这一目的。

1．try-catch-finally 语句格式

```
try
  {
     //可能产生异常的语句写在这里
  }
catch(ExceptionType e)   //捕获 ExceptionType 异常
  {
     //处理异常 e 的语句写在这里
  }
finally
  {
     //无论是否出现异常，在本方法中必须执行的某些代码写在这里
  }
```

执行 try 子句时，如果其中某个语句产生异常，根据异常的不同类型由匹配的 catch 子句对异常进行处理，处理完后控制权转到 finally 子句。如果没有产生异常，则不执行任何 catch 子句，控制权直接转到 finally 子句。可见，在 try 子句中无论是否捕获到异常，都必须执行 finally 子句中的代码。

注意：可以有一个或多个 catch 子句，但至少要有一个 catch 子句。

2．try-catch-finally 语句的应用

（1）try 子句

通常将可能发生异常的语句放在 try 子句中。例如，当某段代码需要访问某个文件，而程序运行时无法确定该文件是否存在，这时就要把这段代码放在 try 子句中，这样当文件存在时程序可以正常运行。若文件不存在，则可以由 catch 子句捕获并处理异常。

（2）catch 子句

catch 子句的参数表由一个异常类型和一个异常对象构成。异常类型必须为 Throwable 类的子类，它表明了 catch 子句所处理的异常类型。异常对象是指 try 子句中的语句产生的异常。

当 try 子句中的某个语句抛出异常后，系统从上向下分别对每个 catch 子句的异常类型进行检测，当找到某个 catch 子句的异常类型与抛出的异常对象类型匹配时，就执行匹配的 catch 子句，执行完后跳过其余 catch 子句，控制流转到 finally 子句。类型匹配的含义是：抛出的异常对象的类型与 catch 子句的异常类型或子类相同。

因此，为了捕捉到需要的异常，对多个 catch 子句的前后排列顺序是：将参数类型是子类型的 catch 子句放在前面，将参数类型是超类型的 catch 子句放在后面。也可以用一个 catch 子句处理多个异常类型，这时 catch 子句的参数类型应该是多个异常类型的超类。

提示：类型是对各种 Java 类的统称。

（3）finally 子句

try 子句中的某个语句抛出一个异常后，该语句后的其他语句不会被执行。无论 try 子句中的代码是否抛出异常，也无论 catch 子句的异常类型是否与所抛出的异常的类型一致，finally 子句中的代码都会执行。该子句是可以省略的。

【例 12-4】 使用 try-catch-finally 语句对异常进行捕获和处理。

程序清单 12-4　FinallyDemo.java

```
public class  FinallyDemo
{
    public static void main(String args[])
    {
      int i=0;
      int a[]={5,6,7,8};
      for(i=0;i<5;i++)
      {  try
         {
            System.out.print("a["+i+"]/"+i+"="+(a[i]/i));
         }
         catch(ArrayIndexOutOfBoundsException e)
         {
            System.out.print("捕获数组下标越界异常");
         }
         catch(ArithmeticException e)
         {
            System.out.print("捕获算术异常!");
```

```
            }
            catch(Exception e)
            {
               System.out.print("捕获"+e.getMessage()+"异常");
            }
            finally
            {
               System.out.println("finally i_"+i);
            }
         } // for 结束
         System.out.println("继续");            //因为前面对异常进行了捕获，所以
                                                //本语句可以正常执行
      } //方法结束
   }//类结束
```

程序运行结果如图 12-10 所示。

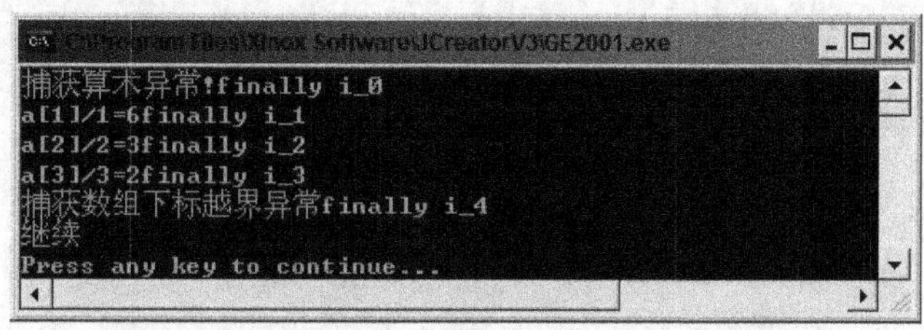

图 12-10　FinallyDemo.java

当程序执行到 i=4 时，由于不存在数组元素 a[4]，系统抛出了数组越界异常对象。Java 系统寻找到与数组越界异常匹配的 catch(ArrayIndexOutOfBoundsException e)子句，对异常进行处理。然后跳过其余所有 catch 子句，执行 finally 子句。接着退出循环语句，继续执行其他语句。

12.6　自定义异常类

虽然 Java 系统已经预定义了很多异常类，但是有时会遇到预定义的异常类不能描述出现的错误。在这种情况下，程序员可以通过扩展 Exception 类及其子类来定义自己的异常类。

【例 12-5】 自定义异常类。

程序清单 12-5　CustomException.java

```
   class FormatException   extends   Exception   //自定义异常类 FormatException
   {  private String ErrorMessage;
      public FormatException(String message)
      {  super(message);
         ErrorMessage=message;
      }
      public String getMessage()
      {  return "该数组元素" +ErrorMessage+"不是偶数，不符合 "; }
```

```
}
public class CustomException    //定义测试类
{  int A[ ]={6,8,12,5,11,10};
    public void    g(int i) throws FormatException //在该方法中声明和抛出异常
    {  System.out.println("以下输出数组偶数元素");
        for(i=0;i<=5;i++)
        {
            if(A[i]%2!=0) { throw new FormatException(String.valueOf(i)); }
            else  System.out.println("A["+i+"]="+A[i]);
        }
    }
    public void run(int i) //在该方法中捕获并处理异常
    {  try
            {
                g(i);
            }
        catch(FormatException e)
            {
                e.getMessage(); System.out.println(e);
            }
        finally
            {    System.out.println("A["+i+"]="+A[i]);}
    }
    public static void main(String args[])//主方法
    {    CustomException a=new CustomException();    a.run(5);}
}
```

本例首先定义自己的异常类 FormatException，该类的 getMessage 方法中报告异常错误信息。程序运行结果如图 12-11 所示。

```
<terminated> Example9_5 [Java Application] C:\Program Files\Java\j
A[0]=6
A[1]=8
A[2]=12
FormatException: 该数组元素3不是偶数，不符合
A[5]=10
```

图 12-11　CustomException.java

12.7　本章小结

异常就是指程序运行时发生的错误现象，如果没有代码来处理这种异常，程序就可能非正常结束。异常处理就是处理运行时发生的错误。

Java 对异常进行处理涉及三种操作：声明异常、抛出异常和捕获异常。为了对抛出异常和处理异常进行规范，采用如下两种方法定义。

- 在方法头中声明异常类，在方法体中抛出相应的异常对象。
- 通过 try-catch 子句在方法体中捕获和处理异常。

12.8 习题

1．声明异常的目的是什么？如何在第一种方法中声明和抛出异常？如何在第二种方法中捕捉和处理异常？举例说明。

2．在 throw 语句中能抛出多个异常吗？

3．举例说明 throws 和 throw 的各自作用及区别。

4．举例说明 try-catch，try-catch-finally 的执行流程和作用。

5．写一个符合下面要求的程序：

- 用随机选择的 50 个元素创建一个数组。
- 创建一个文本框输入数组的下标，创建另一个文本框显示指定下标的数组元素。
- 创建一个用来显示数组元素的 Show Element 按钮。如果指定的下标越界，则显示信息“数组下标越界”。

6．当一个异常发生后，Java 虚拟机如何处理？

7．请编写一个程序，重新抛出异常。

8．哪些异常必须捕捉？哪些异常类可以在方法头标志中不用声明？

9．printStackTrace 方法在哪个类中？起什么作用？

第 13 章　Java 多线程

Java 语言支持多线程。Java 的预定义类都是按照多线程的思路定义的。程序员通过扩展（或实现接口）预定义好的线程类，定义自己的线程类。本章介绍多线程的概念、线程的创建、线程的控制与调度、线程同步等问题。

13.1　多线程

13.1.1　什么叫线程

操作系统可以将一个程序分为多个独立的程序片段，这些程序片段可以并行执行。每个程序片段可以封装为一个线程载体，线程是线程载体的一次执行过程。因此，线程的执行过程就是线程的创建、运行和销毁的过程。多个线程可以同时执行同一线程载体。

与进程不同，用同一个线程类创建的多个线程共享一块内存空间和一组系统资源外，每个线程的数据保存在寄存器和一个系统栈中。

13.1.2　线程生命周期

一个线程从创建、运行到消亡的过程称为线程的生命周期。在线程的生命周期内，它处于 5 种状态之一，这 5 种状态是：新建、就绪、运行中、阻塞、死亡。在程序中，通过调用线程的相应方法，可以对线程进行控制与调度，使线程在几种状态之间转换。线程状态转移如图 13-1 所示。

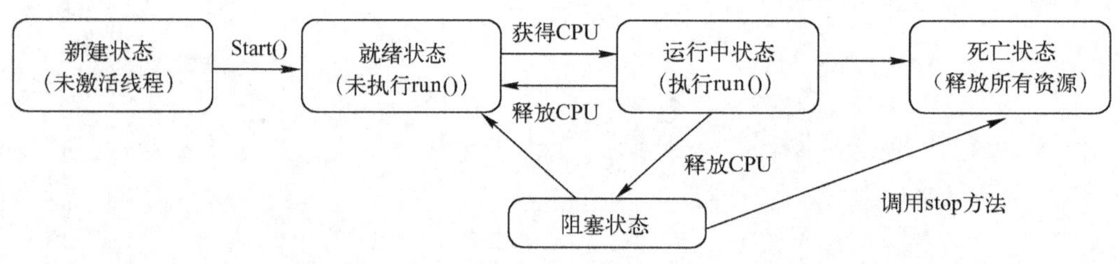

图 13-1　线程的状态转换图

1．新建状态

使用 new 运算符创建一个线程对象后，该线程还不是活动对象，系统没有为它分配资源，此时的线程处于新建状态。

2．就绪状态

使用 start()方法启动一个处于新建状态的线程后，系统为该线程分配了除 CPU 以外的所有资源。此时的线程处于就绪状态。就绪状态的线程有很多，它们在就绪队列中排队等待操作系统的调度，这时，线程本身无法主动获得 CPU。此时线程并未真正运行，即，没有执行 run()方法。

3．运行中状态

操作系统按照某种策略从就绪队列中选择一个线程后，将 CPU 分配给该线程，此时该线程才开始运行 run()方法，这时的线程处于运行中状态。

对于单个 CPU 的计算机来说，多个线程通过分时使用 CPU 实现多线程对单处理器的共享。对于多个 CPU 的计算机来说，在同一时刻每个线程可以拥有自己独立的 CPU 资源。

4．阻塞状态

当一个正在运行的线程因某种原因不能继续运行，此时的线程便进入阻塞状态或就绪状态。线程停止执行 run()方法。（处于阻塞状态的线程也排队）。

线程处于阻塞状态时，即使处理器是空闲的也不能执行，只有当查清了引起阻塞的原因，消除阻塞原因后，线程才转入就绪状态，并进入就绪队列中排队等待操作系统的调度。当线程经历阻塞、就绪，再次进入运行状态后，线程将从原来中止处继续执行。

引起阻塞的原因有以下三类：

- 互斥阻塞。两个或多个线程争夺共享资源，正在访问资源的线程阻止另一线程访问该资源。系统将被阻止的线程标识为互斥阻塞状态。
- 等待阻塞。运行状态中的线程执行了 wait()方法，线程进入等待阻塞状态。
- 其他阻塞。运行状态中的线程执行了 sleep()方法、join()方法，线程进入阻塞状态。

导致线程进入阻塞状态的原因有多种，常见的原因有输入/输出、等待消息、睡眠、锁定等。处于阻塞状态的线程调用 stop 方法后，线程也会进入死亡状态。

5．死亡状态

线程结束运行后将自动进入死亡状态。线程进入死亡状态有两种情况：自然撤销（用完时间片后退出）或调用 stop()方法停止线程运行。

每个程序开始执行时，系统自动为程序创建一个线程，该线程称为主线程。主线程拥有 main()方法。当程序加载到内存时，系统启动主线程，即，主线程调用 start()方法。

13.2 创建线程

创建线程的方法有两种：一种方法是，定义一个类实现 Runnable 接口中的 run()方法，我们称该类为目标类。然后以该目标类为模板创建一个目标对象，再以目标对象为参数构造一个线程对象；另一种方法是程序员通过扩展 Thread 类来定义自己的线程类，再以该线程类为模板创建线程对象。

13.2.1 Runnable 接口与 Thread 类

程序执行时，首先启动主线程，即，首先执行 main()方法。运行一个线程就是执行 run()方法。Java 系统已在 Runnable 接口中声明了 run()方法。

1．Runnable 接口

Runnable 接口放在 java.lang 包中，该接口只声明了一个 run()方法，程序员把要执行的操作写在 run()方法中。

2．Thread 类

Java 系统的 Thread 类已经实现了 Runnable 接口，并将 run()方法实现为空方法，Thread 类中还拥有许多用于创建和控制线程的方法。Thread 类的声明格式如下：

```
public class Thread extends Object implements Runnable
```

（1）构造方法

- public Thread()：构造一个无名的线程。
- public Thread(String name)：构造名字为 name 的线程。
- public Thread(Runnable target)：以目标对象为参数构造一个线程。
- public Thread(Runnable target,String name)：以目标对象和名字 name 构造线程。
- public Thread(ThreadGroup group,Runnable target)。
- public ThreadfThreadGroup group,String name)。
- public Thread(ThreadGroup group,Runnable target,String name)。

其中，group 指明线程所属的线程组，target 为目标对象，name 为线程名。

（2）Thread 类的静态方法

- public static Thread currentThread()：返回当前执行线程的引用。
- public static int activeCount()：返回当前线程组中的活动线程数目。
- public static int enumerate(Thrad[] tarray)：将当前线程组中的活动线程复制到 array 数组中。

（3）Thread 类的实例方法

- public final String getName()：返回线程名。
- public final void setName(String name)：设置线程的名称为 name。
- public void start()：启动已创建的线程对象。
- public final boolean isAiive()：测试线程是否处于活动状态。若线程处于就绪、运行中、阻塞状态之一，则该方法返回的值为 true，否则返回的值是 false。
- public final ThreadGroup getThreadGroup()：返回当前线程所属的线程组。
- public Sting toString()：返回线程的信息，包括名称、优先级和所属的线程组。

13.2.2 扩展 Thread 类创建线程

程序员要定义一个线程类，首先应该扩展 Thread 类，覆盖其中的 run()方法，即，把希望执行的操作写在 run()方法中（执行线程就是执行 run()方法，因此将用户希望执行的操作写在 run()方法中）。

【例 13-1】 通过扩展 Thread 类，定义自己的线程类，再以自己的线程类为模板创建线程和运行线程。本例要求创建 3 个线程：

- 第一个线程，在控制台输出 50 次字母 x。
- 第二个线程，在控制台输出 50 次字母 y。
- 第三个线程，在控制台输出整数 1～50。

分析：该程序要求执行 3 个独立的任务，为了能并行执行这 3 个任务，可以为每个任务创建一个线程。由于前两个任务都是要求在控制台输出字母的功能，因此可以由同一个线程类的 run()方法实现此功能。第三个任务由另一线程类中的 run()方法实现，即，应该定义两个线程类。

程序清单 13-1　TestThread.java

```
//定义一个线程类 PrintChar，该类的 run()方法能按指定的次数在控制台输出指定的字符
class PrintChar extends Thread
{   private char charToPrint;               //要在控制台输出的字符
    private int times;                      //字符重复在控制台输出的次数
  public PrintChar(char c, int t)           //用指定的次数和指定的字符构造一个线程对象
   {   charToPrint = c;
       times = t;
   }
  public void run()                         //告诉线程要做的工作写在该方法中
   {
      for (int i=1; i < times; i++)    System.out.print(charToPrint);
   }
}
//定义线程 PrintNum，该线程将数字 1～n 在控制台输出出来
class PrintNum extends Thread
{   private int   lastNum;
  public PrintNum(int n)                    //用给定的数字构造一个线程
  {       lastNum = n;    }
  public void run()                         //将要执行的任务写在该方法中
  {
       for (int i=1; i <= lastNum; i++)    System.out.print(" " + i);
  }
}
public class TestThread                     // 定义测试类 TestThread
{   public static void main(String[] args) //主方法
   {   //下面创建 3 个线程，分别实现 3 个任务
      PrintChar printA = new PrintChar('a',50);
      PrintChar printB = new PrintChar('b',50);
      PrintNum    print50 = new PrintNum(50);
      //下面启动 3 个线程，由操作系统调度线程的执行。
      print50.start();     printA.start();      printB.start();
   }
}
```

程序运行结果如图 13-2 所示。

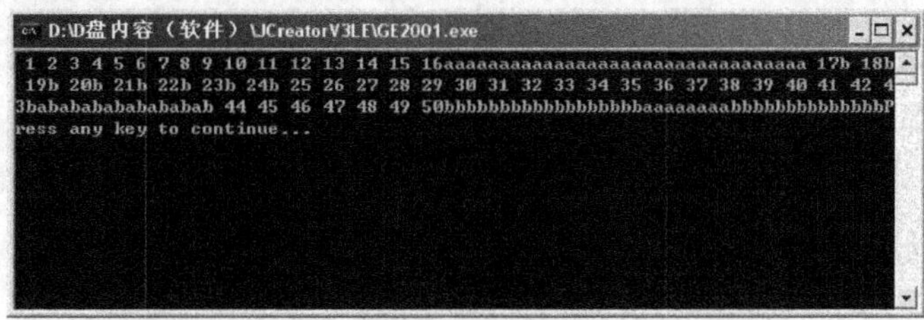

图 13-2　TestThread.java

13.2.3 实现 Runnable 接口创建线程

用 Runnable 接口创建线程的步骤是：首先，定义一个目标类实现 Runnable 接口，即对接口中的 run()方法进行重写，把用户希望执行的任务写在 run()方法中；其次，以目标对象（用目标类创建的对象）为参数，用构造方法 Thread(Runnable target)创建一个线程。只有用 Thread 类中的构造方法创建的线程才能访问和控制线程。

【例 13-2】 修改例子 13-1，使用 Runnable 接口创建并运行相同的线程。

程序清单 13-2 TestRunnable.java

```
//定义一个目标类 PrintChar，该类的方法 run()能按指定的次数在控制台输出指定的字符
class PrintChar implements Runnable
{
   private char charToPrint;          //要在控制台输出的字符
   private int times;                 //在控制台输出字符的次数

   public PrintChar(char c, int t)    //用指定的字符和次数构造一个目标对象
   {  charToPrint = c;
      times = t;
   }
    public void run()                 //把线程要做的工作写在 run()方法中
   {
     for (int i=1; i < times; i++)   System.out.print(charToPrint);
   }
}
//定义线程类 PrintNum，其 run()方法能在控制台输出数字 1～n
class PrintNum implements Runnable
{  private int lastNum;
   public PrintNum(int n)            //用数字构造一个线程
   {     lastNum = n;  }
   public void run()
   {  for (int i=1; i <= lastNum; i++)     System.out.print(" " + i);  }
}
public class TestRunnable            // 测试类
{  public static void main(String[] args)
   {  //以目标对象为参数创建线程
      Thread printA = new Thread(new PrintChar('a',50));
      Thread printB = new Thread(new PrintChar('b',50));
      Thread print50 = new Thread(new PrintNum(50));
      //启动线程
      print50.start();     printA.start();     printB.start();
   }
}
```

程序运行结果如图 13-3 所示。

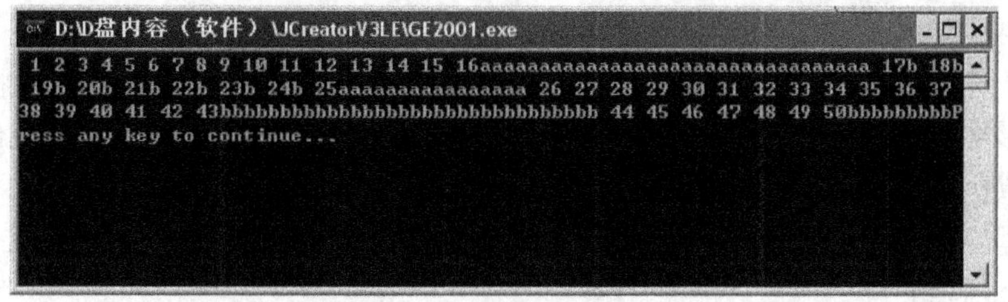

图 13-3　TestRunnable.java

【例 13-3】 使用 Runnable 接口创建并运行线程。

程序清单 13-3　TestRunnable.java

```
class Calculate implements Runnable   //定义目标类 Calculate
{   int num;
    public Calculate(int t)
    {
        num=t;
    }
    public void run()//希望线程做的事放在此方法中。该方法求 num!
    {   int result=1;
        for(int i=num;i>1;i--)result=result*num;
        System.out.print("The result is: "+result+"    ");
    }
}
public class TestRunnable   //测试类 TestRunnable
{   public static void main(String args[])
    {   Thread th=new Thread(new Calculate(5));//创建线程,求 5!
        th.start();   //启动线程
    }
}
```

程序运行结果如图 13-4 所示。

```
C:\Program Files\Xinox Software\JCreatorV3\GE2001.exe
The result is: 625  Press any key to continue...
```

图 13-4　TestRunnable.java

13.3　线程组

线程组是由多个线程构成的一个集合。线程组把多个线程组织在一起进行统一管理。通过线程组可以同时对其中多个线程进行操作，如启动一个线程组的所有线程、挂起或唤醒一组线程等。通常使用 java.lang 包中的 ThreadGroup 类来创建线程组。线程组也是一个对象。

管理一组线程的工作包括：线程组包含的线程数、线程间的关系、线程正在执行的操作、线程将要启动或执行的时间等。

可以把一个线程或者线程组加入其他线程组，这样，线程组之间构成树状继承关系。在线程的树形结构中，最高层的线程组是 main 线程组。main 线程组由虚拟机创建，它包含主线程，虚拟机为 main 方法创建一个主线程。

使用线程组的主要步骤如下：

1）创建线程组

```
ThreadGroup    g=new ThreadGroup("线程组名字");
```

2）将线程加入到线程组中

```
Thread    t=new ThreadClass(g, "ThreasName"); //创建一个线程 ThreasName 并将其加入线程组 g 中
```

3）获得线程组中活动线程的数目（sum）

```
int    sum=g.activeCount();
```

活动线程是指处于就绪状态、阻塞状态、运行状态之一的线程。

13.4 线程调度与控制

13.4.1 线程调度

1．线程调度

同一时刻在就绪队列中等待 CPU 的可能有多个线程，系统会给每个线程分配一个优先级。以数字表示线程的优先级。系统给任务紧急、重要的线程分配的优先级较高，相反则较低。在队列中，优先级高的线程排在就绪队列的较前位置。对于优先级相同的线程，则遵循队列的“先进先出”原则，即先进入就绪队列的线程优先分配 CPU 资源。

线程调度管理器负责管理线程排队和为线程分配 CPU。当线程调度管理器从就绪队列中选取一个线程，并给该线程分配 CPU 资源后，该线程便进入运行状态，此时就可以认为该线程被调度了。

线程调度管理器是依据某个算法来调度线程的，其规定高优先级优先调度，而同等优先级的线程调度遵循“先到先服务”的原则。

2．线程优先级

线程的优先级用数字 1～10 表示，1 表示优先级最低，10 表示优先级最高，默认情况下系统给线程分配的优先级是 5。每个优先级值用 Thread 类中的公有类常量来表示。例如：

```
public static    final    int    NORM_PRIORITY=5
public static    final    int    MIN PRIORITY=1
public static    final    int    MAX_PRIORITY=10
```

获取和设置线程的优先级方法如下：

- public final   int   getPriority()：获得线程的优先级。

● public final void setPriority(int newPriority)：设定线程的优先级。

13.4.2 线程控制

利用 Thread 类中的 sleep()、yield()、join()、interrupt()等方法可以控制线程的状态转移。

1．线程睡眠（sleep()）

```
public static void sleep(long millis)  throws  InterruptedException
```

运行中的线程执行该方法后，线程停止执行 millis 毫秒。这时，线程由运行中状态进入阻塞状态；睡眠时间过后，线程再进入就绪状态。

【例 13-4】 线程睡眠。本例通过线程的 sleep()方法演示如何改变线程状态，同时使用 Thread 类的方法获得当前线程组以及活动线程。程序中调用 sleep()方法时必须捕获异常。

程序清单 13-4　Thread2.java

```
public  class  Thread2  extends  Thread
{  public Thread2(ThreadGroup tg,String name)
   {
       super(tg , name);          //构造线程时，把该线程加入线程组中
   }
   public void run()              //把线程要做的工作写在 run()方法中
   {  try
      {
          System. out. print(getName()+"sleep");
          this.sleep(1000);   //当前线程放弃 CPU,/睡眠 1 秒钟(1 秒钟等于 1000 毫秒)
      }
      catch(InterruptedException e)
      {
         System.out.println(e.getMessage());
      }
      System.out.print(getName()+"end!");
   }
   public static void main(String args[])
   {  ThreadGroup tg1=new ThreadGroup("线程组一");     //创建线程组一
      new Thread2(tg1,"A").start();   new Thread2(tg1,"B").start();

      ThreadGroup tg2=new ThreadGroup("线程组二");     //创建线程组二
      new Thread2(tg2，"C").start();
      new Thread2(tg2，"D").start();

      Thread curt=Thread.currentThread();                  //返回当前活动线程
      System.out.println("currentThread="+curt.getName());
      System.out.println("getPriority="+curt.getPriority());   //返回当前活动线程优先级
      System.out.println("activeCount="+Thread.activeCount());//处于活动线程的个数
      Thread    ta[]=new Thread[10] ;
```

```
            Thread.enumerate(ta);       //将当前活动线程复制到 ta 数组中
            System.out.println("Group-Name        isAlive()");
            for (int i=0;i<Thread.activeCount();i++)
             System.out.println(ta[i].getThreadGroup().getName() +"—"+ta[i].getName()+" "+ta[i].isAlive())   ;
        }
    }
```

程序运行结果如图 13-5 所示。

```
C:\Program Files\Xinox Software\JCreatorV3\GE2001.exe
currentThread=main
getPriority=5
activeCount=5
Group-Name     isAlive()
main—main true
DsleepCsleepBsleepAsleep线程组一—A true
线程组一—B true
线程组二—C true
线程组二—D true
Dend!Cend!Bend!Aend!Press any key to continue...
```

图 13-5　Thread2.java

2．暂停线程（yield()）

```
public   static   void   yield()
```

运行中的线程执行该方法时，线程从运行状态进入就绪状态。此时系统选择其他同优先级线程执行，若无其他同优先级线程，则从就绪队列中选取本线程继续执行。

yield()方法的优点是：当有任务要处理时，系统不会让 CPU 闲置。可用此方法强制多个线程间的合作。

3．连接线程（join()）

join()方法将两个线程的执行流程连接在一起。当线程 A 中的 run()方法调用 B.join()语句后，线程 A 转入阻塞状态，当阻塞原因消除后线程进入就绪状态。线程 B 开始执行，线程 B 执行完后，继续执行进入就绪状态的线程 A。join()方法有三种调用格式：

```
public   final   void   join() throws   InterruptedException
public   final   void   join(long millis)   throws   InterruptedException
public   final   void   join(long millis ,int nanos)   throws   InterruptedException
```

假设线程 A 的代码中有下面的调用语句：

```
B. join(millis ,nanos);  //线程 A 等待线程 B 执行  millis 毫秒+nanos 纳秒后，再继续执行线程 A
```

4．线程中断和测试

- public void   interrupt() ：中断一个正在运行的线程。
- public static boolean isInterrupted()：测试当前线程是否被中断。
- public boolean isAlive()：检测线程是否处于活动状态。线程处于就绪、阻塞、运行状态时，返回 true。其他状态，返回 false。

5．线程挂起和唤醒

- public void suspend()：挂起线程。该方法可能引起死锁。
- public void resume()：唤醒线程。该方法可能引起死锁。

【例 13-5】 在面板上绘制一个静止的时钟。

程序清单 13-5 StillClock.java

```
import java.awt.*;import java.util.*;import java.text.*; import javax.swing.*;
public class StillClock extends JPanel
{   protected TimeZone timeZone;
    protected int xCenter, yCenter;
    protected int clockRadius;
    protected DateFormat formatter;
    public StillClock()
    {   this(Locale.getDefault(), TimeZone.getDefault());   }
    public StillClock(Locale locale, TimeZone timeZone) // 用参数 locale 和 time zone 构造面板
    {   setLocale(locale);  //该方法是从 Component 类中继承的。设置组件的本地信息
        this.timeZone = timeZone;
    }

    // 用字符串表示的时区作为参数(如， "CST")对 timeZone 初始化
    public void setTimeZoneID(String newTimeZoneID)
    {   timeZone = TimeZone.getTimeZone(newTimeZoneID); }
    public void paintComponent(Graphics g) // 覆盖 paintComponent，以显示时钟
    {   super.paintComponent(g); //清除组件上原来绘制的图形

        // 对时钟参数初始化
        clockRadius = (int)(Math.min(getSize().width, getSize().height)*0.7*0.5);
        xCenter = (getSize().width)/2;
        yCenter = (getSize().height)/2;

        // 画圆
        g.setColor(Color.black);
        g.drawOval(xCenter - clockRadius,yCenter - clockRadius,
           2*clockRadius, 2*clockRadius);
        g.drawString("12",xCenter-5, yCenter-clockRadius);
        g.drawString("9",xCenter-clockRadius-10,yCenter+3);
        g.drawString("3",xCenter+clockRadius,yCenter+3);
        g.drawString("6",xCenter-3,yCenter+clockRadius+10);

        // 使用类 GregorianCalendar，获取当前时间
        GregorianCalendar cal = new GregorianCalendar(timeZone);

        // 画秒针
        int second = (int)cal.get(GregorianCalendar.SECOND);
        int sLength = (int)(clockRadius*0.9);
```

```
        int xSecond = (int)(xCenter + sLength*Math.sin(second*(2*Math.PI/60)));
        int ySecond = (int)(yCenter - sLength*Math.cos(second*(2*Math.PI/60)));
        g.setColor(Color.red);
        g.drawLine(xCenter, yCenter, xSecond, ySecond);

        // 画分针
        int minute = (int)cal.get(GregorianCalendar.MINUTE);
        int mLength = (int)(clockRadius*0.75);
        int xMinute = (int)(xCenter + mLength*Math.sin(minute*(2*Math.PI/60)));
        int yMinute = (int)(yCenter - mLength*Math.cos(minute*(2*Math.PI/60)));
        g.setColor(Color.blue);
        g.drawLine(xCenter, yCenter, xMinute, yMinute);

        // 画时针
        int hour = (int)cal.get(GregorianCalendar.HOUR_OF_DAY);
        int hLength = (int)(clockRadius*0.6);
        int xHour = (int)(xCenter + hLength*Math.sin((hour+minute/60.0)*(2*Math.PI/12)));
        int yHour = (int)(yCenter - hLength*Math.cos((hour+minute/60.0)*(2*Math.PI/12)));
        g.setColor(Color.green);
        g.drawLine(xCenter, yCenter, xHour, yHour);

        // 用指定的风格、地区信息、时区设置显示格式
        formatter = DateFormat.getDateTimeInstance
          (DateFormat.MEDIUM, DateFormat.LONG, getLocale());
        formatter.setTimeZone(timeZone);

        // 用字符串显示当前日期
        g.setColor(Color.red);
        String today = formatter.format(cal.getTime());
        FontMetrics fm = g.getFontMetrics();
        g.drawString(today, (getSize().width - fm.stringWidth(today))/2, yCenter+clockRadius+30);
    }
}
```

【例 13-6】 **显示一个时钟。根据指定的地区和时区，用时钟显示当前时间。语言、国家和时区作为参数传递给程序（该程序既可以当小程序执行，也可以作应用程序执行）。**

程序清单 13-6　CurrentTimeApplet.java

```
import java.awt.*; import java.util.*; import javax.swing.*;
public class CurrentTimeApplet extends JApplet
{
  protected Locale locale;
  protected TimeZone timeZone;
  protected StillClock stillClock;
  private boolean isStandalone = false; //若为 true，则作为应用程序执行
  public CurrentTimeApplet()// 构造方法
```

```
{        }
public void init()
{ if (!isStandalone)          //作为小程序执行
   {
     getHTMLParameters();      // 从 HTML 文件中获得 locale 和 timezone
   }
   createClock();                      // 将时钟加入 applet 容器中
}

public void createClock()          // 创建一个时钟，并加入 applet 容器中
{
   getContentPane().add(stillClock = new StillClock(locale, timeZone));
}
public void getHTMLParameters()
{  // 从 HTML 文件中获得参数
   String language = getParameter("language");
   String country = getParameter("country");
   String timezone = getParameter("timezone");

   // 如果在 HTML 文件中没有给出参数值，则设置默认值
   if (language == null)       language = "en";
   if (country == null)        country = "US";
   if (timezone == null)       timezone = "CST";

   //初始化 locale 和 timezone
   locale = new Locale(language, country);
   timeZone = TimeZone.getTimeZone(timezone);        //将字符串表示的时区封装为时区对象
}

public static void main(String[] args)
{
    JFrame frame = new JFrame("显示当前时间");
   CurrentTimeApplet applet = new CurrentTimeApplet();      // 创建一个小程序的实例
   applet.isStandalone = true;                              // 作为应用程序运行

   applet.getCommandLineParameters(args);                   //从命令行获得参数值
   frame.getContentPane().add(applet, BorderLayout.CENTER); //将小程序实例加入 frame 框架中

   // 调用和启动 init() and start()
   applet.init();      applet.start();

   frame.setSize(300, 300);   frame.setDefaultCloseOperation(JFrame.EXIT_ON_CLOSE);
   frame.setVisible(true);
}

 public void getCommandLineParameters(String[] args) // 获得命令行参数的方法
```

```
    { // 用缺省值初始化 locale and timezone
      locale = Locale.getDefault();
      timeZone = TimeZone.getDefault();
      if (args.length == 3)
      {   locale = new Locale(args[0], args[1]);
        timeZone = TimeZone.getTimeZone(args[2]);
      }
      else
      {
        System.out.println( "参数个数有错");     System.exit(0);
      }

    }
}
```

程序运行结果如图 13-6 所示。

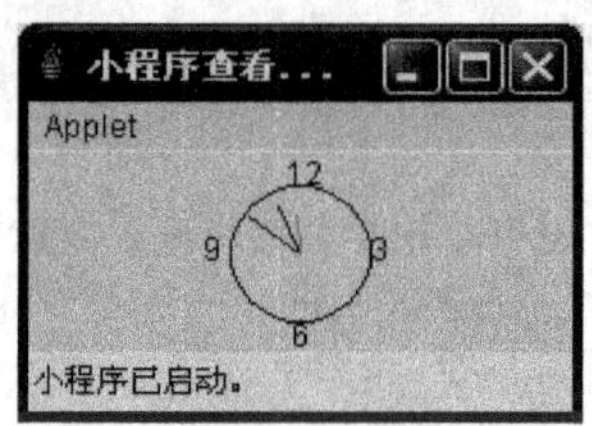

图 13-6　CurrentTimeApplet.java

【例 13-7】 显示走动的时钟。为了使时钟走动，使用单独的线程重画时钟。

程序清单 13-7　ClockApplet.java

```
import java.applet.*;import java.awt.*;import java.util.*;
public class ClockApplet extends CurrentTimeApplet   implements Runnable
{
  private Thread thread = null;            //引用一个线程，该线程运行时钟
  private boolean suspended = false;       // 标识线程是否挂起
  public void init()
  {   super.init();
    thread = new Thread(this);      thread.start();// 创建和启动时钟线程
  }
  public void start()                      // 该方法唤醒时钟线程
  {   resume();   }
  public void run()                        // 时钟线程执行的操作
  {
    while (true)
    {
      stillClock.repaint();                // 重新绘制时钟
      try
      {
        thread.sleep(1000);
```

```
                waitForNotificationToResume();
            }
            catch (InterruptedException ex)
            {       }
        }
    }
    private synchronized void waitForNotificationToResume()     throws InterruptedException
    {
        while (suspended)       wait();     //等待被唤醒
    }
    public void stop()                      //该方法执行时，挂起时钟线程
    {     suspend();  }
    public void destroy()                   // 该方法执行时销毁时钟线程
    {     thread = null;   }
    public synchronized void resume()       // 唤醒被挂起的线程
    {
        if (suspended)
        {
            suspended = false;
            notify();                       // 唤醒正在等待通知的线程
        }
    }
    public synchronized void suspend()      //挂起正在运行的线程
    {     suspended = true;   }
}
```

运行该小程序的 ClockApplet.html 文件代码如下：

```
<html>
<head> <title>ClockApplet</title>   </head>
<body>
    <applet
      codebase = "."
      code = "ClockApplet.class"
      width = 200
      height = 220
      alt ="You must have a Java-enabled browser to view the applet" VIEWASTEXT>
    <param name=language value=en>
    <param name=country value=US>
    <param name=timezone value=CST>
  </applet>
</body>
</html>
```

浏览器加载 ClockApplet 小程序时，创建一个线程，该线程执行 init()方法后，创建和启动另一个线程 thread，thread 线程每隔一秒钟绘制一次当前时钟。

程序运行结果如图 13-7 所示。

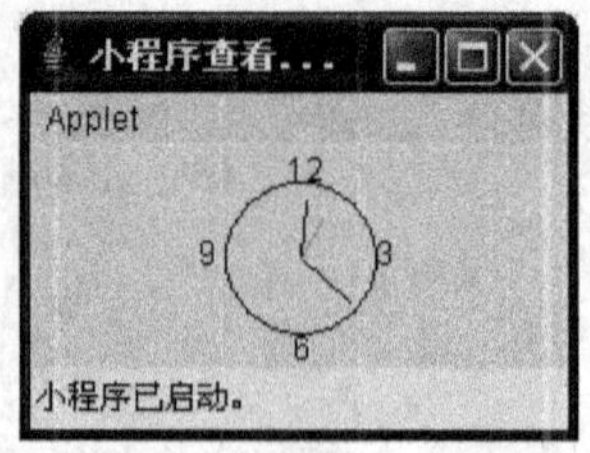

图 13-7　ClockApplet.java

13.4.3　Timer 类控制动画

Javax.swing.Timer 类可以按照预定义的频率重画面板。Timer 对象以固定的频率触发 ActionEvent 事件。在创建 Timer 对象时，就为 ActionEvent 事件源指定监听器和延迟时间。

Timer 类的构造方法用于构造时间对象：

```
public Timer(int delay,ActionListener listener) //以 delay 为时间间隔触发 ActionEvent，由 listener 作监听器
```

delay 指定两个行为事件间的间隔的毫秒数。可以使用方法 setdelay()调整 delay 间隔时间。使用 start()方法启动时间对象，使用 stop()终止时间对象。

【例 13-8】 使用 Timer 类，修改前面的 ClockApplet 小程序，得到下面的程序。

程序清单 13-8　NewClockApplet.java

```
import   java.awt.event.*;import   javax.swing.Timer;
public class   NewClockApplet extends CurrentTimeApplet   implements   ActionListener
{   public   Timer   timer;
    public   void   init()
    {   super. init();
        timer=new Timer(1000,this);//创建的时间对象，每隔 1 秒触发一次事件，监听器是 this
        timer.start();
    }

   public void   start()
   {   timer.start();   }

   public void stop()
   {      timer.stop();   }

   public void actionPerformed(ActionEvent e)
   {      repaint();   }
}
```

NewClockApplet 和 ClockApplet 可以正确地显示走动的时间，但是，不能重复使用它们，因为它们是 JApplet 的子类。JApplet 是一个重型组件，重型组件不适合放在 J 字母开头的容器中。为了使它具有好的可重用性，下面通过扩展 StillClock 类创建一个 Clock 类。

【例 13-9】 在面板上绘制一个走动的时钟。扩展前面的 StillClock 类。

程序清单 13-9　Clock.java

```
import java.util.*;
public class Clock extends StillClock implements Runnable
{   private Thread thread = null; //声明一个绘制时钟的线程
   private boolean suspended = false; //  决定线程是否挂起
   public Clock()
```

```
        {
           this(Locale.getDefault(), TimeZone.getDefault());
        }

        // 用指定的地区和时区构造一个时钟
        public Clock(Locale locale, TimeZone timeZone)
        {   super(locale, timeZone);
            thread = new Thread(this);      thread.start();
        }
        public void run()
        {
           while (true)
           {
              repaint();
              try
                {   thread.sleep(1000);
                    waitForNotificationToResume();
                }
              catch (InterruptedException ex)
                {       }
           }
        }
        // 等待被唤醒
        private synchronized void waitForNotificationToResume()     throws InterruptedException
        {
           while (suspended)     wait();
        }
        // 重新唤醒时钟
        public synchronized void resume()
        {
           if (suspended)     { suspended = false;    notify();   }
        }
        // 挂起时钟
        public synchronized void suspend()
        {      suspended = true;   }
    }
```

13.5 线程同步

在前面的例子中，线程功能简单，每个线程运行时不需要外部的数据，也不必关心其他线程的状态。多个线程之间的关系是独立的（异步执行）。

而当应用问题的功能增强、关系复杂时，就存在多个线程对共同数据进行操作的需求。例如在银行的业务中，在同一时间内，可能有多个存款、取款线程对同一个账户（数据）进行操作。这时，如果不对多个同时运行的线程进行协调与管理，就会导致一系列的并发执行问题。例如，多个存款、取款线程同时对同一个账户进行操作，有的线程读账户数据，有的线程向账户写数据，从而导致账户数据混乱。一个账户向另一个账户汇款时，数据可能中途丢失等。

线程需要同步执行主要应用在两个方面：

- 共享数据的多个线程需要实现互斥。任何时刻，只允许一个线程对共享数据进行操作，从而保证数据的完整性和一致性。
- 收、发数据的多个线程需要协调执行。发送和接收数据的多个线程必须步调一致，保证数据及时发送和接收。

13.5.1 实现线程互斥的机制

在 Java 中使用关键字 synchronized 实现多个线程对共享数据的互斥操作，即在任何时候只能有一个线程可以执行一段代码或一个方法。关键字 synchronized 有两种用法：锁定一段代码或锁定一个方法。

1．锁定一段代码

synchronized 可以锁定一段代码，这段代码称为临界区。线程要执行这段代码，则必须获得对象的锁。用关键字 synchronized 锁定代码的格式如下：

```
synchronized(<对象>)
{
    这里是要锁定的代码   //临界区。在该区的代码才能操作上面的对象
    对共享对象的操作代码写在这里
}
```

当第一个线程执行这段代码以前，它必须获得对象的锁。获得锁的线程进入临界区后，执行这段代码的同时锁定该对象，阻止其他线程进入临界区，即，只有获得锁的线程才能操作该对象。此时如果第二个线程也要执行这段代码，它也必须获取该对象的所有权/但因该对象已被锁定，因此第二个线程必须等待，直到锁被释放为止。

第一个线程执行完临界区后自动释放了锁，此时第二个线程就可以获得对象的锁，并进入临界区执行，这样就实现了多个线程对同一个对象的“互斥”使用。该对象称为“同步对象”。

2．锁定一个方法

用关键字 synchronized 声明一个方法后，在任何时刻只能有一个线程可以执行该方法。这种方法被称为互斥方法。整个方法体就成为代码临界区。用关键字 synchronized 声明互斥方法的格式如下：

```
synchronized(<方法声明>)
{
     方法体   //整个方法体就成为代码临界区
}
```

当一个线程调用互斥方法时，它首先要获得方法的锁。如果方法未锁定，则该线程以独占方式执行该方法体，并同时锁定该方法，以阻止其他线程进入该方法)。线程执行完方

法后，释放方法的锁。如果方法被锁定，则该线程必须等待，直到方法的锁被释放。

13.5.2 线程互斥实现数据共享

Java 的多线程机制使多个线程共享数据成为可能。例如，将对银行账户的存款、取款操作分别设计成线程。存款线程与取款线程能够对同一个账户（数据）进行操作，此时该账户便成为共享数据。

下面首先通过例 13-10 来看一下线程间如何共享数据，再引入同步机制，解决线程的并发执行问题。

1．线程没有实现互斥

【例 13-10】 银行账户的存、取款线程设计（存款线程和取款线程操作账户）。

本例设计了三个类：银行账户类（Account1，共享数据）、存款线程类（Save1）和取款线程类（Fetch1）。

1）账户类（Account1）中有私有变量 balance 用于记录账户的现有金额，put()方法用于存款，get()方法用于取款。

2）存款线程类（Save1）与取款线程类（Fetchl）的操作类似，对于给定账户 a1 创建一个线程对象。在线程体 run()中，首先查看账户上现有金额，然后存（取）款。

```
class Account1   //定义共享数据类 Account1
{  private String name;
 private int balance;  //账户余额
 void put(int i)                                  //欲存入金额 i
 {
    balance=balance+i;                            //存入时，balance 值增加
 }
 int get(int i)                                   //欲取金额 i，返回实际取到金额
 {
  if(balance>i)
        balance=balance-i;                        //取走时，balance 值减少
    else                                          //账户金额不够所要取走金额时
      {
         i=balance;
         balance=0;                               //取走全部所余金额
  }
 return i;
 }
   int checkbalance()                             //查看账户上现有金额
   {
      return balance;
   }
}
class Save1 extends Thread                        //定义存款线程 Save1
{  private Account1 a1;
   private int amount;                            //存款数量
 public Save1(Account1 a1,int amount)             //构造存款线程
```

```
        {
            this.a1=a1;
            this.amount=amount;
        }
        public void run()                          //实现存款的操作写在这个方法中
        {
            int k=a1.checkbalance();               //1.查看账户余额
            try
             {
                   sleep(1);                       //2.线程让出 CPU 1 毫秒
             }
            catch(InterruptedException e)
             {
                   System.out.println(e);
             }
            a1.put(amount);                        //3.存入 amount
            System.out.println("现有"+k+", 存入"+amount+", 金额"+a1.checkbalance());
        }
    }
    class Fetch1 extends Thread                    //定义取款线程类 Fetch1
    {   private Account1 a1;
        private int amount;  //取款数量
        public Fetch1(Account1 a1,int amount) //构造取款线程
        {   this.a1=a1;
            this.amount=amount;
        }
        public void run()                          //实现取款的操作写在这里
        {   int k=a1.checkbalance();               //1.查看余额
           try
            {
                sleep(1);                          //2.线程让出 CPU 1 毫秒
            }
           catch(InterruptedException e)
            {
              System.out.println(e);
            }
           int    qukuan= a1.get(amount);          //3.取款数量是 qukuan
           System.out.println("现有"+k+", 取走"+ qukuan +", 余额"+a1.checkbalance());
        }
    }
    public class    Bank                           //定义测试类 Bank
    {   public static void main(String args[])
        {   Account1 a1=new Account1();
            (new Save1(a1,100)).start();    (new Save1(a1,200)).start();    (new Fetch1(a1,300)).start();
        }
    }
```

程序运行结果：

```
现有 0，存入 100，余额 100
现有 0，存入 200，余额 300
现有 0，取走 300，余额 0
```

每个线程在执行 run()方法时，通过 sleep()方法让出 CPU 资源，使其他线程得到运行的机会，以实现多个线程的并发执行。本例中，多个线程对同一个账户进行操作时出现了并发问题，导致结果不正确。

main()方法中同时启动了三个线程，对同一个账户 a1 进行存（取）款操作。当一个线程对数据 a1 执行了部分操作后，执行 sleep()方法，交出 CPU 使用权，系统就调度其他线程执行，并再次修改了数据 a1。这种多个线程的并行运行，导致每次操作的查看金额、存入金额和剩余金额与实际情况不相符，严重破坏了数据的完整性和一致性。

那么如何保证数据的完整性和一致性呢？必须有一种机制，保证任何时刻只能有一个线程对共享数据进行完整的操作，即对数据执行的操作（如查看金额、存入金额和剩余金额）要一次性完成。下面介绍如何让多个线程对共享数据实现互斥操作。

2．线程实现互斥

【例 13-11】 实现多个线程互斥的存、取款线程设计。

本例采用 synchronized 锁定一段代码的方式来解决多线程的并发执行问题。修改前例，仍使用银行账户类（Account1），并在存款线程类（Save2）、取款线程类（Fetch2）的 run()方法中创建代码的临界区，形成对同一个账户的“互斥”使用。

```
class Account1                          //定义共享数据类 Account1
{   private String name;
    private int balance;                //账户余额

  void put(int i)                       //欲存入金额 i
  {
        balance=balance+i;              //存入时，balance 值增加
  }

  int get(int i)                        //欲取走金额 i，返回实际取到金额
  {
   if(balance>i)
        balance=balance-i;              //取走时，balance 值减少
      else                              //账户金额不够，就取走所有剩余款
      {
          i=balance;
          balance=0;                    //取走全部所余金额
      }
      return i;
  }
   int checkbalance()                   //查看账户上现有金额
   {
        return balance;
```

```
    }
  }
  class Save2 extends Thread                    //定义存款线程 Save2
  {   private Account1 a1;
      private int amount;
      public Save2(Account1 a1,int amount)
      {
          this.a1=a1;
          this.amount=amount;
      }
      public void run()
      {   synchronized(a1)                      //锁定账户 a1
          {
              int k=a1.checkbalance();
              try
               {
                  sleep(1);                     //当前线程让出 CPU  1 毫秒
               }
              catch(InterruptedException e)
               {   System.out.println(e);      }
              a1.put(amount);
              System.out.println("现有"+k+", 存入"+amount+", 金额"+a1.checkbalance());
          } //临界区结束
        }  //线程方法结束
    }
  class Fetch2 extends Thread                   //定义取款线程类 Fetch2
  {      private Account1 a1;
         private int amount;
      public Fetch2(Account1 a1,int amount)
         {    this.a1=a1;
              this.amount=amount;
         }
         public void run()
         {      synchronized(a1)                //锁定账户 a1
                 {
                     int k=a1.checkbalance(); //1.查询余额
                     try
                      {
                         sleep(1);         //2.当前线程让出 CPU  1 毫秒
                      }
                     catch(InterruptedException e)
                      {
                         System.out.println(e);
                      }
                    int   qukuan= a1.get(amount);       //3.取款数量是 qukuan
                    System.out.println("现有"+k+", 取走"+qukuan+ ", 余额"+a1.checkbalance());
                 } //临界区结束
```

```
            }
        }
        public class    Bank    //定义测试类 Bank
        {    public static void main(String args[])
             { Account1 a1=new Account1();
               (new Save2(a1,100)).start();     (new Save2(a1,200)).start();     (new Fetch2(a1,300)).start();
             }
        }
```

程序运行结果如下：

```
现有 0，存入 100，余额 100
现有 100，存入 200，余额 300
现有 300，取走 300，余额 0
```

本例把存、取款线程要操作的账户设为互斥对象，这样任何时刻只有一个线程对同一个账户进行操作，即某个线程获得对象锁后，以独占方式执行完临界区中的所有操作。也就是说，在释放锁之前独立执行完查看金额、存款和取款等操作，在此期间不允许任何线程对本账户执行操作。这种对共享数据的互斥操作，保证了共享数据的完整性和一致性。

13.5.3　线程协调实现的机制

如果多个同时运行的线程需要传送数据，则必须让多个线程按某个规则操作数据，即保证操作数据的线程步调一致，这样才能保证发送的数据能被正确地收到。

1．设置互斥标志

要使发送和接收数据的线程步调一致，就应该为共享数据的状态设置互斥标志，当互斥标志满足某个值时，对应的线程才能对数据进行操作。这样在任一时刻都能保证合适的线程操作合适的数据。

2．实现线程协调

为了协调线程执行的步调，就要用到 wait()、notify()和 notifyAll()方法。

（1）wait()方法

调用该方法的线程变为阻塞状态，并释放它拥有的对象锁，并进入等待队列。而调用 sleep()方法的线程不会释放它拥有的对象锁。

（2）notify()方法

notify()方法用于唤醒阻塞队列中的其他线程，使这些线程转入就绪状态。

（3）notifyAll()方法

notifyAll()方法唤醒阻塞队列中的全部线程，使这些线程转入就绪状态。

注意：只能在关键字 synchronized()修饰的临界代码区中(或互斥方法中)调用方法 wait、notify()和 notifyAll()，否则将抛出 IllegalMonitorStateException 异常。

可以使用 Wait()方法和 notify()方法来实现多个线程对某个对象的操作步调的一致性。当一个线程检测到它要操作的同步对象的状态不合适时，可以调用 wait()方法来挂起自己的操作，等待同步对象状态的改变；当另一个线程对该同步对象完成操作时，将修改同步对象状态，释放互斥锁。

13.5.4 线程协调实现数据正确收发

1．线程没有实现协调

【例 13-12】 发送线程与接收线程。

本例设计两个线程类，即发送线程类（Sender1）与接收线程类（Receiver1），它们使用一个共同的缓冲区类（Buffer1）来存放数据。Buffer1 中的成员 value 用于保存数据值，put()方法用来为 value 赋值，get()方法用来获得 value 值。

Sender1 调用 put()方法，依次发送值 1～5；Receiver1 调用 get()方法依次获得（接收）5 个值。Sender1 每次发送一个数据后都要休息一会儿（让出 CPU），以让 Receiver1 有时间接收数据值。同理，Receiver1 每次接收一个数据值后也要休息一会儿，以让 Sender1 再次发送数据。

```
class Buffer1                              //定义同步数据类 Buffer1
{     private int value;
      void put(int i)
      {     value=i;     }
      int get()
      {     return value;     }
}

class   Sender1   extends   Thread         //定义发送线程类 Sender1
{     private Buffer1 bf;
      public Sender1(Buffer1 bf)           //创建发送线程的构造方法
      {
            this.bf=bf;
      }
      public void run()                    //发送线程执行的操作
      {
            for(int i=1;i<6;i++)
            {
                  bf.put(i);               //发送数据到 value 缓冲区
                  System.out.println("Sender put :"+i);
                  try
                   {
                        sleep(1);          //当前线程让出 CPU 1 毫秒
                   }
                  catch(InterruptedException e)
                   {
                     System.out.println(e.getMessage());
                   }
            }
      }
}
class Receiver1 extends Thread             //定义接收线程类 Receiver1
{     private Buffer1 bf;
      public Receiver1(Buffer1 bf)         //创建接收线程的构造方法
```

```
        {
            this.bf=bf;
        }
        public void run()                          //接收线程执行的操作
        {
            for(int i=1;i<6;i++)
            {
                System.out.println("\t\t    Receiver get :"+bf.get());
                try
                 {
                    sleep(1);              //当前线程让出 CPU 1 毫秒
                 }
                catch(InterruptedException e)
                 {
                    System.out.println(e.getMessage());
                 }
            }
        }
    }
    public class    clustomer                       //定义测试类 clustomer
    {       public static void main(String args[])
        {
                Buffer1 bf=new Buffer1();
                (new Sender1(bf)).start();      (new Receiver1(bf)).start();
         }
    }
```

程序运行结果如下：

```
Sender put :1
Sender put :2
                    Receiver get :2
Sender put :3
Sender put :4
                    Receiver get :4
Sender put :5
                    Receiver get :5
                    Receiver get :5
                    Receiver get :5
```

虽然 Sender1 与 Receiver1 每次休息的时间一样，但由于操作系统调度线程的不确定性，造成 Sender1 发送的数据与 Receiver1 接收的数据不一致。

2．线程之间实现协调

【例 13-13】 同步地发送线程与接收线程。

为了使 Sender2 与 Receiver2 同步运行，必须对共享数据实行“互斥”操作，即任一时刻只能有一个线程对 Buffer2 中的 value 值进行操作。线程是否有权对共享数据进行操作，取决于共享数据的状态标志。

本例在 Buffer2 类中增加了 isEmpty 成员，互斥操作的信号量，isEmpty 作为 value 的状态标志，用它来标识 value 是否为空。当 value 空时，isEmpty 值为 true；当 value 非空时，isEmpty 值为 false。以此将 Buffer2 类中的 put()方法和 get()方法声明为“互斥” 方法。

提示：isEmpty 也被称为“互斥锁”标志。

- put()方法。当 isEmpty 值为 true（value 为空）时，给 value 赋值，接着设置信号量 isEmpty 的值为 false，然后唤醒一个等待接收数据的线程；当 isEmpty 值为 false（value 非空，即 value 值未被取走）时，不能对 value 赋值，只能等待。
- get()方法。当 isEmpty 值为 true（value 为空）时，表示发送线程没有给 value 赋值，接收线程只能等待；当 isEmpty 值为 false（value 非空）时，返回 value 值，将 isEmpty 设为 true，并唤醒一个等待发送线程。

```
class Buffer2      //定义互斥锁的缓冲区类 Buffer2
{     private int value;
      private boolean isEmpty=true;                       //value 是否为空的信号量
      synchronized void put(int i)
      {
          while(!isEmpty)                                 //当 value 不为空时，等待
          {     try
                {
                      this.wait();                        //等待。阻塞自己
                }
                catch(InterruptedException e)
                {     System.out.println(e.getMessage()); }
          }
          value=i;                                        //当 value 空时，给 value 赋值 i
          isEmpty=false;                                  //设置 value 为非空状态
          notify();                          //唤醒阻塞队列中其他等待线程，使其转为就绪状态
      }

      synchronized int get()
      {
        while(isEmpty)                                    //当 value 为空时，等待
        {    try
             {
                      this.wait();                        //等待。阻塞自己，使自己转入阻塞队列
             }
             catch(InterruptedException e)
             {        System.out.println(e.getMessage());     }
        }
        isEmpty=true;                                     //设置 value 为空状态，并返回值
        notify();
        return value;
      }
}
```

```
class Sender2 extends Thread                    //定义发送线程类 Sender2
{   private Buffer2 bf;
    public Sender2(Buffer2 bf)
    {
      this.bf=bf;
    }
    public void run()
    {
      for(int i=1;i<6;i++)
      {
        bf.put(i);
        System.out.println("Sender put :"+i);
      }
    }
}
class Receiver2 extends Thread                  //定义接收线程类 Receiver2
{       private Buffer2 bf;
        public Receiver2(Buffer2 bf)
        {
                this.bf=bf;
        }
        public void run()
        {
            for(int i=1;i<6;i++)    System.out.println("\t\t Receiver get :"+bf.get());
        }
 }
public class   Clustomer                        //定义测试类 Clustomer
{       public static void main(String args[])
        {
             Buffer2 bf=new Buffer2();
             (new Sender2(bf)).start();    (new Receiver2(bf)).start();
        }
}
```

程序运行结果如下：

```
Sender put :1
Sender put :2
                          Receiver get :1
Sender put :3
                          Receiver get :2
Sender put :4
                          Receiver get :3
                          Receiver get :4
                          Receiver get :5
Sender put :5
```

13.6 本章小结

操作系统把一个进程分为多个并行执行的线程，即把一个进程的载体（程序）分为多个独立的程序片段，这些程序片段可以并行执行。每个程序片段的执行过程，就是线程的创建、运行和销毁的过程。

线程在生命周期内，处于新建、就绪、运行中、阻塞、死亡 5 种状态之一。

创建线程的方法有两种：扩展 Thread 类、实现 Runnable 接口。

线程同步执行主要表现在以下两个方面：

- 共享数据的多个线程实现互斥。任何时刻只允许一个线程对共享数据进行操作，从而保证数据的完整性和一致性。
- 收发数据的多个线程协调执行。发送和接收数据的多个线程必须步调一致，以保证数据的及时发送和接收。

13.7 习题

1．分别用两种方法建立线程，举例说明。

2．编写一程序，模拟柜员机的存款、取款和查款功能。

3．编写 applet 显示闪动的标签。提示：要使标签闪动，需要用标签和无标签（空白屏幕）交替重画窗口。使用布尔变量来控制切换。

4．编写 applet 显示移动的标签，标签在 applet 的视区里连续地从右向左移动。无论标签什么时候在屏幕上消失，它都从右端再开始移动。在标签上按下鼠标按钮时它就停止，松开按钮又开始移动。提示：用新的 x 坐标重画窗口。

5．编写程序，启动 100 个线程。每个线程给变量 sum 加 1，sum 的初始值为 0。使用同步或不同步来运行程序，看一看它们的影响。

6．编写一个 Java applet，模拟转动的风扇。按钮 Start、Stop 和 Reverse 控制风扇的启动、停止和反向转动。

7．如何创建一个线程组？能控制线程组里的单个线程？

8．为什么应用程序中需要多线程？在单处理机中，多个线程是如何同时运行？

9．如何创建定时器？如何启动定时器？如何停止定时器？

10．Timer 类有无参数构造方法吗？一个定时器可以注册多个监听器吗？

11．在单 CPU 系统中，多个线程是如何同时运行的？

12．说出创建线程的两种方式。什么时候使用 Thread 类？什么时候使用 Runnable 接口？Thread 类和 Runnable 接口的区别是什么？控制线程的方法在哪个类中定义？

13．在什么情况下使用方法 wait()、 notify() 、notifyAll()？这些方法的用途是什么？

14．如何创建一个线程组？如何启动线程组中的线程？如何知道线程组中正在运行的线程的个数？线程组有什么好处？

15．列出多线程共享资源的例子。如何使相互冲突的线程同步？举例说明。

16．什么是死锁？如何避免死锁？

第 14 章　输入/输出

输入/输出就是程序与文件、内存、设备交换信息，即读取信息和输出信息。例如，从键盘读取数据、与网络交换数据、打印报表、读/写文件信息等都要涉及数据输入/输出的处理。在 Java 语言中，程序通过数据流来实现输入/输出。数据流是使用类创建的对象。

14.1　File 类

文件操作主要包括三种形式：按照顺序读/写文件内容，以随机方式读/写文件内容，查看或修改文件属性。

数据流实现文件内容的顺序读写。RandomAccessFile 类实现文件的随机读写。它们都不能访问文件的属性。在 Java 中使用 File 类访问文件属性，但是不能读/写文件的内容。下面列出 File 类的构造方法和实例方法。

1．File 类的构造方法

File 类的构造方法有三个：

- File(String filename)。通过文件名构造 File 对象。
- File(String directoryPath, String filename)。通过目录和文件名构造 File 对象。
- File(File f , String filename)。以 f 代表的目录和文件名 filename 构造 File 对象。

其中，filename 指文件名，directoryPath 指文件所在的目录，f 指文件对象（用字符串表示的目录作参数创建的文件对象）。File 对象可能是文件，也可能是目录。

2．实用方法

（1）获取文件属性的方法

- public String getName()：获取文件名。
- public String getPath()：获取文件路径。
- public String getAbsolutePath()：获取文件绝对路径。
- public long　length()：获取文件的长度。单位是字节。
- public String getParent()：获取文件的父目录。返回字符串表示的父目录。
- public File getParentFile()：获取文件的父目录。返回文件对象表示的父目录。
- public long lastModified()：获取文件最后修改时间。时间是从 1970 年午夜至文件最后修改时刻的毫秒数。
- public boolean canRead()：判断文件是否是可读的。
- public boolean canWrite()：判断文件是否可被写入。
- public boolean exits()：判断文件是否存在。
- public boolean isFile()：判断是不是一个文件。

- public boolean isDirectroy()：判断是不是一个目录。
- public boolean isHidden()：判断文件是不是隐藏的。

（2）文件操作

- public boolean renameTo(File dest)：将文件名改为 dest。
- public boolean delete()：删除文件。

（3）目录操作

- public boolean mkdir()：创建目录。
- public String[] list()：以字符串形式列出目录。
- public File[] listFiles()：以 File 对象形式列出目录。

14.1.1　获得文件信息

【例 14-1】 在 D:/filetest/tes 目录下创建 test.txt 文件，并测试文件的属性。

程序清单 14-1　FileTest.java

```
import java.io.*;
 class FileTest
{   private File file=null;
    public FileTest()
    {   file=new File("D:/filetest/test","test.txt");//创建文件对象
        try
          {
                file.createNewFile(); //创建文件 test.txt
          }
        catch(IOException e){}
    }
    public void showProperties()
    {   System.out.println("文件是否存在？"+file.exists());
        System.out.println("文件是否隐藏？"+file.isHidden());
        System.out.println("文件 test.txt 是否可读？"+file.canRead());
        System.out.println("文件 test.txt 的长度："+file.length()+"字节");
    }
   public static void main(String[] args)
{   FileTest file1=new FileTest();
       file1.showProperties();
   }
}
```

目录 D:/filetest/tes 必须已经存在，否则，程序运行后不能创建文件 test.txt。

14.1.2　创建目录和文件

【例 14-2】 在 D:/test 目录下创建一个子目录 Students，在 Students 目录下创建文件 new.doc。注意：文件对象可能代表一个文件，也可能代表一个目录。

程序清单 14-2　FileDemo.java

```
import java.io.*;
public class FileDemo
{    private File dir , newFile ;
     public FileDemo()
     {
         dir=new    File("D:/test","Students");         //创建文件对象。D:/test 目录必须已经存在
     }
     public void createDir()          //创建目录
     {    dir.mkdir();                //创建目录
         System.out.println("创建 Students 文件夹成功");
     }
     public void    createFile()       //创建文件
     {    newFile=new File(dir, "new.doc");          //创建文件对象
         try
        {    newFile.createNewFile();                 //创建文件
            System.out.println("创建 new.doc 文件成功");
           }
         catch(IOException ex)
          {   System.out.println("创建文件失败");   }
     }
     public static void main(String[] args)
     {    FileDemo    file=new FileDemo();
          file.createDir();     file.create.File();
     }
}
```

File 对象调用 mkdir()方法创建一个目录，调用 createNewFile()方法时，在磁盘上创建一个文件。如果文件已经存在，则该方法不起作用。

14.1.3 列出文件和子目录

【例 14-3】 列出 D 盘根目录下的所有子目录和文件。

程序清单 14-3　FileDemo.java

```
import java.io.*;
public class FileDemo
{    private File dir=null;
     private File file[]=null;
     public FileDemo()
     {      dir=new File("d:/");   //将 d 盘根目录封装为 File 对象
            file=dir.listFiles(); //获得 File 对象包含的子目录和文件构成的数组
     }
     public void showFile() //显示所有子目录和文件
    {       System.out.println("目录列表:");
          for(int i=0; i<file.length; i++) { if (file[i].isDirectory())   System.out.println(file[i].toString()); }
         System.out.println("文件列表:");
          for(int j=0; j<file.length; j++) { if(file[j].isFile())   System.out.println(file[j].toString()); }
```

```
        }
        public static void main(String[] args)
        {    FileDemo    file=new FileDemo();      file.showFile();    }
    }
```

如果 File 对象是一个目录，调用 listFiles()方法时将返回该目录下的全部文件和子目录。isFile()方法用于判断 File 对象是不是文件；isDirectory()方法用于判断 File 对象是不是目录。

14.1.4 列出指定类型的文件

【例 14-4】 列出 D:/test/6 目录下所有的 JSP 文件。

程序清单 14-4 ListFileDemo.java

```
    import java.io.*;
    public class ListFileDemo
    {    private File dir=null;
         private FileJSP file_jsp=null;
         private String file_name[]=null;
         public ListFileDemo()
         {    dir=new File("D:/test/6");         //创建目录对象
              file_jsp=new FileJSP("jsp");     //创建过滤器对象。过滤器对象也是文件对象
              file_name=dir.list(file_jsp);      //获得目录 dir 下通过过滤器 file_jsp 过滤后的文件数组
         }
        public void showJSPFile()               //显示 JSP 文件的方法
         {    System.out.println("D:/test/6 目录下的 JSP 文件:");
              for(int i=0; i<file_name.length; i++) {    System.out.println(file_name[i]);    }
         }
         public static void main(String[] args)
         {    ListFileDemo t4=new ListFileDemo();        t4.showJSPFile();
         }
    }
    class FileJSP implements FilenameFilter                   //定义类 FileJSP，以便过滤文件
    {    String str=null;
         FileJSP(String str)
        {    this.str="."+str;    }
        public boolean accept(File dir, String name)         //实现接口 FilenameFilter 的 accept()方法
        {    return name.endsWith(str);    }
    }
```

本例的关键是实现接口 FilenameFilter 中的 accept(File dir,String name)方法。

14.1.5 删除文件和目录

【例 14-5】 删除 D:/test/Students 目录下的文件 new.doc，然后删除目录 Students。

程序清单 14-5 DelFileDemo.java

```
import java.io.*;
public class DelFileDemo
{    private File f=new File("D:/test/Students/new.doc");
     private File dir=new File("D:/test/Students");
     public void deleteFile()
     {    boolean b1=f.delete();             //删除文件 new.doc
          boolean b2=dir.delete();           //删除目录 Students

          System.out.println("文件 new.doc 成功删除了吗？  "+b1);
          System.out.println("目录 Students 成功删除了吗？  "+b2);
     }
    public static void main(String[] args)
    {     DelFileDemo t5=new DelFileDemo();   t5.deleteFile();   }
}
```

File 对象使用 delete()方法删除当前对象代表的文件或目录。如果 File 对象表示的是一个目录，则该目录必须是一个空目录才能被删除。

14.2 数据流概述

为了使程序与外部设备相对独立，需将外设（打印机、屏幕、键盘、文件和内存等）封装为数据流。程序通过数据流对外设进行读/写。数据流就是使用系统预定义的类创建的对象。

1．数据流模型

为了便于理解数据流的工作方式，程序、数据流和数据节点之间的关系可以用数据流模型来表示。带箭头的实线表示数据流。数据节点是指打印机、屏幕、键盘、文件和内存等等，如图 14-1 所示。

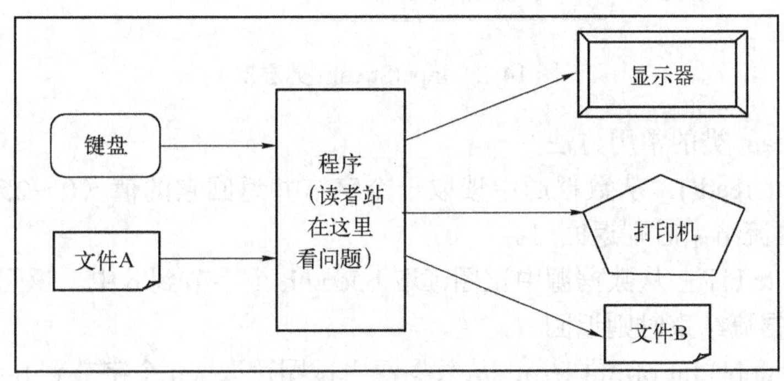

图 14-1　数据流模型

以上模型表明，当程序要从键盘或文件 A 中读取数据时，就以键盘或文件 A 为参数创建输入流，然后使用输入流中的方法从键盘和文件 A 中读取数据；当程序要把数据输出到显示器或打印机或文件 B 时，就以显示器或打印机或文件 B 为参数创建一个输出流，然后使用输出流中的方法向显示器或打印机或文件 B 中写数据。

2．数据流分类

任何一个数据流都具有两重属性，即数据流的流动方向和数据流的成分。

从流动方向来看，数据流分为输入流和输出流。从程序的角度来看，使用输入流中的方法读取数据节点中的数据。使用输出流中的方法把数据写到数据节点。

从数据流的组成来看，数据流主要分为字节流、字符流、缓冲流、对象流等。

14.3 字节流

抽象类 InputStream 是所有字节输入流的超类。一般使用其子类对象读取数据。抽象类 OutputStream 是所有字节输出流的超类，一般使用其子类对象输出数据。

1．InputStream 类

（1）InputStream 类的层次

InputStream 类的层次结构如图 14-2 所示。

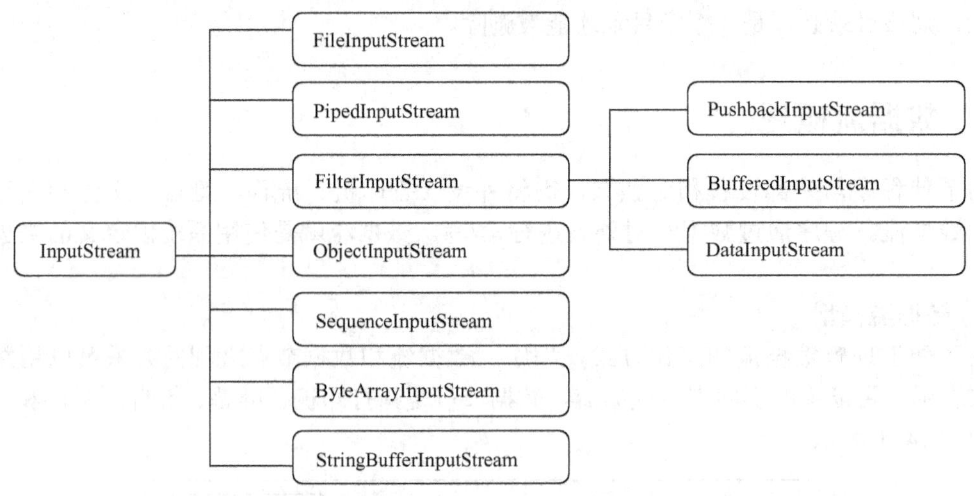

图 14-2 InputStream 类层次

（2）InputStream 类的常用方法

- abstract int read()：从数据源中读取一个字节并返回它的值（0～255 之间的一个整数），数据流结束时则返回-1。
- int read(byte b[])：从数据源中试图读取 b.length 个字节到 b 中。返回实际读取的字节数目。数据流结束时则返回-1。
- int read(byte b[],int off,int len)：从数据源中试图读取 len 个字节到 b 中，并从 b 的 off 位置开始存放。返回实际读取的字节数目，数据流结束时则返回-1。
- void close()：关闭输入流。
- long skip(long numBytes)：跳过 numBytes 个字节，并返回实际跳过的字节数目。

2．OutputStream 类

（1）OutputStream 类的层次

OutputStream 类的层次结构如图 14-3 所示。

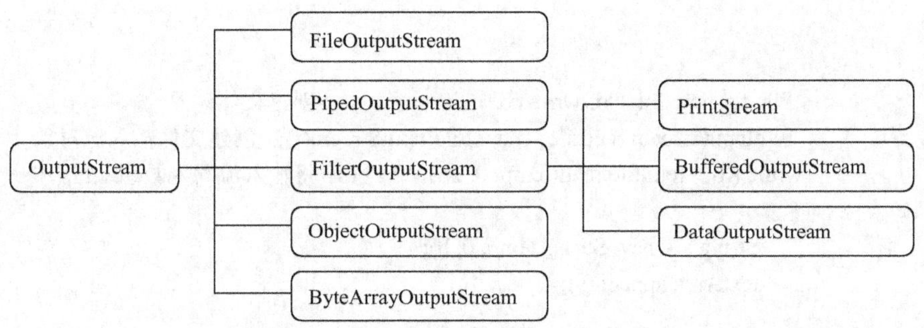

图 14-3　OutputStream 类的层次结构

（2）OutputStream 类的常用方法

- void write(int n)：向输出流写入一个字节。
- void write(byte b[])：将一个字节数组 b 写入输出流。
- void write(byte b[],int off,int len)：将字节数组 b 的偏移量 off 处，取 len 个字节写到输出流。
- void close()：关闭输出流。
- void flush() 将任何缓冲数据写入输出流。

14.3.1 FileInputStream 类

FileInputStream 类是 InputStream 类的子类，可以使用该类对象读取文件内容。

FileInputStream 类的构造方法如下：

- public FileInputStream(String name) throws FileNotFoundException。
- public FileInputStream(File　file)　throws FileNotFoundException。

其中，name 为文件名，file 代表 File 对象。以文件名或 File 对象构造文件输入流，通过文件输入流对象读文件。

【例 14-6】 从磁盘上读取 d:/write.txt 文件内容，并显示在文本区中。

程序清单 14-6　ReadFileData.java

```
import java.io.*;    import java.awt.*;    import java.awt.event.*;import javax.swing.*;
public class ReadFileData
{    public static void main(String args[])
   {  int b;
      Label lab;
      TextArea textArea;
      byte temp[] = new byte[25]; //用字节数组作为缓冲区
      Frame window = new Frame();    window.setSize(400, 400);
      lab = new Label();lab.setText("文件 d:/write.txt 的内容如下："); textArea = new TextArea(10, 16);
      window.add(lab, BorderLayout.NORTH); window.add(textArea, BorderLayout.CENTER);
      window.validate();window.setVisible(true);
      window.addWindowListener(new WindowAdapter()
       {    public void windowClosing(WindowEvent e)
          {  System.exit(0); }
       });
```

```
        try {
                File f = new File("d:/write.txt");                    //创建文件对象
                FileInputStream readfile = new FileInputStream(f); //创建文件输入流对象
               while ((b = readfile.read(temp, 0, 25)) != -1)  //将输入流写入数组 temp 中
               {
                    String s = new String(temp, 0, b);
                    textArea.append(s);
               }
             readfile.close();//关闭输入流
          }
       catch (IOException e)
         {   lab.setText("文件打开出现错误！");      }
    }
  }
```

程序运行结果如图 14-4 所示。

图 14-4 ReadFileData.java

14.3.2 FileOutputStream 类

FileOutputStream 类是 OutputStream 类的子类，可以使用该类对象将数据写入文件。FileOutputStream 类的构造方法如下：

- public FileOutputStream(String name)throws FileNotFoundException。
- public FileOutputStream(File file) throws FileNotFoundException。
- public FileOutputStream(String name ,boolean append) throws FileNotFoundException。

其中，name 为文件名，file 为 File 对象，append 表示文件的写入方式。append 的值为 false 时，为重写方式，即要写入的内容从文件开头写入，覆盖以前的文件内容。当 append 的值为 true 时，为添加方式，即要写入的内容添加到文件的尾部。append 的默认值是 false。可以以文件名或 File 对象构造文件输出流对象，通过文件输出流对象将内容写入文件。

【例 14-7】 把从键盘输入的一行字符写到文件 D:\myInput.txt 中。

程序清单 14-7 WriteFileData.java

```
import java.io.*;
public class WriteFileData
{     public static void main(String args[])
      {   int count,    n = 512; //设置缓冲区大小
        byte buffer[] = new byte[n]; //字节数组作为缓冲区
        try {
              System.out.println("请输入文字，按回车键结束 ");
              count = System.in.read(buffer); //读取标准输入流，把从键盘敲入的字符存入 buffer
```

```
                FileOutputStream wf = new FileOutputStream("D:/myInput.txt");
                wf.write(buffer, 0, count); //把 buffer 的内容写到文件中
                wf.close();
                System.out.println("您所输入的内容已经保存到文件 D:/myInput.txt 中");
            }
            catch (IOException ioe) {   System.out.println(ioe); }
            catch (Exception e)     {   System.out.println(e);   }
        }
    }
```

14.4 字节缓存流

由于使用文件字节流读/写文件效率不高，因此在实际应用中常使用字节缓存流来读/写文件。字节缓存流包括字节缓存输入流（BufferedInputStream）和字节缓存输出流（BufferedOutputStream）。

14.4.1 字节缓存输入流（BufferedInputStream）

1．构造方法

- BufferedInputStream(InputStream in)：以输入流 in 为参数构造输入缓存流。
- BufferedInputStream(InputStream in , int size)：以输入流 in 为参数，缓冲区大小为 size，构造输入缓存流。

实际应用中，为了提高文件读写的效率，FileInputStream 流经常和 BufferedInputStream 流配合使用。FileOutputStream 流经常和 BufferedOutputStream 流配合使用。

2．构造字节缓存输入流的步骤

为了提高读取文件的效率，通常用文件字节输入流（FileInputStream）为参数，构造字节缓存输入流（BufferedInputStream），然后用字节缓存输入流读取文件内容。

假设需要使用字节缓存流读取文件 A.txt 中的内容，则需要对文件 A.txt 进行两次封装。

1）构造文件字节输入流。

```
FileInputStream   in=new FileInputStream(A.txt)
```

2）构造缓存输入流。

```
BufferedInputStream   inbuffer=BufferedInputStream(in)
```

这时就可以让 inbuffer 调用 read()方法读取文件 A.txt 的内容。inbuffer 读取文件的过程中会进行缓存处理，提高读取的效率。

【例 14-8】 用字节缓存输入流读取文件 D:/read.txt 的内容，并输出到控制台。

程序清单 14-8 ReadBufferDemo.java

```
import java.io.*;
```

```
public class ReadBufferDemo
{   File f=new File("D:/ myInput.txt");   //构造 File 对象
    public void read()
    {       try {
                FileInputStream in=new FileInputStream(f);                              //构造字节输入流
                BufferedInputStream bufferin=new BufferedInputStream(in);        //构造缓存输入流
                byte c[]=new byte[90];
                int n=0;
                while((n=bufferin.read(c))!=-1)            //读取输入流，并写入到数组 c 中
                  {
                      String temp=new String(c,0,n);        //n 中保存的是实际读取的字节数目
                      System.out.print(temp);
                  }
                bufferin.close();                         //关闭缓存输入流
                in.close();                               //关闭字节输入流
            }
            catch(IOException ex) { System.out.println("文件输出错误"); }
    }
    public static void main(String[] args)
    {     ReadBufferDemo readFile=new ReadBufferDemo();    readFile.read(); }
}
```

对数据源进行两次封装。首先将 File 对象封装为 FileInputStream 流，然后将 FileInputStream 流封装为 BufferedInputStream 流。

14.4.2　字节缓存输出流（BufferedOutputStream）

1．BufferedOutputStream 类的构造方法

- BufferedOutputStream(OutputStream out)：使用输出流 out 为参数，构造字节缓存输出流。
- BufferedOutputStream(OutputStream out , int size)：使用输出流对象 out、缓冲区大小 size 为参数，构造字节缓存输出流。

2．构造字节缓存输出流的步骤

为了提高写文件的效率，通常以文件字节输出流（FileOutputStream）为参数构造字节缓存输出流（BufferedFileOutputStream），然后用字节缓存输出流读取文件内容。

假设需要使用字节缓存输出流把数据写入文件 B.txt 中，则需要对文件 B.txt 进行两次封装。

1）构造文件字节输出流。

```
FileOutputStream    out=new FileOutputStream(B.txt)
```

2）构造字节缓存输出流。

```
BufferedOutputStream    outbuffer=BufferedOutputStream(out)
```

这样就可以让 outbuffer 调用 write()方法向文件（B.txt）写入内容，此时将会进行缓存

处理，提高写入的效率。需要注意的是，写入完毕后，必须调用 flush()方法将缓存中的数据存入文件。

【例 14-9】 通过缓存流，将客户端输入的数据写入到 D:/write.txt 文件中。

程序清单 14-9　WriteBufferDemo.java

```
import java.io.*;   import javax.swing.JOptionPane;
public class WriteBufferDemo
{   String str="";
    public void write()
    {     String str=JOptionPane.showInputDialog("请输入内容:");   //对话框中返回的数据
          try {
               byte buffer[]=str.getBytes("ISO-8859-1");
               FileOutputStream outFile= new FileOutputStream("D:/write.txt",true);
               BufferedOutputStream bufferout=new BufferedOutputStream(outFile);

               bufferout.write(buffer);   //将缓存 buffer 数据写到文件中
               bufferout.close();
               outFile.close();
          }
          catch(IOException ex) {   System.out.println("File Write Error!"); }
    }
    public static void main(String[] args)
    {     WriteBufferDemo writeFile=new WriteBufferDemo();        writeFile.write();}
}
```

首先以 D:/write.txt 为参数构造 outFile 对象，然后以 outFile 为参数构造缓存输出流 bufferout，使用 bufferout 方法将客户端输入的数据写到 D:/write.txt 文件中。

程序运行结果如图 14-5 所示。

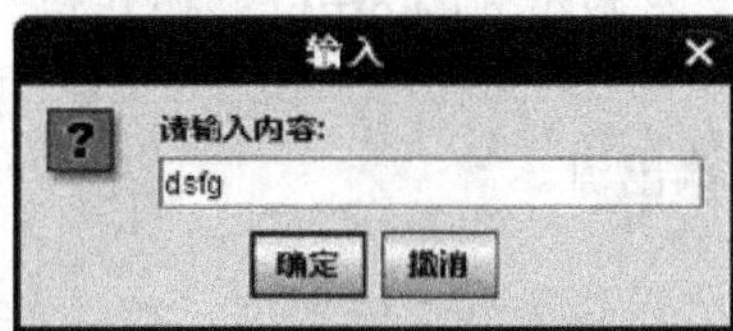

图 14-5　WriteBufferDemo.java

14.5　字符流

前面学习了使用字节流读/写文件，但是字节流不能直接操作 Unicode 字符，这是因为汉字在文件中占用 2 个字节，如果使用字节流就会出现乱码的现象，此时采用 Java 提供的字符流就可解决这个问题。在 Unicode 字符集中，一个汉字被看做为一个字符。

抽象类 Reader 是所有字符输入流的父类，可使用其子类对象读数据。抽象类 Writer 是所有字符输出流的父类，可使用其子类对象输出数据。

1．Reader 类

（1）Reader 的常用方法

- int read()：从数据源中读取一个字符，返回一个 int 型数值，0～65535，即，Unicode 字符对应的值。如果未读出字符，则返回-1。
- int read(char b[])：从数据源中读取 b.length 个字符到字符数组 b 中，返回实际读取的字符数目。如果到达文件的末尾，则返回-1。
- int read(char b[],int off , int len)：从数据源中读取 len 个字符并从字符数组 b 的 off 位置处开始存放数据。返回实际读取的字符数目。如果到达文件的末尾，则返回-1。
- void close()：关闭输入流。
- long skip(long numBytes)：跳过 numBytes 个字符，并返回实际跳过的字符数目。

（2）Reader 类的层次

Reader 类的层次结构如图 14-6 所示。

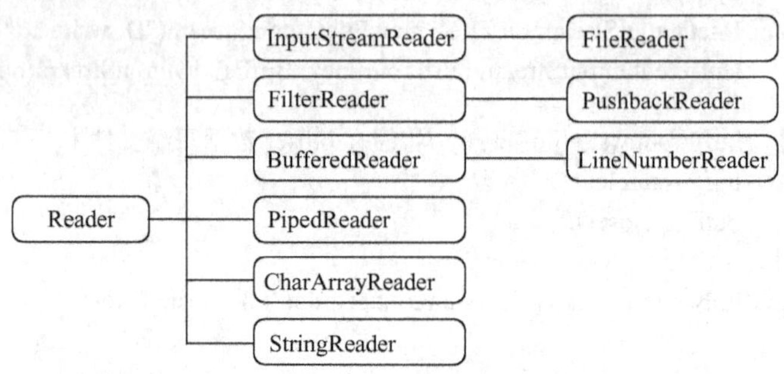

图 14-6　Reader 类的层次结构

2．Writer 类

（1）Writer 的常用方法

- void write(int n)：向输出流写入一个 Unicode 字符对应的数值（int 型数据）。
- void write(char b[])：将字符数组 b 写到输出流。
- void write(char b[],int off, int length)：从字符数组 b 的 off 位移处开始，取 len 个字符写到输出流。
- void write(String　str)：将字符串 str 写到输出流。
- void close()：关闭输出流。

（2）Writer 类的层次

Writer 类的层次结构如图 14-7 所示。

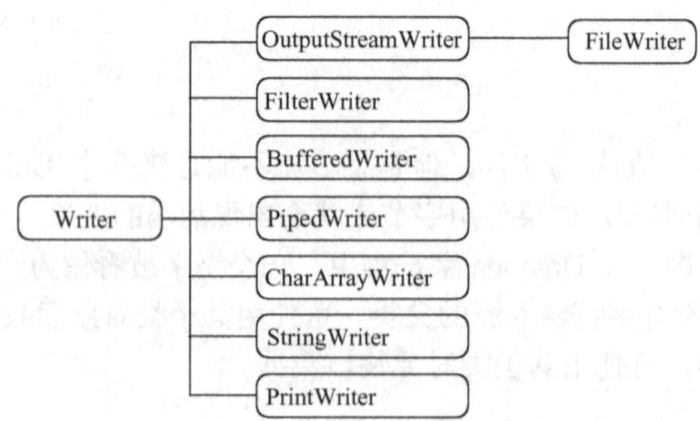

图 14-7　Writer 类的层次结构

14.5.1 FileReader 类

FileReader 类是 Reader 类的子类，可以使用 FileReader 对象从文件中读取数据。FileReader 类的构造方法如下：

- public FileReader(File file)　throws。用 File 代表的文件构造输入流。
- public FileReader(String name)　throws。用文件名构造输入流。

其中，name 为文件名，file 为 File 对象，即可以用文件名或 File 对象构造文件输入流对象，然后通过文件输入流读文件。

【例 14-10】 利用 FileReader 类对象从磁盘上读取文件，将代码显示在文本区中。

程序清单 14-10　FileReaderDemo.java

```
import java.awt.*;  import java.awt.event.*;  import java.io.*;
class  FileReaderDemo
{ public static void main(String args[])
  {   int b;  //保存实际读取的字符数目
          char[] temp; //定义字符数组
          Label lab = new   Label();
          TextArea textArea = new TextArea(10, 16);
           Frame window = new Frame();
          window.setSize(400, 400);
          window.add(lab, BorderLayout.NORTH); window.add(textArea, BorderLayout.CENTER);
          window.setVisible(true);
         window.addWindowListener(new WindowAdapter()
           {     public void windowClosing(WindowEvent e)
              {    System.exit(0);      }
           });

         try {
                File f = new File("d:/write.txt");     //创建文件对象
                FileReader readfile = new FileReader(f); //创建 FileReader 流，以便读取文件数据
               int length=(int)f.length();              //获取 f 文件的字符数目
                temp=new char[length];                //创建字符数组
                lab.setText("文件"+f+"的内容如下：");

                while ((b = readfile.read(temp,0,length))!=-1) //将输入流数据读入数组 temp 中
                {   String s = new String(temp, 0, b); //将数组 temp 转换为字符串
                     textArea.append(s); //将字符串添加到文本区 textArea 中
                }
               readfile.close();                        //关闭输入流
  }
catch (IOException e) {   lab.setText("文件打开出现错误！"); }
  }
}
```

程序运行结果如图 14-8 所示。

图 14-8　FileReaderDemo.java

14.5.2　FileWriter 类

FileWriter 类是 Writer 类的子类，可以使用该类对象将数据写入文件。FileWriter 类的构造方法如下：

- public FileWriter(File file)　throws IOException。
- public FileWriter(String　name)　throws IOException。
- public FileWriter(File file，boolean append)　throws IOException。
- public FileWriter(String name，boolean append)　throws IOException。

其中，name 为文件名，file 为 File 对象，append 表示文件的写入方式。append 的值为 false 时，为重写方式，即将要写入的内容从文件开头写入，覆盖以前的文件内容；当 append 的值为 true 时，为添加方式，即将要写入的内容添加到文件的尾部。append 的默认值是 false。可以以文件名或 File 对象构造文件输出流对象，通过文件输出流对象写文件。

【例 14-11】 利用 FileWriter 对象把从键盘输入的一行字符写到文件 D:\myInput.txt 中。

程序清单 14-11　FileWriteDemo.java

```
import java.io.FileWriter;   import java.io.IOException;
public class FileWriteDemo
{      public static void main(String args[])
       {
          int count, n = 512;                //n 为缓冲区大小，count 用来保存实际读取的字符数目
          byte buffer[] = new byte[n];                  //创建字节缓冲区
          String str;
          char charBuff[] = new char[n];                //创建字符缓冲区
          try {
                System.out.println("请输入文字，按回车键结束 ");
                count = System.in.read(buffer);       //把从键盘敲入的字节流存入 buffer
                str=new String(buffer);               //将字节数组转换为字符串
                charBuff=str.toCharArray();           //将字符串 str 转换为字符数组

               FileWriter wf = new FileWriter("D:\\myInput.txt",true);//创建输出流 wf
               wf.write(charBuff, 0, charBuff.length);     //把 charBuff 的内容写到文件中
               wf.close();
               System.out.println("您所输入的内容已经保存到文件 D:/myInput.txt 中");
           }
         catch (IOException ioe) {   System.out.println(ioe);   }
         catch (Exception e)   {   System.out.println(e);   }
   }
}
```

14.6 字符缓存流

由于使用 FileReader 类和 FileWriter 类读/写文件效率不高，在实际应用中常使用字符缓存流来读/写文件。字符缓存流包括字符缓存输入流（BufferedReader）和字符缓存输出流（BufferedWriter）。

14.6.1 字符缓存输入流（BufferedReader）

1．BufferedReader 类的构造方法

- BufferedReader (Reader in)：以输入流 in 为参数，构造缓存输入流。
- BufferedReader (Reader in int sz)：以输入流 in、缓冲区大小 size 为参数，构造缓存输入流。

2．构造字符缓存输入流的步骤

为了提高读取文件的效率，通常以文件字符输入流（FileReader）为参数构造字符缓存输入流（BufferedReader），然后通过字符缓存输入流读取文件内容。

假设需要使用字符缓存输入流读文件 A.txt，则需要对文件 A.txt 进行两次封装。

（1）构造文件字符输入流。

```
FileReader   in=new FileReader (A.txt)
```

（2）构造字符缓存输入流。

```
BufferedReader   inbuffer= BufferedReader (in)
```

这样就可以让 inbuffer 调用 readLine()方法读取文件内容，inbuffer 读取文件的过程中会进行缓存处理，提高读取的效率。

【例 14-12】 用字符缓存输入流读取文件 D:/write.txt 的内容，并输出到控制台。

程序清单 14-12 BuffReaderDemo.java

```
import java.io.*;
public class BuffReaderDemo
{   File f=new File("d:/write.txt"); //1.创建 File 对象
    public void read()
    {    try
         {
              FileReader in=new FileReader(f);                       //2.创建输入流
              BufferedReader bufferin=new BufferedReader(in); //3.创建缓存流
              String str=null;
              while((str=bufferin.readLine())!=null)   System.out.println(str);
              bufferin.close(); in.close();
         }
         catch(IOException e) { }
    }
    public static void main(String[] args)
    {     BuffReaderDemo   flow=new BuffReaderDemo ();    flow.read();    }
}
```

本程序第一步创建 File 对象，第二步创建输入流，第三步创建缓存输入流。最后调用缓存流的 readLine()方法，每次从数据源中读取一行数据。

14.6.2 字符缓存输出流（BufferedWriter）

1．BufferedWriter 类的构造方法

- BufferedWriter (Writer out)。
- BufferedWriter (Writer out int size)。

其中，out 是字符输出流对象，size 是缓冲区大小。

2．构造字符缓存输出流的步骤

为了提高写文件的效率，通常以文件字符输出流（FileWriter）为参数构造字符缓存输出流（BufferedWriter），然后通过字符缓存输出流把数据写入文件。

假设需要使用字符缓存输出流把数据写入文件 B.txt 中，则需要对文件 B.txt 进行两次封装。

（1）构造文件字符输出流

```
FileWriter    out=new FileWriter (B.txt)
```

（2）构造字符缓存输出流

```
BufferedWriter    outbuffer= BufferedWriter (out)
```

这样就可以让 outbuffer 调用 write()方法向文件写入内容，此时将进行缓存处理，提高写入的效率。需要注意的是，写入完毕后，必须调用 flush()方法将缓存中的数据存入文件。

【例 14-13】 将 E:/read.txt 文件内容复制到 E:/write.txt 文件中。

程序清单 14-13 ReadWriteDemo.java

```
import java.io.*;
public class  ReadWriteDemo
{  File fread=new File("E:/read.txt");
   File fwrite=new File("E:/write.txt");       //执行该语句后,如果 write.txt 不存在，则创建该文件
   public void copy()
  {  try {  FileReader in=new FileReader(fread);                    //创建输入流
            BufferedReader bufferin=new BufferedReader(in);         //创建缓存输入流

            FileWriter outfile=new FileWriter(fwrite,true);         //创建输出流
            BufferedWriter bufferout=new BufferedWriter(outfile);  //创建缓存输出流

            String str=null;
            while((str=bufferin.readLine())!=null) //每次从输入流 bufferin 读取一行字符串
             {   bufferout.write(str);          //将字符串 str 输出到 bufferout 中
                 bufferout.newLine();           //向流中写入一个行分隔符
                System.out.println(str);        //将字符串输出到控制台
              }
             bufferout.flush();                 //将输出流数据全部写往文件
             bufferout.close();                 //关闭缓存输出流
```

```
                outfile.close();//关闭输出流
                bufferin.close(); //关闭缓存输入流
                in.close(); //关闭输入流
            }
        catch(IOException e) { }
    }
    public static void main(String[] args)
    {   ReadWriteDemo   rw=new ReadWriteDemo ();   rw.copy();   }
}
```

将 E:/read.txt 封装为缓存输入流（bufferin），以便读取 E:/read.tx 文件中的数据；将 E:/write.txt 封装为缓存输出流（bufferout），以便向 E:/write.txt 输出数据。

14.7 RandomAccessFile 类

前面几节介绍的数据流只能按顺序读/写文件，而且输入流只能读不能写，输出流只能写不能读，即不能使用同一个流读/写文件内容。RandomAccessFile 类与此不同，使用该类的同一个对象可以随机读/写文件。下面是该类的构造方法和实用方法。

1．构造方法

- public RandomAccessFile(File file，String mode)throws FileNotFoundException。
- public RandomAccessFile(String name，String mode)throws FileNotFoundException。

其中，name 表示文件名，file 表示文件对象，mode 用于指定对文件的访问模式，r 表示读，w 表示写，rw 表示读和写。当文件不存在时，构造方法将抛出 FileNotFoundException 异常。

2．实用方法

RandomAccessFile 类的常用方法如表 14-1 所示。

表 14-1　RandomAccessFile 类的常用方法

方　法	描　述
close()	关闭文件
getFilePointer()	获取文件指针的位置
Length()	获取文件的长度
read()	从文件读取一个字节的数据
readBoolean()	从文件中读取一个布尔值，0 代表 false，其他代表 true
readByte()	从文件中读取一个字节
readChar()	从文件中读取一个字符（2 个字节）
readDouble()	从文件中读取一个双精度浮点值（8 个字节）
readFloat()	从文件中读取一个单精度浮点值（4 个字节）
readFully(byte b[])	读 b.length 个字节放到数组 b，完全填满该数组
readInt()	从文件中读取一个 int 值（4 个字节）
readLine()	从文件中读取一个文本行

（续）

方　法	描　述
readLong()	从文件中读取一个长型值（8 个字节）
readShort()	从文件中读取一个短型值（2 个字节）
readUTF()	从文件中读取一个 UTF 字符串
seek()	定位文件指针在文件中的位置
setLength(long newlength)	设置文件的长度
skipByte(int n)	从文件中跳过给定数量的字节
write(byte b[])	写 b.length 个字节到文件
writeBoolean(boolean v)	把一个布尔值作为单字节值写入文件
writeByte(int v)	向文件写入一个字节
writeBytes(String s)	向文件写入一个字符串
writeChar(char c)	向文件写入一个字符
writeChars(String s)	向文件写入一个作为字符数据的字符串
writeDouble(double v)	向文件写入一个双精度浮点值
writeFloat(float v)	向文件写入一个单精度浮点值
writeInt(int v)	向文件写入一个 int 值
writeLong(long v)	向文件写入一个长型 int 值
writeShort(int v)	向文件写入一个短型 int 值
writeUTF(String s)	写入一个 UTF 字符串

以上方法出错时将抛出 IOException 异常，当读到文件尾时将抛出 EOFException 异常。

【例 14-14】 使用 RandomAccessFile 流实现一个通讯录的录入与显示系统。生成的通讯录保存在 D:\通讯录.txt 中。

程序清单 14-14　RandomDemo.java

```
import java.io.*; import javax.swing.*;   import java.awt.*;   import java.awt.event.*;
class InputPanel extends Panel implements ActionListener {
    File f = null;
    RandomAccessFile   out;
    Box baseBox, boxV1, boxV2;
    TextField name, email, phone;
    Button button;

    InputPanel(File f)
    {   this.f = f;
        name = new TextField(12); email = new TextField(12); phone = new TextField(12);
        button = new Button("录入");   button.addActionListener(this);
        boxV1 = Box.createVerticalBox();
        boxV1.add(new Label("输入姓名"));
        boxV1.add(new Label("输入 email"));
        boxV1.add(new Label("输入电话"));
        boxV1.add(new Label("单击录入"));
```

```
            boxV2 = Box.createVerticalBox();
            boxV2.add(name);            boxV2.add(email);
            boxV2.add(phone);           boxV2.add(button);

            baseBox = Box.createHorizontalBox();
            baseBox.add(boxV1);
            baseBox.add(Box.createHorizontalStrut(10));
            baseBox.add(boxV2);     add(baseBox);
        }
        public void actionPerformed(ActionEvent e)
        {
            try { RandomAccessFile out = new RandomAccessFile(f, "rw");//创建 RandomAccessFile 对象
                if (f.exists()) {   long length = f.length();   out.seek(length); }
                //使用 UTF-8 编码以与机器无关的方式将一个字符串写入该文件
                out.writeUTF("姓名:" + name.getText());
                out.writeUTF("email:" + email.getText());
                out.writeUTF("电话:" + phone.getText());     out.close();
                }
            catch (IOException ee) {            }
        }
    }
public class RandomDemo extends JFrame
{       File file = null;
        InputPanel inputMessage;
        RandomDemo()
        {   file = new File("D:/通讯录.txt");
            inputMessage = new InputPanel(file);
            this.add(inputMessage);
            this.setBounds(400,300,300,200);
            setVisible(true);validate();
        }
        public static void main(String args[])
        {   RandomDemo    f= new RandomDemo();
            f.setDefaultCloseOperation(JFrame.EXIT_ON_CLOSE);
        }
}
```

程序运行结果如图 14-9 所示。

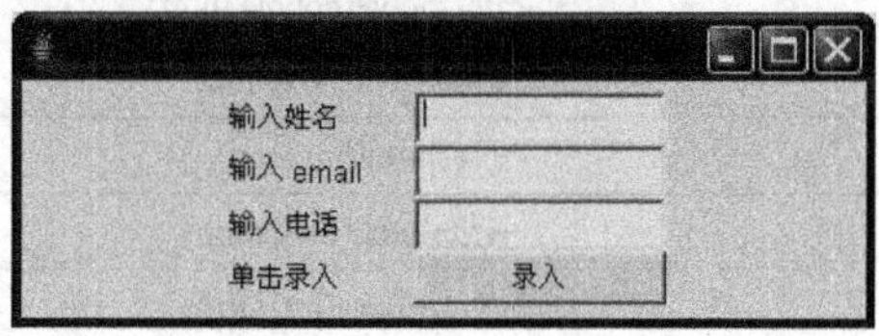

图 14-9　RandomDemo.java

14.8　数据流

字符流是以字符为单位读/写文件，字节流是以字节为单位读写文件，数据流能以各种数据类型为单位读/写文件。数据流分为数据输入流和数据输出流。

1．数据流输入流（DataInputStream）

（1）构造方法

public DataInputStream(InputStream in)：其中 in 代表输入流对象。

（2）实用方法

数据输入流的常用方法如表 14-2 所示。

表 14-2　数据输入流的常用方法

方　法	描　述
void　close()	关闭流
boolean　readBoolean()	读取一个布尔值
byte　readByte()	读取一个字节
char　readChar()	读取一个字符
double　readDouble()	读取一个双精度浮点值
float　readFloat()	读取一个单精度浮点值
int　readInt()	从文件中读取一个 int 值
long　readLong()	读取一个长型值
short　readShort()	读取一个短型值
byte　readUnsignedByte()	读取一个无符号字节
short　readUnsignedShort()	读取一个无符号短型值
String　readUTF()	读取一个 UTF 字符串

2．数据输出流（DataOutputStream）

（1）构造方法

public DataOutputStream(OutputStream out)：其中 out 代表输出流对象。

（2）实用方法

数据输出流的常用方法如表 14-3 所示。

表 14-3　数据输出流的常用方法

方　法	描　述
close()	关闭流
writeBoolean(boolean bool)	把一个布尔值作为单字节值写入
writeBytes(String str)	写入一个字符串
writeChar(String str)	写入字符串
writeDouble(double num)	写入一个双精度浮点值
writeFloat(float num)	写入一个单精度浮点值
writeInt(int num)	写入一个 int 值
writeLong(long num)	写入一个长型值
writeShort(int num)	写入一个短型值
writeUTF(String str)	写入一个 UTF 字符串

3．管道

在实际应用中，可以利用各种流的特点将多个流套接在一起构成一个管道。程序通过输入管道读取数据源点数据，通过输出管道向数据终点写数据。这里的数据源点和数据终点一般是指文件或内存。下面介绍输入管道模型和输出管道模型。

（1）输入管道

下面有 3 种基本的输入管道（每种管道代表一种流）：1 号（FileInputStream）、2 号（BufferedInputStream）和 3 号（DataInputStream）。将它们进行管道套接，可以组成 4 种输入管道。可以选择其中的任意一种管道，从数据源点读取数据。输入管道模型如图 14-10 所示。

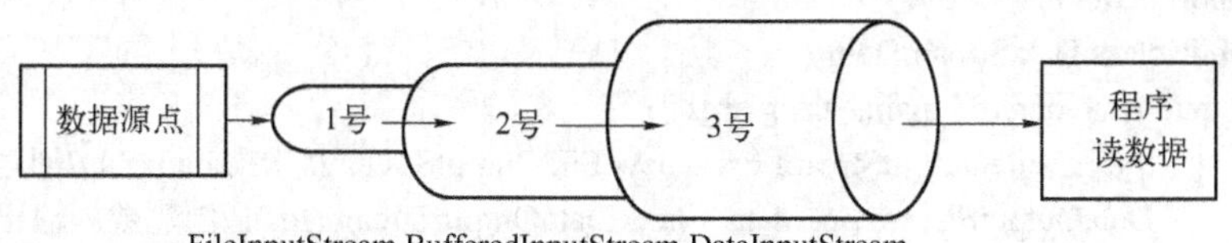

图 14-10　输入管道模型

4 种输入管道分别介绍如下。

- 第一种管道：仅由 1 号（FileInputStream）构成的管道。程序通过 FileInputStream 对象读数据。
- 第二种管道：由 1 号（FileInputStream）和 2 号（BufferedInputStream）套接构成的管道。程序通过 BufferedInputStream 对象读数据。
- 第三种管道：由 1 号（FileInputStream）、2 号（BufferedInputStream）和 3 号（DataInputStream）套接构成的管道。程序通过 DataInputStream 对象读取数据。
- 第四种管道：由 1 号（FileInputStream）和 3 号（DataInputStream）套接构成的管道。程序通过 DataInputStream 对象读数据。

（2）输出管道

下面有 3 种基本的输出管道：1 号（FileOutputStream）、2 号（BufferedOutputStream）和 3 号（DataOutputStream）。将它们进行管道套接，可以组成 4 种输出管道。可以选择其中的任意一种管道，向数据终点写数据。输出管道模型如图 14-11 所示。

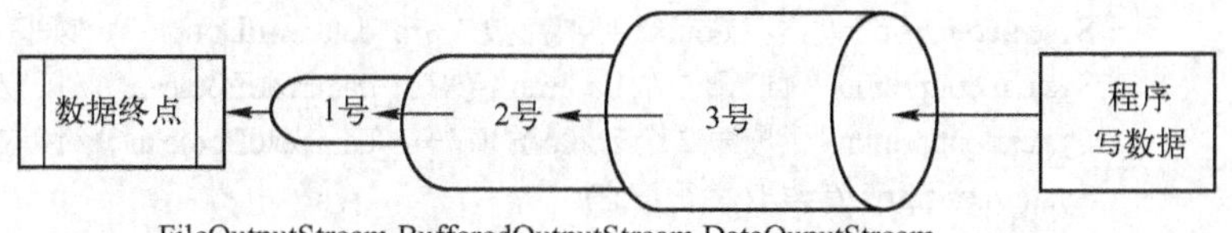

图 14-11　输出管道模型

4 种输出管道分别介绍如下。

- 第一种管道：仅由 1 号（FileOutputStream）构成的管道。程序通过 FileOutputStream 对象向数据终点写数据。
- 第二种管道：由 1 号（FileOutputStream）和 2 号（BufferedOutputStream）套接构成的管道。程序通过 BufferedOutputStream 对象向数据终点写数据。
- 第三种管道：由 1 号（FileOutputStream）、2 号（BufferedOutputStream）和 3 号（DataOutputStream）套接构成的管道。程序通过 DataOutputStream 对象向数据终点写数据。

● 第四种管道：由 1 号（FileOutputStream）和 3 号（DataOutputStream）套接构成的管道。程序通过 DataOutputStream 对象向数据终点写数据。

【例 14-15】 通过写几个 Java 类型的数据到一个文件，并将写入的数据读出来，演示数据流的使用方法。

程序清单 14-15　DataStreamDemo.java

```
import java.io.*;
public class DataStreamDemo
{  public static void main(String args[])
   {  try {   FileOutputStream fos = new FileOutputStream("D:\\data.txt");//创建输出流 fos
      DataOutputStream out_data = new DataOutputStream(fos);//创建数据输出流 out_data
        out_data.writeInt(100); //写入第 1 个 int 整数
        out_data.writeInt(200); //写入第 2 个 int 整数
        out_data.writeLong(1234); //写入 long 整数
        out_data.writeFloat(3.14f); //写入第 1 个 float 数
        out_data.writeFloat(2.79f); //写入第 2 个 float 数
        out_data.writeDouble(91.12); //写入 double 型浮点数
        out_data.writeBoolean(true); //写入第 1 个 boolean 值
        out_data.writeBoolean(false); //写入第 2 个 boolean 值
        out_data.writeChars("I love Java");//写入字符串
       }
     catch (IOException e) {        }
     try {
          FileInputStream fis = new FileInputStream("D:\\data.txt");//创建输入流 fis
          DataInputStream in_data = new DataInputStream(fis);//创建数据输入流 in_data
          System.out.println("读取第 1 个 int 整数:" + in_data.readInt());//读取第 1 个 int 整数
          System.out.println("读取第 2 个 int 整数:" + in_data.readInt());//读取第 2 个 int 整数
          System.out.println("读取 long 整数:" + in_data.readLong());//读取 long 整数
          System.out.println("读取第 1 个 float 数:" + in_data.readFloat());//读取第 1 个 float 数
          System.out.println("读取第 2 个 float 数:"+ in_data.readFloat());//读取第 2 个 float 数
          System.out.println("读取 double 型浮点数:" + in_data.readDouble());//读取 double 型浮点数
          System.out.println("读取第 1 个 boolean 值:"+in_data.readBoolean());//读取第 1 个 boolean 值
          System.out.println("读取第 2 个 boolean 值:"+in_data.readBoolean());//读取第 2 个 boolean 值
          System.out.print("读取字符串:");
          char c
        while ((c = in_data.readChar()) != '\0')  System.out.print(c); // '\0'表示空字符，即结束符
     }
   catch (IOException e) {           }
  }
}
```

14.9　对象流

使用对象流可以直接把对象写入文件，也可以直接从文件中读取一个对象。对象流分

为对象输入流和对象输出流。

1．对象输入流（ObjectInputStream）

（1）构造方法

```
public objectInputStream(InputStream in) throws  IOException
```

（2）实用方法

```
public final Object readObject() throws OptionalDataException , ClassNotFoundException , IOException
```

2．对象输出流（ObjectOutputStream）

（1）构造方法

```
public  ObjectOutputStream(OutputStream out) throws  IOException
```

（2）实用方法

```
public final void writeObject(Object obj) throws IOException
```

可见，要用对象流对文件进行读/写，必须对文件进行两次封装。

【例 14-16】 ObjectOutputStream 类和 ObjectInputStream 类、Serializable 接口的使用。

程序清单 14-16　ObjectDemo.java

```
import java.io.*;
class Student implements Serializable // Student 类实现接口 Serializable , 保证对象是序列化.
{   String name = null;
    double height;
    Student(String name, double height)
    {   this.name = name;   this.height = height;   }
    public void setHeight(double c)
    {       this.height = c;        }
    public void setName(String name)
    {     this.name = name;     }
}
public class ObjectDemo
{   public static void main(String args[])
    {       //创建学生对象
        Student liu = new Student("张三", 1.56);   Student guan = new Student("李世民", 1.80);
        Student zhang = new Student("李四", 1.70);
        try {   FileOutputStream file_out = new FileOutputStream("D:\\student.txt");//创建文件输出流
              ObjectOutputStream object_out = new ObjectOutputStream(file_out); //创建对象输出流
              //将对象输出到文件
            object_out.writeObject(liu); object_out.writeObject(guan); object_out.writeObject(zhang);

            System.out.println(liu.name + " 的身高是 " + liu.height);
            System.out.println(guan.name + " 的身高是 " + guan.height);
```

```
                System.out.println(zhang.name + " 的身高是 " + zhang.height);

                FileInputStream file_in = new FileInputStream("D:\\student.txt"); //创建文件输入流
                ObjectInputStream object_in = new ObjectInputStream(file_in); //创建对象输入流
                //从对象输入流读取三个对象
                liu = (Student) object_in.readObject();
                guan = (Student) object_in.readObject();
                zhang = (Student) object_in.readObject();
            }
            catch (ClassNotFoundException event) {   System.out.println("不能读出对象");   }
            catch (IOException event) { System.out.println("can not read file" + event);   }
        }
    }
```

14.10 PrintWriter 类

数据输出流输出的数据是以二进制格式保存在文件中，因此，不能用文本形式查看文件，但是可以使用 PrintStream 类和 PrintWriter 类将数据以文本格式输出到文件中。PrintStream 类和 PrintWriter 类具有相似的方法。下面介绍 PrintWriter 类的构造方法：

- public PrintWriter(Writer out)
- public PrintWriter(Writer out,boolean flush)
- public PrintWriter(OutputStream out)
- public PrintWriter(OutputStream out,boolean flush)

【例 14-17】 本例将 100 个随机数以文本格式存入文件 D:/out.dat。

程序清单 14-17 PrintWriterDemo.java

```
import java.io.*;
public class PrintWriterDemo
{ public static void main(String[] args)
   {  PrintWriter pw = null;
      File tempFile = new File("d:/out.dat");
      if (tempFile.exists())      { System.out.println("文件已经存在"); System.exit(0); }
      try    // 写数据到文件
       {
          // 针对文件 tempFile，创建打印数据输出流 pw
          pw = new PrintWriter(new FileOutputStream(tempFile), true);
          for (int i=0; i<100; i++)      pw.print(" "+(int)(Math.random()*1000)); //往输出流中写数据
       }
      catch (IOException ex)
         {  System.out.println(ex.getMessage());    }
      finally
      {   if (pw != null) pw.close();}//关闭输出流
   }
}
```

14.11 本章小结

输入/输出就是程序与外界交换信息，即读取信息和输出信息。例如，从键盘读取数据、与网络交换数据、打印报表、读写文件信息等都要涉及数据输入/输出的处理。

数据流就是使用系统预定义的类创建的对象。任何一个数据流都具有两重属性，即数据流的流动方向和数据流的成分。从数据流动方向来看，数据流分为输入流和输出流。

从数据流包含的成分来看，数据流分为字节流、字符流、缓冲流和对象流等。

14.12 习题

1．字节数据流和字符数据流之间有什么区别？

2．编写一个程序，分别用数据输入流和数据输出流读/写文件。

3．DataOutputStream 和 PrintStream 之间有什么区别？编写一个程序，分别用 DataOutputStream 和 PrintStream 实现文件的读、写。

4．编写一个程序，统计文件中的字符（包括空格）、单词和行的数目。文件名作为命令行参数传递。

5．假设文本文件 chengji.txt 包含数目不确定的成绩。编写程序从文件 chengji.txt 中读取成绩，并在文件区中显示，最后显示平均成绩。成绩用空格隔开。提示：一次读一行成绩直到读完所有的行，对于每一行，使用 StringTokenizer 提取成绩，然后用 Double.ParseDouble()方法把成绩转化成双精度值。

6．用 StreamTokenizer 类编写一个程序，把文件中的所有整数都加起来, 并在控制台输出结果。假设文件中的整数是用空格分隔的。重写这个程序，这一次假定数字是 double 型。

7．在 Java I/O 程序中，为什么必须在方法中声明抛出异常 IOException 或者在 try-catch 块中处理该异常?

8．如果对一个不存在的文件创建输入流，会发生什么？如果试图对一个已经存在的文件创建输出流，会发生什么？为什么总是要求关闭数据流？

9．如何使用 PrintWriter 向一个已存在的文本文件中添加数据？

10．在 FileOutputStream 中调用 writeByte(91)方法后，写入文件的是什么？

11．在二进制输入流（FileInputStream 和 DataInputStream）中，如何判断读取文件流的指针已经到达文件尾？

12．DataOutputStream 的对象 outdata 执行下列每条语句，有多少个字节发送到输出流？

```
outdata.writeChar('v');
outdata.writeChars('hhu');
outdata.writeUTF('DMJ');
```

13．可以向 ObjectOutputStream 中写入一个数组吗？

第15章　网络编程技术

网络编程的目的就是直接或间接地通过网络协议实现计算机之间的通信。网络编程中有两个主要的问题：一个是如何准确地定位网络上一台或多台主机的位置，另一个就是找到主机后如何可靠、高效地进行数据传输。

在 TCP/IP 协议集中，IP 协议主要负责网络主机位置的定位，由 IP 地址可以唯一地确定 Internet 上的一台主机，而 TCP 协议实现可靠的数据传输。

目前较为流行的网络编程模型是客户机/服务器（C/S）模式，即通信的一方作为服务器等待客户机提出请求并予以响应，客户机在需要服务器提供服务时，向服务器提出申请。服务器一般作为守护进程始终运行，以监听服务器的网络端口。一旦某个客户机提出请求，服务器就为每个客户机创建并启动一个服务线程来响应客户机，同时自己继续监听服务器的网络端口，使后来的客户机也能及时得到服务。

15.1　什么是 URL

URL（Uniform Resource Locator，统一资源定位器）主要用来对 Internet 上的信息进行定位。浏览器借助它来查找 Web 上的信息。实际上，Web 通过 URL 和 HTML 对所有的网络资源定位。在 Java 的网络编程中，程序员使用 URL 类库获取 Internet 上的信息。

1．URL 格式

URL 是一个字符串，包含四个部分，它有两种语句格式，示例如下：

http://www.baidu.com/　或者

http://www.baidu.com:80/index.htm

URL 由协议、主机名(或者 IP)、端口号、网页文件四个部分组成，下面分别解释：

（1）协议

指网络连接用到的协议。本例的协议是 http（超文本协议）。其中的冒号的作用是将协议与 URL 的其他部分隔开。

（2）主机名或其 IP 地址

该项位于双斜线（//）和单斜线（/）之间，其中的冒号（:）是可选部分。本例的 www.baidu.com 表示了主机名。

（3）端口号

端口号是可选的参数。它位于主机名和右边的单斜线（/）之间（HTTP 协议的默认端口为 80，所以“:80”可以不写）。端口号可以是别的数字组成。

（4）网页文件及所在的目录

网页文件及目录是浏览器要查找的网页资源。如 index.html 或 index.htm 文件。

2．URL 类

Java 提供了一个 URL 类。URL 类的声明格式如下：

```
public final class URL extends Object    implements Serializable
```

（1）构造方法

URL 类有多个构造方法，它们依据不同的参数构造 URL 对象，在构造 URL 对象时，都有可能抛出 MalformedURLException 异常。

- URL(String urlSpecifier)

```
URL url=new URL("http://www.sina.com/"); //将字符串格式的 URL 封装为 URL 对象
```

- URL(String protocol, String hostName, int port, String path)

```
URL url=new URL("http","sports.163.com",80,"nba");
```

- URL(String protocol, String hostName, String path)

```
URL url=new URL("http","sports.163.com","nba");
```

- URL(URL context, String spec) 使用一个已经存在的 URL 创建一个新的 URL

```
URL url1=new URL("http://sprots.163.com/");        //构造 url1 对象
URL url2=new URL(url,"nba");     //利用上面的 url1 对象和一个字符串为参数创建新的 url2 对象
```

（2）实用方法

- boolean equals(Object obj)：比较两个 URL 是否相同。
- String getAuthority()：获得 URL 的授权部分。
- Object getContent()：获得 URL 的内容。
- Object getContent(Class[] classes)：获得 URL 的内容。
- int getDefaultPort()：获得 URL 中的默认端口号。
- String getFile()：获得 URL 中的网页文件名。
- String getHost()：获得 URL 中的主机名。
- String getPath()：获得 URL 中网页所在的路径。
- int getPort()：获得 URL 中的端口号，若没有设置端口号则返回-1。
- String getProtocol()：获得 URL 所用的协议名称。
- String getQuery()：获得 URL 的查询部分。
- String getRef()：获得 URL 的锚点，也称为“引用”。
- String getUserInfo()：获得 URL 的 UserInfo 部分。
- int hashCode()：创建一个适合散列表索引的整数。
- InputStream openStream()：打开 URL 的链接。并返回一个用于从该链接的输入流。
- boolean sameFile(URL other)：比较两个 URL，不包括片段部分。
- String toExternalForm()：将 URL 转换为字符串格式。
- String toString()：构造 URL 的字符串表示形式。

● URI　　toURI()：返回与 URL 等效的 URI。

【例 15-1】 创建一个 URL 实例，然后检查它的相关属性。

程序清单 15-1　URLProperty.java。

```
import java.net.*;
class URLProperty
{    public static void main(String args[]) throws MalformedURLException
     {
          try {
               URL url = new URL("http://www.baidu.com");              //创建一个 URL 对象
               System.out.println("授权: " + url.getAuthority());          //检查它的授权部分
               System.out.println("协议名称: " + url.getProtocol());       //获得 URL 的协议名
               System.out.println("默认端口号: " + url.getDefaultPort());//获得默认端口号
               System.out.println("主机名: " + url.getHost());              //获得此 URL 的主机名
               System.out.println("文件名: " + url.getFile());              //获得 URL 的文件名
               System.out.println("Ext: " + url.toExternalForm());
               System.out.println("URL 对象的字符串表示为: " + url.toString());
          }
          catch (MalformedURLException ex) {   System.out.println("fail !");  }
     }
}
```

【例 15-2】 在 Applet 的文本框中输入一个网址，单击"search"（搜索）按钮后链接到该网址相对应的页面。

程序清单 15-2　ShowWebPage.java

```
import java.awt.*; import java.awt.event.*; import javax.swing.*;
import java.net.*; import java.io.*; import java.applet.*;
public class ShowWebPage extends JApplet implements ActionListener
{    private static final long serialVersionUID = 1L;
     private JLabel lfn = new JLabel("URL address ");
     private JTextField tfu = new JTextField(20);               //网址输入框
     private JButton searb = new JButton("search");            //搜索按钮
     public void init()                                          //初始化界面
     {    Container c = getContentPane();                        //获取内容窗格
          c.setLayout(new FlowLayout());                         //设置布局
          c.add(lfn); c.add(tfu);                                //添加网址输入文本框
          c.add(searb); searb.addActionListener(this);           //为按钮注册监听器
     }
     public void actionPerformed(ActionEvent e)                 //响应按钮事件
     {    String s = tfu.getText();                              //获取输入框内容
          try {
               URL   u = new URL(s);       //利用网址输入框中的内容创建一个 URL 对象
               AppletContex   context=getAppletContext();
               context.showDocument(u);                          //显示指定 URL 的网页
          }
```

```
                catch (MalformedURLException ex) {    showStatus(s + "file format error!");}
        }
    }
```

为了浏览 HTML 页面的内容，需要使用下面的代码来实现：

```
    AppletContex   context=getAppletContext(); //获取当前页面的 WEB 环境变量
    context..showDocument(url) //WEB 转向 url 指向的页面
```

Applet 类中的 getAppletContext()方法获取 WEB 页面对应的环境变量，程序员通过方法 showDocument(url)将网页定向到 url 指定的页面。

15.2 Socket 套接字

15.2.1 Socket 的含义

Socket 描述了网络上运行的两个程序间实现通信的任一端。它既可以接收请求，也可以发送请求。在Java中，有专门的 Socket 类来处理用户的请求和响应。利用 Socket 类实现两台计算机之间的通信。

在 Java 中，Socket 可以理解为客户端或者服务器端的一个特殊的对象。这个对象有两个关键的方法：一个是 getInputStream()方法（获取一个输入流）；另一个是 getOutputStream()方法（获取一个输出流）。客户端的 Socket 对象的 getInputStream()方法返回的输入流就是从服务器端发送回来的数据流。客户端的 Socket 对象的 getOutputStream()方法返回的输出流就是将要发送到服务器端的数据流（输入/输出流都是一个缓冲区）。

下面介绍 Socket 实现网络通信的机制。

先来看看服务器是如何与客户机进行通信的。每当客户机要求与服务器通信时，在服务器端，服务器套接字便会为客户机创建一个代理客户的套接字。通过代理套接字，服务器与客户端的套接字建立一个连接。通过这个连接，服务器便可与客户机进行通信。其通信方式如图 15-1 所示。

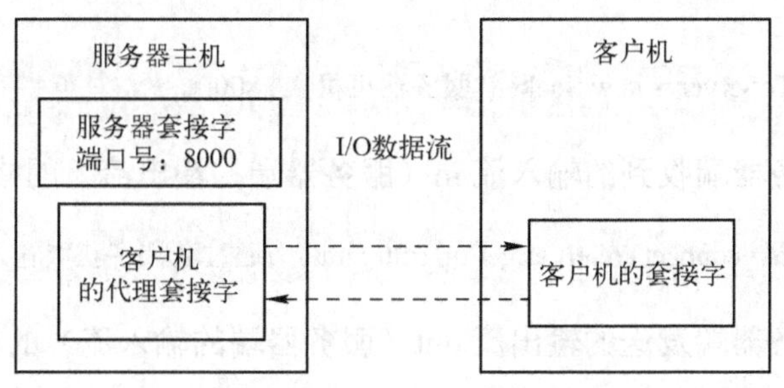

图 15-1　服务器与客户机进行通信的方式

1．建立服务器端套接字

Java 中有一个 ServerSocket 类，专门用来建立服务器端的套接字。可以用服务器使用的端口号作为参数来创建服务器套接字。

```
ServerSocket server = new ServerSocket(8000);
```

这条语句创建了一个服务器套接字 server。该服务器使用 8000 号端口监听客户机请求，即创建和运行服务器套接字的计算机充当服务器的角色。

2．在服务器端为每个客户机建立代理套接字

当一个客户端程序要求与服务器建立一个 Socket 连接时，在服务器端，服务器套接字便会为每个客户机建立一个客户机代理套接字 connectToClient，通过该套接字，服务器与客户机端的 Socket 套接字建立连接。

（1）在服务器端为客户机建立代理套接字的格式

```
Socket  connectToClient=server.accept() ; //为客户创建代理套接字 connectToClient，等待客户请求
```

（2）服务器端接收客户端的输入流 s_in（客户端的输出流）的格式

```
BufferedReader s_in = new BufferedReader(new InputStreamReader(connectToClient.getInputStream()));
```

（3）服务器端传给客户端的输出流 s_out（客户端的输入流）的格式

```
PrintWriter  s_out = new PrintWriter(connectToClient.getOutputStream(),true);
```

现在可以使用 s_in.readLine()方法得到客户端的输入，使用 s_out.println()方法向客户端发送数据。

在所有通信结束以后应该关闭这两个数据流。关闭的顺序是先关闭输出流，再关闭输入流，即依次调用 out.close(); 和 in.close(); 方法。

3．在客户端建立客户套接字（Socket）

客户端只需用服务器所在机器的 IP 以及服务器的端口号作为参数即可创建一个客户端套接字（connectToServer）。假设服务器的端口号是 8000。

（1）建立客户机的套接字格式

```
Socket connectToServer = new Socket("服务器 IP 地址",8000);
```

或者

```
Socket connectToServer = new Socket("服务器主机名",8000);
```

（2）客户端从服务器端收到的输入流 in（服务器端的输出流）的格式

```
InputStream  in = connectToServer.getInputStream(); //通过套接字获取输入流
```

（3）客户端向服务器端发送的输出流 out（服务器端的输入流）的格式

```
OutputStream out = connectToServer.getOutputStream(); //通过套接字获取输出流
```

15.2.2 Socket 的应用

【例 15-3】 本例客户机和服务器建立连接，实现通信。客户机向服务器发送圆的半

径，服务器接收到圆半径后计算圆的面积并把面积发送给客户端。

程序清单 15-3　Server.java（服务器端程序）

```
package  socket;
import java.io.*;import java.net.*;
public class Server
{ public static void main(String[] args)
  { try
    {  ServerSocket serverSocket = new ServerSocket(8000); //创建服务器套接字
       Socket connectToClient = serverSocket.accept();// 开始监听来自客户端的连接请求

       // 连接建立后，创建一个输入流 isFromClient，使用该输入流读取客户端的数据（半径）
       DataInputStream isFromClient = new DataInputStream( connectToClient.getInputStream());

       // 创建一个输出流 osToClient，使用该输入流把计算结果发送给客户
       DataOutputStream osToClient = new DataOutputStream( connectToClient.getOutputStream());

       // 下面语句从客户端读取数据、计算机圆面积、把计算结果发送给客户端
       while (true)
       {  double radius = isFromClient.readDouble();// 从输入流读取数据
          System.out.println("radius received from client: " + radius); // 将半径显示在控制台
          double area = radius*radius*Math.PI; // 计算面积
          // 将圆的面积发送给客户端
          osToClient.writeDouble(area);   osToClient.flush();
          System.out.println("Area found: " + area); // 将面积显示在控制台
       }
    }
    catch(IOException ex)
    {  System.err.println(ex); }
  }
}
```

程序清单 15-4　Client.java（客户端程序）

```
package  socket;
import java.io.*;import java.net.*;
public class Client
{  public static void main(String[] args)
   { try
     {  // 创建连接到服务器的套接字。假设服务器的 ip 是：10.3.63.76，端口号是 :8000
        Socket connectToServer = new Socket("10.3.63.76", 8000);
        // 创建一个输入流 isFromServer，用来接收来自服务器的数据
        DataInputStream isFromServer = new DataInputStream( connectToServer.getInputStream());
        // 创建一个输出流 osToServer，用于向服务器发送数据
        DataOutputStream osToServer = new DataOutputStream(connectToServer.getOutputStream());

        // 不停地向服务器发送半径，并接收面积
```

```
            while (true)
            {   System.out.print("请输入半径: ");
                double radius = MyInput.readDouble();          // 从键盘读取数据
                osToServer.writeDouble(radius);                //将半径发送给服务器
                osToServer.flush();

                double area = isFromServer.readDouble();       // 从服务器获得圆的面积
                System.out.println("从服务器接收到的面积是：  " + area); // 在控制台输出面积
            }
        }
        catch (IOException ex)
        {   System.err.println(ex);   }
    }
}
```

将上面两个程序放在 Socket 目录下编译，先运行服务器端，然后运行客户端。

15.3 InetAddress 类

java.net.InetAddress 类封装了 IP 地址。该类的声明格式如下：

```
public final class InetAddress extends object implements Serializable
```

该类有两个成员变量：hostName（数据类型是 String）和 address（数据类型是 int），即主机名和 IP 地址。这两个成员变量的访问权限是私有（private）的。

15.3.1 InetAddress 对象

有时需要通过客户代理套接字获得与服务器连接的主机名或者 IP 地址，这就需要通过 InetAddress 对象来实现。

InetAddress 类模拟了 IP 地址。假设服务器端连接到客户的代理套接字是 connToClient，则，通过客户的代理套接字，创建一个 InetAddress 对象，然后获得客户主机名或 IP：

```
InetAddress clientAddress=connToClient.get InetAddress(); //通过客户代理套接字获得 InetAddress 对象
String clientname= clientAddress.getHostName( ); //获取客户主机名
String clientip= clientAddress.getHostAddress()//获取客户主机 IP 地址
```

1．获取 InetAddress 对象

InetAddress 类没有构造方法，可以通过该类的类方法获取其实例。

（1）public static InetAddress getLocalHost() throws UnknownException

该方法获得本地机器的 InetAddress 对象。当查找不到本地机器的地址时将抛出一个 UnknownHostException 异常。示例如下：

```
InetAddress address=InetAddress.getLocalHost( ); //获得本地机器的 InetAddress 对象
```

（2）public static InetAddress getByName (String host) throws UnknownException

获取指定计算机（host）的 InetAddress 对象。当查找不到指定的计算机时将抛出一个 UnknownHostException 异常。示例如下：

```
InetAddress    address=InetAddress.getByName( host ); //获取计算机 host 的 InetAddress 对象
```

（3）public static InetAddress[] getAllByName(String host) throws UnknownException

该方法把网络上的一组计算机的 InetAddress 对象保存在数组中。出错了同样会抛出 UnknownException 异常。示例如下：

```
InetAddress [] address=InetAddress.getAllByName( host ); //获取一组 InetAddress 对象
```

提示：InteAddress 类有一个 getAddress()方法，该方法将 IP 地址以网络字节顺序作为字节数组返回。当前 IP 只有 4 个字节，但是当实行 IPv6 时就有 6 个字节了。如果需要知道数组的长度，可以使用数组的 length 字段。getAddress( )方法的一般性用法如下：

```
InetAddress inetaddress=InetAddress.getLocalHost( );
byte[ ] address=inetaddress.getAddress( );
```

2．InetAddress 类的实用方法

（1）public static String getHostName()

该方法返回主机名。如果要查询的机器没有主机名，则该方法就返回主机的 IP 地址。示例如下：

```
InetAddress inetadd = InetAddress.getLocalHost( );
String localname= inetadd.getHostName( );
```

（2）public String getHostAddress()

该方法返回主机的 IP 地址。

（3）public String toString()

该方法同时返回主机名和 IP 地址，返回值的具体格式是："主机名/IP 地址"。如果一个 InetAddress 对象没有主机名，则只返回 IP 地址。

15.3.2 InetAddress 应用

【例 15-4】 查询本地主机使用的 IP 是 IPv4 还是 IPv6？地址的类型（A,B,C,D）是什么？

程序清单 15-5　QueryIP.java

```
import java.net.*;   import java.io.*;
public class QueryIP
{  public static void main(String args[])
   {  try {  InetAddress inetadd = InetAddress.getLocalHost();//获得本地 IP 地址
             byte[] address = inetadd.getAddress(); //将 IP 地址转换为字节数组
             if (address.length == 4)
```

```
{   System.out.println("The ip version is ipv4");
    int firstbyte = address[0];
    // 由于返回的 byte[ ]字节是无符号的，但是 Java 没有无符号字节的基本数
    // 据类型，因此如果要对返回的字节进行操作，必须要将 int 进行适当的调整
    if (firstbyte < 0)
        firstbyte += 256;
    if ((firstbyte & 0x80) = = 0)             // firstbyte<=126，      IP 为 A 类地址
        System.out.println("the ip class is A");
    else if ((firstbyte & 0xC0) = = 0x80)   //128<=firstbyte<=191，  IP 为 B 类地址
        System.out.println("The ip class is B");
    else if ((firstbyte & 0xE0) = = 0xC0)   // 192<=firstbyte<=223，  IP 为 C 类地址
      System.out.println("The ip class is C");
    else if ((firstbyte & 0xF0) = = 0xE0)   //224<=firstbyte<=239，  IP 为 D 类地址
         System.out.println("The ip class is D");
    else if ((firstbyte & 0xF8) = = 0xF0) // 240<=firstbyte<=255，  IP 为 E 类地址
        System.out.println("The ip class is E");
  }
  else if (address.length = = 6)  System.out.println("The ip version is ipv6");
 }
 catch (Exception e) {}
}
}
```

【例 15-5】 获取域名是 www.baidu.com 和 www.tom.com 的 ip 地址。

程序清单 15-6　DNSnameIP.java

```
import java.net.*;
public class  DNSnameIP
{ public static void main(String args[])
 {   try
     {   InetAddress address_1=InetAddress.getByName("www.baidu.com");
         System.out.println(address_1.toString());
         InetAddress address_2=InetAddress.getByName("www.sina.com.cn");
         System.out.println(address_2.toString());
     }
     catch(Exception e){     System.out.println("无法找到  www.baidu.com");    }
 }
}
```

【例 15-6】 Socket 的多线程通信。在本例中，在客户机输入三角形三条边的长度并发送给服务器。服务器把计算出的三角形面积返回给客户机。假设服务器 IP 是 10.3.63.76，端口号是 8000。

套接字中涉及到输入流和输出流操作，为了不影响做其他的事情，应把套接字代表的连接放在一个单独的线程中。另外，服务器端为每个客户机创建并启动一个服务线程。

程序清单 15-7　Client.Java（客户端代码）

```
import java.net.*; import java.io.*;    import java.awt.*;
import java.awt.event.*; import java.applet.*; import javax.swing.*;
public class Client extends JApplet implements Runnable, ActionListener
{
      JButton Calculation;                                   //计算按钮
      TextField   side,   result;;                           // side 保存边长的文本框;   result;是结果文本框
      Socket socket = null;                                  //代表连接的套接字
      DataInputStream in = null;                             //输入数据流
      DataOutputStream out = null;                           //输出数据流
      Thread thread;                                         //负责接收计算结果的线程

     public void init()
     {      setLayout(new GridLayout(2, 2));
            JPanel p1 = new JPanel(), p2 = new JPanel();
            Calculation = new JButton("计算");
            side = new TextField(12);      result = new TextField(12);
            p1.add(new JLabel("输入三角形三边的长度，用逗号或空格分隔:"));
            p1.add(side);          p2.add(new JLabel("计算结果 :"));
            p2.add(result);         p2.add(Calculation);
           Calculation.addActionListener(this);
            add(p1);       add(p2);
            //创建连接套接字,并构造相应的输入输出流对象
            try
               {     socket = new Socket("10.3.63.76", 8000);              //创建套接字，连接到服务器
                    in = new DataInputStream(socket.getInputStream()); //通过套接字获得输入流
                    out = new DataOutputStream(socket.getOutputStream());//通过套接字获得输出流
               }
            catch (IOException e) {}
            // 创建线程，负责接收服务器信息
            if (thread == = null)    { thread = new Thread(this);    thread.start(); }
     }
   public void run()      //线程执行的代码
   {  String s = null;
      while (true)
        {
            try {   //  通过输入流接收服务器运算结果。在读取到信息之前处于堵塞状态。
                    s = in.readUTF();          result.setText(s);
                }
            catch (IOException e)    { result.setText("与服务器已断开"); break; }
        }
   }
  public void actionPerformed(ActionEvent e)  //将三角形边长发给服务器
  {      if (e.getSource()==Calculation)
          {      String s = side.getText();
                 if (s != null)
                  {      try
```

```
                { out.writeUTF(s); }          // 将三角形的边长数据发送到服务器
                  catch (IOException e1) {}
            }
        }
    }
}
```

HTML 文件：Client.html

```
<APPLET CODE= Client.class WIDTH=500 HEIGHT=500>
</APPLET>
```

程序清单 15-8　Server.java（服务器端代码）

```
import java.io.*; import java.net.*; import java.util.*;
public class Server
{   public static void main(String args[])
  {   ServerSocket server = null;
      Server_thread thread;
      Socket you = null;
      while (true)
       {   try
             {
                server = new ServerSocket(8000);
             }
           catch (IOException e1)
             { System.out.println("正在监听");   }   //ServerSocket 对象不能重复创建
            try
             {    you = server.accept();
                  System.out.println("客户的地址:" + you.getInetAddress());
             }
           catch (IOException e)     {System.out.println("正在等待客户");     }
           if (you != null)    {new Server_thread(you).start();}   //为每个客户启动一个专门的线程
            else    {continue; }
       }
  }
}
class Server_thread extends Thread //负责计算面积的线程定义
{   Socket socket = null;                                   //连接套接字
    DataInputStream in = null;                              //数据输入流
    DataOutputStream out = null;                            //数据输出流
    String s = null;                                        //待发送的运算结果
    public Server_thread(Socket t) //利用 Socket 对象构造线程对象
   {     socket = t;
         try
         {   // 通过 Socket 对象获取输入流 in 和输出流 out
             in = new DataInputStream(socket.getInputStream());
```

```
                out = new DataOutputStream(socket.getOutputStream());
            }
        catch (IOException e) {      }
    }
    public void run()   //线程执行时，调用本方法计算面积，并将计算结果发给客户端
    {   while (true)
        {       double a[] = new double[3];
                int i = 0;
                try {   //利用输入流接收客户端传来的边长数据。在读取信息之前，线程处于堵塞状态
                        s = in.readUTF();
                        //分析传来的参数，进行面积计算并返回给客户端
                        StringTokenizer fenxi = new StringTokenizer(s, " ,");
                        while (fenxi.hasMoreTokens())
                            {   String temp = fenxi.nextToken();
                                try
                                  { a[i] = Double.valueOf(temp).doubleValue(); i++;
                                }
                                catch (NumberFormatException e)       { out.writeUTF("请输入数字字符"); }
                            }
                         double p = (a[0] + a[1] + a[2]) / 2.0;
                         //将面积通过 Socket 输出流/发送给客户端
                         out.writeUTF(" " + Math.sqrt(p * (p - a[0]) * (p - a[1]) * (p - a[2])));
                         sleep(2);
                    }
                catch (InterruptedException e) { }
                catch (IOException e)    { System.out.println("客户离开");   break;    }
        }//while 语句结束
    }//方法结束
}
```

先运行服务器端程序，然后运行客户端程序。程序运行结果如图 15-2、图 15-3 所示。

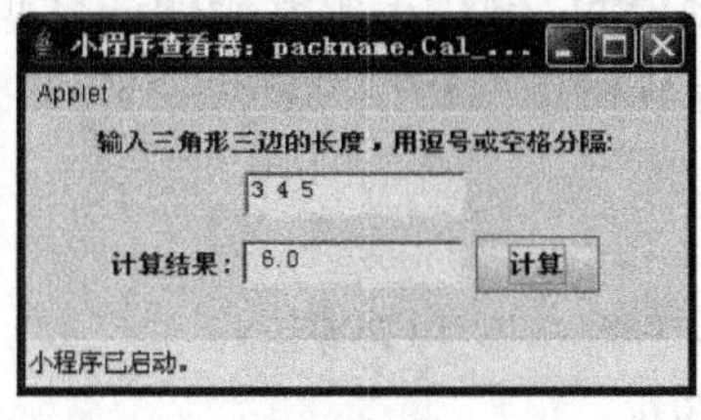

图 15-2 客户端程序运行结果

```
客户的地址:/10.3.63.76
正在监听
```

图 15-3 服务器端程序运行结果

15.4 UDP 数据报

在 TCP/IP 协议包含 TCP 协议和 UDP 协议。UDP 应用不如 TCP 广泛。但是，随着计算机网络的发展，UDP 协议正越来越显示出其威力，尤其是在需要很强的实时交互性的场合，如网络游戏、视频会议等。下面介绍 Java 环境下如何实现 UDP 网络传输。

15.4.1 什么是数据报

数据报（Datagram）就像日常生活中的邮件系统一样，不能确保可靠地寄到。而面向链接的 TCP 就好比是电话，双方都能肯定对方接收到了信息。

TCP 和 UDP 的区别是：TCP 实现了可靠、无大小限制的传输，但是需要时间建立连接，差错控制开销也大。UDP 不需要建立连接、传输不可靠，差错控制开销较小，传输大小限制在 64KB 以下。

15.4.2 DatagramSocket 和 DatagramPacket

java.net 包中的两个类（DatagramSocket、DatagramPacket）支持数据报通信。其中，DatagramSocket 用于在程序之间建立通信连接。DatagramPacket 用来表示一个数据报。

1．DatagramSocket 的构造方法

- DatagramSocket()：用本地主机上可用的端口号构造一个连接。
- DatagramSocket(int port)：用指定端口号构造一个连接。
- DatagramSocket(int port, InetAddress laddr)：用指定端口号和 IP 地址构造一个连接。

其中，port 指明 Socket 所使用的端口号，如果未指明端口号，则把 Socket 连接到本地主机上一个可用的端口。laddr 指明一个可用的本地地址。

给出端口号时要保证不发生端口冲突，否则会抛出 SocketException 异常。上面构造方法调用时都要抛出 SocketException 异常。示例代码如下:

```
try {    DatagramSocket    ds1=DatagramSocekt( );
         DatagramSocekt    ds2=DatagramSocket(5678);
         DatagramSocekt ds3=DatagramSocket(5678, InetAddress.getByName(localhost).);
         …            //其他处理代码
    }
catch(SocketException e)
    {    //异常处理代码 }
```

用数据报方式编写 Client/Server 程序时，无论在客户端还是服务器端，首先都要建立一个 DatagramSocket 对象，然后使用 DatagramPacket 对象作为传输数据的载体。

2．DatagramPacket 的构造方法

- DatagramPacket(byte buf[],int length)。
- DatagramPacket(byte buf[], int length, InetAddress addr, int port)。
- DatagramPacket(byte[] buf, int offset, int length)。
- DatagramPacket(byte[] buf, int offset, int length, InetAddress addr, int port)。

其中，buf 存放数据报的数据，length 为数据报中数据的长度，addr 和 port 指明目的地址，offset 指明要发送的数据是从 buf 的 offset 处开始到数据报的结尾。

3．UDP 的通信模式

（1）发送数据

发送数据前，将数据打包，就像将信件装入信封一样。将数据包发往目的地在发送数据包前，先要创建一个 DatagramPacket 对象。发送数据是通过 DatagramSocket 的 send()方法实现的。send()根据数据报的目的地址来寻径，以传递数据报。示例代码如下：

```
try{
    InetAddress address=InetAddress.getByName("localhost");
    DatagramPacket  data=new DatagramPacket(buffer,buffer.length, address,888);
    DatagramSocket  mail_data=new DatagramSocket();
    mail_data.send(data);//将数据 data 发送出去
    //其他处理代码
}
catch(Exception e)
{    //异常处理代码 }
```

（2）接收数据

接收数据包好比接收信件一样，然后查看数据包中的内容。在接收数据前，先创建一个 DatagramPacket 对象，给出接收数据的缓冲区及其长度，然后调用 DatagramSocket 的 receive()方法等待数据报的到来。receive()将一直等待，直到收到一个数据报为止。示例代码如下：

```
try{
    DatagramSocket mail_data=new DatagramSocket(666);   //从端口 666 处接收数据
    DatagramPacket data_pack=new DatagramPacket(data,data.length);
    //data 为指定接收数据的字节数组
    mail_data.receive(data_pack);    //利用 receive()方法等待接收数据
    //其他处理代码
  }
catch(Exception e) {    //异常处理代码 }
```

15.4.3 UDP 通信

【例 15-7】 本例通过 UDP 数据报实现网络通信。为了方便测试，本例的通信双方都设置在本地主机上（同一台机器）。读者可以根据实际情况调整 DatagramPacket 对象，实现在不同主机之间进行通信。

程序清单 15-9 MePort.java（MePort 端）

```
package udp;
import java.net.*;   import java.io.*;   import java.awt.*;
import java.awt.event.*;   import javax.swing.*;   import javax.swing.event.*;
public class MePort   extends JFrame
{    public   MePort ()
     {    ChatPanel cs = new ChatPanel();
          getContentPane().add(cs);
     }
     public static void main(String[] args)
     {    MePort   frame = new MePort ();
          frame.setTitle("梁山伯界面");
```

```
            frame.setSize(510, 500);frame.setDefaultCloseOperation(JFrame.EXIT_ON_CLOSE);
            frame.setVisible(true);
        }
}
class ChatPanel extends JPanel implements Runnable, ActionListener
{       JButton send; //发送按钮
        TextArea msg_show;//信息显示框
        TextField msg_send; //信息发送框
        Thread thread = null; //负责接收数据的线程
        public ChatPanel()
        {       setLayout(null);
            send = new JButton("发送"); msg_show = new TextArea();msg_send = new TextField();

            JLabel jl = new JLabel("信息显示区");
            jl.setBounds(0, 0, 500, 20);            add(jl);
            msg_show.setBounds(0, 20, 500, 300);    msg_show.setEditable(false);
            add(msg_show);

            JLabel jl1 = new JLabel("信息发送区"); jl1.setBounds(0, 320, 500, 20);
            add(jl1);

            msg_send.setBounds(0, 340, 400, 80);    add(msg_send);
            msg_send.addActionListener(this);       //为信息发送框设置监听器

            send.setBounds(400, 360, 100, 40);add(send);
            send.addActionListener(this);           //为发送按钮设置监听器

            //建立并启动线程，负责接收数据
            thread = new Thread(this);    thread.start();
        }
        public void actionPerformed(ActionEvent e)
        {       if (e.getSource()== msg_send || e.getSource()== send)
             {  if (msg_send.getText() != "")
                 {  //将要发送的数据字符串转换为字节数组
                 byte buffer[] = msg_send.getText().trim().getBytes();
                 try {
                        //获取本机 IP 地址对象
                        InetAddress address = InetAddress.getByName("localhost");
                        //发送数据的数据包，其目标端口是 3441，接收方需在这个端口接收
                        DatagramPacket data_pack = new DatagramPacket(buffer,buffer.length, address, 3441);
                        //创建发送数据报的套接字
                        DatagramSocket mail_data = new DatagramSocket();

                        //ParagramPacket 对象方法调用
                        msg_show.append("数据报目标主机地址:" + data_pack.getAddress()+ "\n");
                        msg_show.append("数据报目标端口是:" + data_pack.getPort() +"\n");
```

```
                msg_show.append("数据报长度:" + data_pack.getLength() +"\n");
                msg_show.append("梁山伯说: " + msg_send.getText().trim() + "\n");
                msg_send.getText();
                mail_data.send(data_pack);   //发送数据报
              }
            catch (Exception ex) {}
          }//内层 if 结束
       }//外层 if 结束
    }
    public void run()                              //负责数据接收
    {    DatagramSocket mail_data = null;          //接收数据包的套接字
         byte data[] = new byte[8192];             //存放接收数据的字节数组
         DatagramPacket pack = null;               //接收数据的数据报对象
         try {
              pack = new DatagramPacket(data, data.length);
              //使用端口 3445 来接收数据包（因为对方发来的数据报的目标端口是 3445）
              mail_data = new DatagramSocket(3445);
            }
         catch (Exception e) {          }
         //利用循环不断接收数据
         while (true)
          {
              if (mail_data == null)  break;
                else
                  try {
                        mail_data.receive(pack);       //接收数据包
                        // 处理接收到的数据，获取收到的数据的实际长度，
                        // 获取收到的数据包的始发地址，获取收到的数据包的始发端口。
                        int length = pack.getLength();
                        InetAddress adress = pack.getAddress();
                        int port = pack.getPort();
                        String message = new String(pack.getData(), 0, length);
                        msg_show.append("收到数据长度      " + length + "\n");
                       msg_show.append("收到数据来自      " + adress + "  端口  " + port+ "\n");
                        //将接收到的数据显示在信息显示框中
                        msg_show.append("祝英台说: " + message + "\n");
                  }
            catch (Exception e) { }
          }
      }
}
```

程序清单 15-10　YouPort.java（YouPort 端）

```
package udp;
import java.net.*;   import java.io.*;   import java.awt.*;
import java.awt.event.*;   import javax.swing.*;   import javax.swing.event.*;
```

```
public class YouPort    extends JFrame
{       public YouPort ()
        {       ChatPanel cs = new ChatPanel();
                getContentPane().add(cs);
        }
        public static void main(String[] args)
        {       YouPort    frame = new YouPort ();
                frame.setTitle("祝英台界面");        frame.setSize(510, 500);
                frame.setDefaultCloseOperation(JFrame.EXIT_ON_CLOSE);
                frame.setVisible(true);
        }
}
class ChatPanel extends JPanel implements Runnable, ActionListener
{       JButton send;                   //发送按钮
        TextArea msg_show;              //信息显示框
        TextField msg_send;             //信息发送框
        Thread thread = null;           //负责接收数据的线程
        public ChatPanel()
        {       setLayout(null);
                send = new JButton("发送");
                msg_show = new TextArea();        msg_send = new TextField();

                JLabel jl = new JLabel("信息显示区");   jl.setBounds(0, 0, 500, 20);
                add(jl);

                msg_show.setBounds(0, 20, 500, 300);    msg_show.setEditable(false);
                add(msg_show);

                JLabel jl1 = new JLabel("信息发送区"); jl1.setBounds(0, 320, 500, 20);
                add(jl1);

                msg_send.setBounds(0, 340, 400, 80);     add(msg_send);
                msg_send.addActionListener(this);        //为信息发送框设置监听器

                send.setBounds(400, 360, 100, 40); add(send);
                send.addActionListener(this);            //为发送按钮设置监听器

                // 建立并启动线程，负责接收数据
                thread = new Thread(this);     thread.start();
        }
        public void actionPerformed(ActionEvent e)    //实现监听事件
        {       if (e.getSource()= = msg_send || e.getSource()= = send)
                {       if (msg_send.getText() != "")
                        {       //将要发送的数据字符串转换为字节数组
                                byte buffer[] = msg_send.getText().trim().getBytes();
                                try {
```

```
                        //获取本机 IP 地址对象
                        InetAddress address = InetAddress.getByName("localhost");
                        //发送数据的数据包，其目标端口是 3445，接收方需在这个端口接收
                        DatagramPacket data_pack = new DatagramPacket(buffer,
                                buffer.length, address, 3445);
                        //创建发送数据报的套接字
                        DatagramSocket mail_data = new DatagramSocket();

                        // ParagramPacket 对象方法调用
                        msg_show.append("数据报目标主机地址:" + data_pack.getAddress()+ "\n");
                        msg_show.append("数据报目标端口是:" + data_pack.getPort() + "\n");
                        msg_show.append("数据报长度:" + data_pack.getLength() + "\n");

                        msg_show.append("祝英台说: " + msg_send.getText().trim() + "\n");
                        msg_send.setText(null);
                        mail_data.send(data_pack);//发送数据报
                    }
                    catch (Exception ex) {}
                }
            }
        }
    public void run()   //线程调用方法，负责数据接收
    {   DatagramSocket mail_data = null; //接收数据包的套接字
        byte data[] = new byte[8192];//存放接收数据的字节数组
        DatagramPacket pack = null; //接收数据的数据报对象
        try {  pack = new DatagramPacket(data, data.length);
            //使用端口 3441 来接收数据包（因为对方发来的数据报的目标端口是 3441）
            mail_data = new DatagramSocket(3441);
        }
        catch (Exception e) {         }

        while (true)    //利用循环不断接收数据
        {   if (mail_data == null)   break;
            else
                try {  mail_data.receive(pack); //接收数据包
                        //处理接收到的信息，获取收到的数据的实际长度
                        //获取收到的数据包的始发地址，获取收到的数据包的始发端口
                        //将数据转换为字符串。
                        int length = pack.getLength();
                        InetAddress adress = pack.getAddress();
                        int port = pack.getPort();
                        String message = new String(pack.getData(), 0, length);
                        msg_show.append("收到数据长度        " + length + "\n");
                        msg_show.append("收到数据来自" + adress + "端口" +port+ "\n");
                        //将接收到的数据显示在信息显示框中
                        msg_show.append("梁山伯说: " + message + "\n");
                    }
```

```
                    catch (Exception e) {    msg_show.append("对方已断开连接"); }
            } //while 结束
        }
    }
```

将上面两个程序放在 udp 目录下编译，然后，执行服务器和客户程序。

15.5 广播数据报

15.5.1 广播数据报概要

广播数据报类似于电台广播。进行广播的电台需在指定的波段和频率上广播信息，接收者只有将收音机调到指定的波段、频率上才能收听到广播的内容。

广播数据报涉及地址和端口。Internet 的地址是以 a.b.c.d 的格式给出，该地址的一部分代表用户自己的主机，而另一部分代表用户所在的网络。当 a 小于 128，则 a 用来表示网络地址， b.c.d 用来表示主机，这类地址称为 A 类地址。如果 a 大于等于 128 且小于 192，则 a.b 表示网络地址，而 c.d 表示主机地址，这类地址称为 B 类地址；如果 a 大于或等于 192，且小于 224，则 a.b.c 表示网络地址，d 表示主机地址，这类地址称为 C 类地址。224.0.0.0 与 224.255.255.255 是保留地址，称为 D 类地址。

广播或接收广播的主机都必须加入到同一个 D 类地址。一个 D 类地址也称为一个广播组。加入到同一个广播组的主机可以在某个端口上广播信息，也可以在某个端口号上接收信息。

15.5.2 MultiCastSocket 类

多播数据报套接字用于发送和接收 IP 多播数据包。MulticastSocket 是一种（UDP）DatagramSocket。它具有加入 Internet 上其他多播主机所属“组”的功能（多播组通过 D 类 IP 地址和标准 UDP 端口号指定）。D 类 IP 地址的范围是 224.0.0.0～239.255.255.255（包括两者）。地址 224.0.0.0 被保留，不许使用。首先使用所需端口创建 MulticastSocket 对象，然后调用 joinGroup(InetAddress groupAddr)方法来加入多播组。

1．构造方法

- MulticastSocket()：创建多播套接字。
- MulticastSocket(int port)：创建多播套接字，并将其绑定到特定端口。
- MulticastSocket(SocketAddress bindaddr)：创建多播套接字。并指定套接字地址。

这 3 个构造方法都会抛出 IOException 异常或 SecurityException 异常，所以必须在 try-catch 结构中创建 MulticastSocket 对象。

2．实用方法

- public void setTimeToLive(int ttl) throws IOException：设置 MulticastSocket 对象上发出的多播数据报的默认生存时间，以便控制多播的范围。ttl 必须在 0≤ttl≤255 范围内，否则将抛出 IllegalArgumentException。tt1 是指多播数据报的默认生存时间。
- public int getTimeToLive() throws IOException：获取在套接字上发出的多播数据报的默认生存时间。

● public void joinGroup(InetAddress mcastaddr) throws IOException：加入多播组，mcastaddr 为要加入的多播地址。

● public void leaveGroup(InetAddress mcastaddr) throws IOException：离开多播组，mcastaddr 为要离开的多播地址。

15.5.3 广播数据报应用

【例 15-8】 利用 MulticastSocket 实现数据报的广播。

本例中，在广播端输入要广播的信息，单击“开始发送”按钮或按〈Enter〉键触发动作事件，将数据广播出去，单击“停止发送”按钮则终止本次数据广播；在接收端用户通过单击“开始接收”按钮实现数据接收，单击“停止接收”按钮则终止本次数据接收。

程序清单 15-11 Receiver.Java（接收端）

```
import java.net.*;   import java.awt.*;   import java.awt.event.*;
public class Receiver extends Frame implements Runnable, ActionListener
{     int port; //多播的端口
      InetAddress group = null; //多播组的地址
      MulticastSocket socket = null; //多点广播套接字
      Button reveive_start, reveive_stop; //开始接收按钮和停止接收按钮
      TextArea msg_on_receive; //显示正在接收的信息
      TextArea        msg_received; //显示已经接收的信息
      Thread thread; //负责接收信息的线程
      boolean if_stop = false; //线程状态信号量
      public Receiver()   //下面初始化界面
     {  super("信息接收端");
        thread = new Thread(this);
        reveive_start = new Button("开始接收");        reveive_stop = new Button("停止接收");
        reveive_start.addActionListener(this);          reveive_stop.addActionListener(this);

        msg_on_receive = new TextArea(10, 10);        msg_on_receive.setForeground(Color.blue);
        msg_received = new TextArea(10, 10);
        Panel north = new Panel();
        north.add(reveive_start);       north.add(reveive_stop);
        add(north, BorderLayout.NORTH);
        Panel center = new Panel();          center.setLayout(new GridLayout(1, 2));
        center.add(msg_on_receive);          center.add(msg_received);
        add(center, BorderLayout.CENTER);       validate();

        //下面建立多点广播套接字，并将该套接字加入广播组中
        port = 5858; //设置多播组的监听端口
        try {
            //设置广播组的地址为 239.255.8.0.
             group = InetAddress.getByName("239.255.8.0");
            //多点广播套接字将在 port 端口广播
```

```
                socket = new MulticastSocket(port);

                //加入广播组 group 后，socket 发送的数据报可以被加入到 group 中的成员接收到
                socket.joinGroup(group);
            }
        catch (Exception e) {   }
        setBounds(100, 50, 360, 380);       setVisible(true);
        addWindowListener(new WindowAdapter()
        {   public void windowClosing(WindowEvent e)
            {       System.exit(0);   }
        });
    }
    public void actionPerformed(ActionEvent e)      //负责开始和停止接收数据
    {   if (e.getSource()== reveive_start)          //响应开始按钮事件
        {   reveive_start.setBackground(Color.blue);
            reveive_stop.setBackground(Color.gray);

            /** 创建线程，实现数据接收 */
            if (!(thread.isAlive())) {   thread = new Thread(this);    }
            try {
                thread.start();
                if_stop = false;
            }
            catch (Exception ee) {        }
        }
      if (e.getSource()== reveive_stop)             //响应停止按钮事件
        {   reveive_start.setBackground(Color.gray);
            reveive_stop.setBackground(Color.blue);
            thread.interrupt();                     //中断线程，停止数据接收
            if_stop = true;
        }
    }
  public void run()             //负责数据接收和显示
  {     while (true)            //利用循环接收定时广播传来的数据
        {   byte data[] = new byte[8192];
            DatagramPacket packet = null;
           //待接收的数据包
            packet = new DatagramPacket(data, data.length, group, port);
            try {
                socket.receive(packet);             //接收广播数据并将其放在指定数据包中

                String message = new String(packet.getData(), 0, packet .getLength());
                msg_on_receive.setText("正在接收的内容:\n" + message);
                msg_received.append(message + "\n");
            }
            catch (Exception e) {             }
```

```
                if (if_stop == true) { break;   }         //若线程中断，则终止线程
            }
    }
    public static void main(String args[])
    {     new Receiver();     }
}
```

程序清单 15-12　BroadCast.Java（广播端）

```
import java.net.*;   import java.awt.*;   import java.awt.event.*;
public class BroadCast extends Frame implements Runnable, ActionListener
{     int port = 5858; //多播的端口
      InetAddress group = null; //多播组的地址
      MulticastSocket socket = null;//多点广播套接字
      Button send, stop; //开始发送按钮和停止发送按钮
      TextArea msg_show; //信息显示区
      TextField msg_send; //信息发送框
      Thread thread; //负责发送信息的线程
      boolean if_stop = false; //线程状态信号量
      public BroadCast()
      {   super("广播信息台");
          send=new Button("开始发送");      stop=new Button("停止发送");
          send.addActionListener(this);        stop.addActionListener(this);
          Panel south=new Panel();
          south.add(send);         south.add(stop);

          Label tip1=new Label("显示正在广播的信息");
          msg_show=new TextArea();          msg_show.setEditable(false);
          Panel north=new Panel();      north.setLayout(new BorderLayout());
          north.add(tip1,BorderLayout.NORTH);      north.add(msg_show,BorderLayout.CENTER);

          Label tip2=new Label("输入要广播的信息");
          msg_send=new TextField();          msg_send.addActionListener(this);
          Panel center=new Panel();           center.setLayout(new BorderLayout());
          center.add(tip2,BorderLayout.NORTH);    center.add(msg_send,BorderLayout.CENTER);

          setLayout(new BorderLayout());
          add(south,BorderLayout.SOUTH);          add(north,BorderLayout.NORTH);
          add(center,BorderLayout.CENTER);       validate();
          // 建立多点广播套接字，并将该套接字加入广播组中以进行数据广播
          try
             {  //设置广播组的地址为 239.255.8.0
               group=InetAddress.getByName("239.255.8.0");
              //多点广播套接字将在 port 端口广播
              socket=new MulticastSocket(port);
              //多点广播套接字发送数据报范围为本地网络，数据默认生存时间为 1
               socket.setTimeToLive(1);
               socket.joinGroup(group);   //加入广播组
```

```
            }
        catch(Exception e)    { msg_show.append("Error: "+ e);        }
        setBounds(100,50,360,380);            setVisible(true);
        addWindowListener(new WindowAdapter() //为窗口关闭事件添加监听器
          {       public void windowClosing(WindowEvent e)
                  {   System.exit(0);        }
        });
    }
    //动作事件实现方法，负责开始和停止广播数据
    public void actionPerformed(ActionEvent e)
    {        ///响应广播数据事件
            if (e.getSource()== send || e.getSource()== msg_send)
              {   send.setBackground(Color.blue);      stop.setBackground(Color.gray);
                  /** 创建线程，实现数据广播* */
                  try {
                          thread = new Thread(this);
                          thread.start();
                          if_stop = false;
                      }
                    catch (Exception ee) {      }
              }
            //响应停止广播数据事件
          if (e.getSource()== stop)
            {    send.setBackground(Color.gray);      stop.setBackground(Color.blue);
                 msg_show.setText(null);        msg_send.setText(null);
                 thread.stop();
                 if_stop = true;
            }
      }
      public void run()//负责数据广播和显示
      {        while (true) //利用循环定时广播数据
                 {
                     try {
                               DatagramPacket packet = null; //待广播的数据包
                               byte data[] = msg_send.getText().getBytes();
                               packet = new DatagramPacket(data, data.length, group, port);
                               socket.send(packet); //广播数据包
                               msg_show.append("正在发送的信息: \n" + new String(data) + "\n");
                               Thread.sleep(1000); //每隔一 s 广播一次
                         }
            catch (Exception e) {    msg_show.append("Error: " + e);    }
                 }
    }
    public static void main(String args[])
  {       new BroadCast();     }
}
```

程序运行结果如图 15-4 所示。

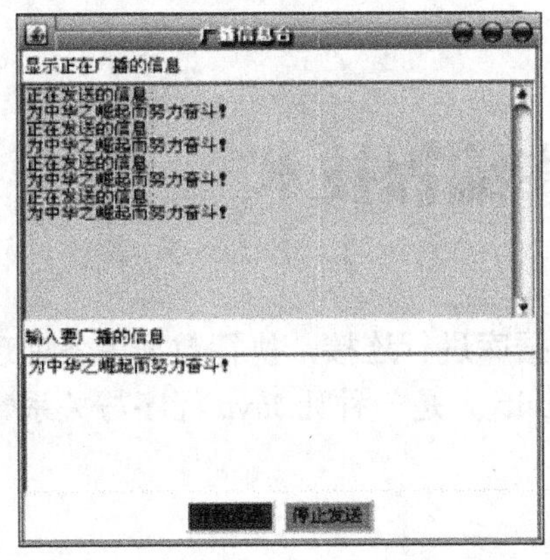

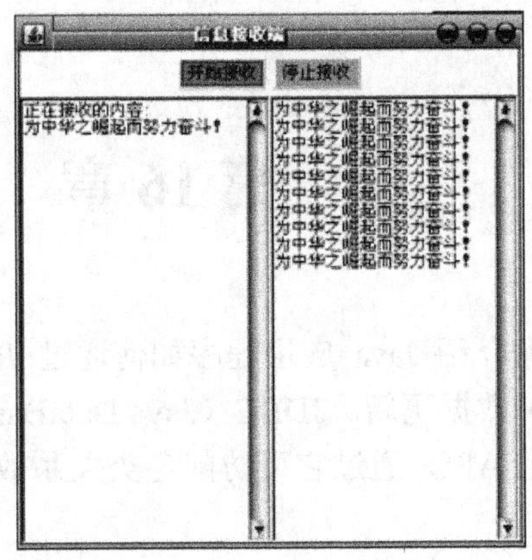

图 15-4　例 15-8 程序运行结果

15.6　本章小结

本章开始以 URL 为主线，讲解了如何通过 URL 类访问 WWW 网络资源。由于使用 URL 十分方便、直观，尽管功能不是很强，但仍是值得推荐的一种网络编程方法，尤其对于初学者更易于接受。从本质上讲，URL 网络编程在传输层使用的还是 TCP 协议。

接下来几节是以 Socket 接口和 C/S 网络编程模型为主线，主要讲解了如何用 Java 实现基于 TCP 的 C/S 结构，主要用到的类有 Socket、ServerSocket。如何用 Java 实现基于 UDP 的 C/S 结构。此外还讨论了一种特殊的数据传输方式——广播数据报，这种方式是 UDP 所特有的，主要用到的类有 DatagramSocket、DatagramPacket 以及 MulticastSocket。

15.7　习题

1．怎样创建服务器套接字？可以使用什么端口号？如果请求的端口号已在使用，会发生什么现象？一个端口能与多少个客户机连接？

2．服务器套接字与客户机套接字之间有什么区别？

3．客户端程序如何开始一个连接？

4．服务器怎样接收连接请求？

5．数据如何在客户机和服务器之间传输？可以传输对象吗？

6．怎样让服务器为多个客户机服务？

7．能否编写一个程序，从远程主机上获取文件？能否更新远程主机上的文件？

8．编写一个聊天程序。

9．编写一个 applet，显示对一个 web 页面的访问次数。次数存储在服务器端的文件中。

第 16 章　数据库编程技术

本章介绍 Java 应用程序如何通过 JDBC 与数据库进行连接，执行数据事务处理——数据查询和数据更新。JDBC（Java DataBase Connectivity）是一种让 Java 程序与关系数据库进行连接的 API，通过它可访问各类关系数据库。

16.1　连接数据库概述

JDBC（API）是由 Java 接口组成的，每种数据库引擎均可通过实现 JDBC 接口来定义一个类，这个类被称为 JDBC 驱动程序。当采用 JDBC 建立数据连接时，可以不考虑底层操作部分，而只需针对应用程序进行设计即可。如图 16-1 所示即为 Java 应用程序与数据库之间的连接。

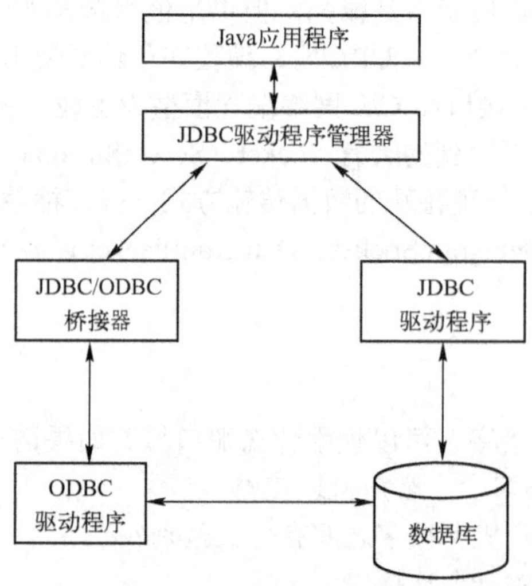

图 16-1　Java 应用程序与数据库之间的连接

16.1.1　数据库连接类型

无论使用哪种类型的数据库，都必须首先设置数据库引擎，然后再建立数据库，最后安装 JDBC 驱动程序。按照不同的连接方式，可将 JDBC 驱动程序分为以下 4 类。

1．JDBC-ODBC 桥接器驱动程序（JDBC-ODBC Bridger Driver）

这是 J2DK 提供的驱动程序，它利用桥接器的方式将 JDBC 调用转换为 ODBC 调用，再送至 ODBC 驱动程序，如图 16-2 所示。使用此驱动程序，客户端也必须安装数据库的客户端软件才能执行。因为经过多层的转换，如果处理的数据过于庞大，其处理效率就会降低，所以对于现行的应用程序而言，它并不是一个好的驱动程序。

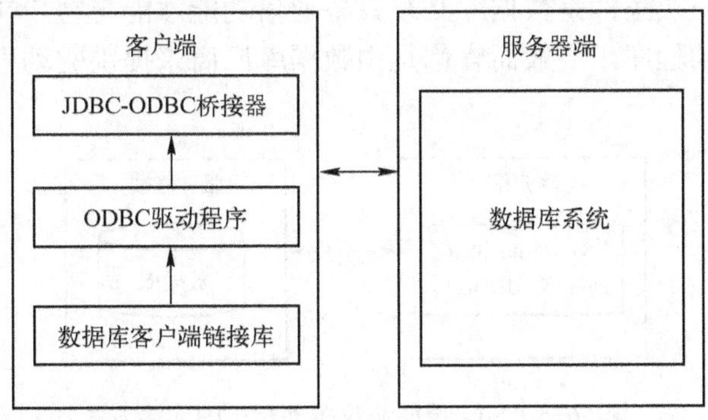

图 16-2　JDBC-ODBC 桥接驱动程序的连接方式

2．采用部分 Java 程序代码所编写的驱动程序（Native-API/Partly Java Driver）

这种驱动程序内含 Java 程序代码，可直接调用数据库所提供的客户端链接库，其连接方式如图 16-3 所示。它也必须在客户端安装程序。

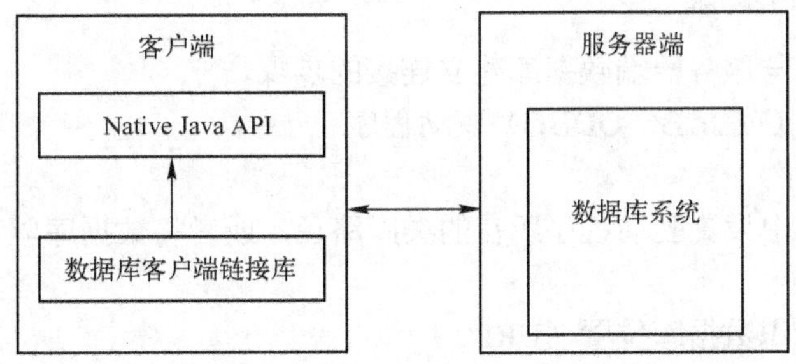

图 16-3　采用部分 Java 程序代码编写的驱动程序的连接方式

3．Java 网络协议驱动程序（Net-Protocol/All Java Driver）

这种驱动程序是以软件的三层体系结构为基础，提供了一个通用的网络协议（API），客户端通过该网络协议（API）将访问数据库的请求传送给中间层，中间层再把客户端请求转换为 API，API 通过数据库的链接库传入服务器端。从另一个角度来看，客户端的 JDBC 是以 Socket 方式调用服务器端的应用程序，并将客户端的请求转换成驱动程序所需的 API。这种方式的优点是数据库具有扩展性。Java 网络协议驱动程序的连接方式如图 16-4 所示。

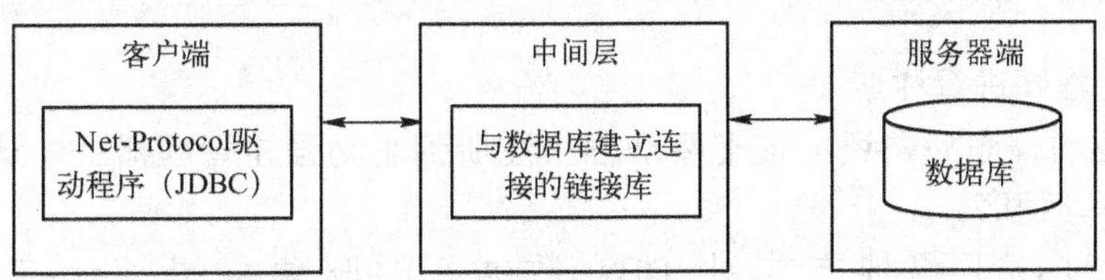

图 16-4　Java 网络协议驱动程序的连接方式

4．Java 原始协议驱动程序（Native-Protocol /All Java Driver）

这种驱动程序内置于数据库引擎的网络协议，通过 JDBC 调用直接转换为数据库所提供的原始协议。使用的先决条件是数据库必须具备通信功能才能与客户端进行通信，所以数据库需要具备不同的驱动程序，一般而言都是由数据库厂商来提供驱动程序。其连接方式如图 16-5 所示。

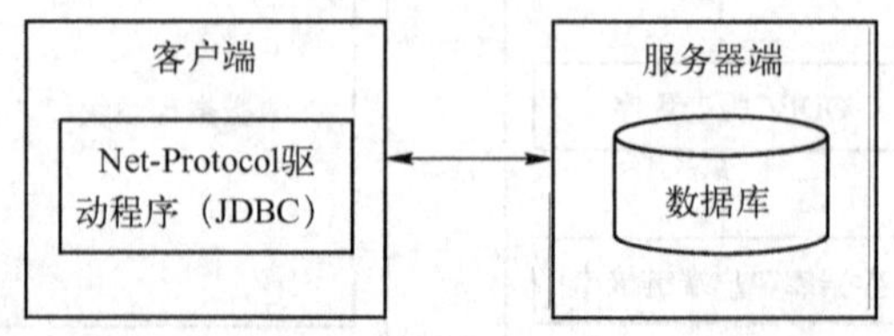

图 16-5　Java 原始协议驱动程序的连接方式

注意：对于所有的网络数据库，在客户端都必须安装数据库客户端软件，包含数据库链接库。在客户端都包含一个 SQL 接口，客户端驱动程序通过 SQL 接口与数据库服务器建立连接。

16.1.2　建立连接的步骤

下面介绍客户端与服务器端数据库建立连接的步骤。

（1）安装 JDBC（或 JDBC-ODBC）驱动程序

1）安装驱动程序。

2）在 classpath 中设置驱动程序所在的类库路径，或者将数据库驱动程序库复制到虚拟机的 jre/lib/ext 目录中。

（2）在程序中标识数据库位置（URL）

客户端要与数据库建立连接，就应该知道数据库的位置。在此使用 URL 来表示数据库的位置。URL 的通用格式如下：

```
Jdbc：subprotocol ：other
```

其中，subprotocol 表示连接到特定数据库的驱动程序类型。other 的格式由供应商提供的资料决定。

假设连接到类型为 DB2 的数据库，newData 是系统管理员建立的数据库名称，则 URL 表示如下。

```
jdbc：DB2：newData
```

（3）对驱动程序进行注册

当安装了驱动程序后，还应该把驱动程序注册到驱动程序管理器上，这样驱动程序管理器才能激活驱动程序。

例如，通过以下两种方式对 DB2 数据库的驱动程序（com.ibm.db2.jdbc.app.DB2Driver）进行注册。

- 在执行应用程序时，在命令行中注册驱动程序。

```
java –D   jdbc.drivers= com.ibm.db2.jdbc.app.DB2Driver   MyProg
```

- 在程序代码中对驱动程序进行注册。

```
Class.forName("com.ibm.db2.jdbc.app.DB2Driver");
```

（4）获取数据库连接对象

在安装了驱动程序、设置了驱动程序所在的库路径、注册了驱动程序后，还需要获取数据库连接对象。获得数据库连接对象（conn）的语句如下：

```
String   url="jdbc:db2:newData" ;   //表示数据库的 URL
String   username="user"   ;        //连接数据库的账户
String   password="123"    ;
Connection   conn=DriverManager.getConnection(url , username , password ) ;
```

16.2 数据库事务处理

在数据库应用中，主要包括两种事务，即数据查询和数据更新（数据修改和数据添加、删除）。在执行查询和更新事务时，要用到语句对象（Statement），通常使用连接对象中的方法 createStatement()来获取语句对象。

16.2.1 获取语句对象（Statement）

前文介绍了如何获取连接对象，在连接对象中有两种创建语句对象的方法，下面分别介绍。假设连接对象为 conn。

1．无参数方法（createStatement()）创建语句对象

```
Statement   stmt=conn.createStatement() ;
```

用这种语句对象生成的结果集（ResultSet）中的游标只能下移，因此若应用是查询，则常使用该方法获取语句对象。

2．带参数的方法 createStatement(int type，int   concurrency)创建语句对象

```
Statement stmt=conn．createStatement(int type，int   concurrency ) ;
```

用这种方法创建的语句对象一般用于结果集（ResultSet），可滚动查询和用结果集更新数据库。下面是该方法参数的说明。

（1）type

type 的取值决定了结果集的滚动方式，即结果集中的游标是否能上下滚动。type 的取值介绍如下。

- ResultSet.TYPE_FORWORD_ONLY：结果集的游标只能向下滚动。当数据库变化时，当前结果集不变。
- ResultSet.TYPE_SCROLL_INSENSITIVE：结果集的游标可以上下移动。当数据库变

化时，当前结果集不变。

- ResultSet.TYPE_SCROLL_SENSITIVE：返回可滚动的结果集。当数据库变化时，当前结果集同步改变。

（2）concurrency

concurrency 的取值决定了是否能用结果集更新数据库。Concurrency 的取值介绍如下。

- ResultSet.CONCUR_READ_ONLY：不能用结果集更新数据库中的表。
- ResultSet.CONCUR_UPDATABLE：可以用结果集更新数据库中的表。

可以使用同一个 Statement 对象来执行查询和更新操作（修改/添加/删除），但是需要注意，用 Statement 对象获取结果集的操作必须在用 Statement 对象执行更新操作之前，否则执行更新的操作会破坏 Statement 对象获取的结果集。

16.2.2 执行 SQL 语句

前面介绍了如何获取语句对象，下面便使用语句对象中的方法执行数据查询或数据更新。假设语句对象为 stmt。

1．执行数据查询

```
String    sql="select * from    tablename    where expression" ; //SQL 查询字符串
ResultSet    rs=stmt．executeQuery(sql);     //执行查询，获得结果集 rs
```

2．执行数据更新

```
String sql="sqlStatement "   ;  //插入、修改或删除 SQL 语句，SQL 语句用字符串表示
int   number=stmt.executeUpdate(sql);    //执行更新操作，number 表示更新操作影响的数据记录数目
```

16.2.3 结果集（ResultSet）

执行查询后，得到的便是结果集。在应用中，要把结果集中的记录输出到客户端。

ResultSet 对象由若干行组成。我们每次只能看到 ResultSet 对象的一个数据行，为了输出结果集中的所有记录，必须使用 next()方法。next()方法可使游标移到下一条记录。在默认情况下，结果集的游标指向第一条记录的前一条记录，即第 0 条记录。

利用 ResultSet 对象中的方法获取记录的方法有两种：

（1）通过字段的索引获取记录值

结果集中字段的索引编号方式是：从左到右，第一个字段的索引是 1，第二个字段的索引是 2，第 n 个字段的索引是 n。

以字段索引为参数获取某条记录的值。当结果集中的游标指向某条记录时，获取这条记录的某个字段对应的值的方法是 getXxx(int columnIndex)。

（2）通过字段名获取记录值

以字段名为参数获得某个字段的值。当结果集中的游标指向某条记录时，获取这条记录的某个字段对应的值的方法是 getXxx(String columnName)。

下面再来看看 ResultSet 对象的常用方法。ResultSet 对象的常用方法如表 16-1 所示。

表 16-1 ResultSet 类的常用方法

返回的数据类型	方 法 名 称
boolean	next()
byte	getByte(int columnIndex)
Date	getDate(int columnIndex)
Double	getDouble(int columnIndex)
Float	getFloat(int columnIndex)
int	getInt(int columnIndex)
Long	getLong(int columnIndex)
String	getString(int columnIndex)
byte	getByte(String columnName)
Date	getDate(String columnName)
Double	getDouble(String columnName)
Float	getFloat(String columnName)
int	getInt(String columnName)
Long	getLong(String columnName)
String	getString(String columnName)

16.3 数据库连接环境

下面所有的例子都是采用客户/服务器连接方式。数据库采用的是 SQL Server 2003。假设客户和服务器在同一台计算机上，当客户与数据库服务器连接时，数据库服务器的 IP 地址可以是 127.0.0.1，当然，也可以采用服务器的实际 IP 地址。如果客户与服务器不在同一台计算机上，必须采用服务器的实际 IP 地址。本章中的所有例子，采用系统中的数据库，数据库名是 Northwind，表名是 Employees。

重要知识点介绍如下：

- 使用 JDBC 进行数据库操作之前必须与数据库建立连接，这就要用到 DriverManager 对象。
- 通过调用 Class.forName 显式加载驱动程序。用户可以输入一个或多个驱动程序。
- 加载 Driver 类并在 DriverManager 类中注册后，它们即可用来与数据库建立连接。
- 当调用 DriverManager.getConnection()方法发出连接请求时，DriverManager 将检查每个驱动程序，查看它是否可以建立连接。有时可能有多个 JDBC 驱动程序可以与给定的 URL 连接，这时 DriverManager 将使用它所找到的第一个可以成功连接到给定 URL 的驱动程序。
- 使用 JDBC 连接数据库一般分两步走：首先加载驱动类，然后指定要连接到哪个数据库，包括路径（URL）、用户名、密码。接下来就可以开始数据库操作了。
- DatabaseMetaData 类可以用来取得数据库元数据，包括数据库本身的信息和库中的表结构信息。
- getDriverName()方法用于取得加载的驱动程序名称。

● getDriverVersion()方法用于取得数据库的版本。

【例 16-1】 数据库的连接，即连接到数据库 Northwind。

程序清单 16-1 ConnectToDB.java

```
import java.sql.*;
public class ConnectToDB {
 public static void main (String[]args) {
      Connection con;
 //用来取得数据库的元数据，元数据中包含数据库信息，库中所有的表结构信息。
 DatabaseMetaData meta = null;
 try {
      Class.forName("com.microsoft.jdbc.sqlserver.SQLServerDriver").newInstance();
      System.out.println("加载驱动程序成功！ ");
 }
 catch(Exception e) {    System.out.println("加载驱动程序失败！ ");  }
 try {
      String uri = "jdbc:sqlserver://127.0.0.1:1433;DatabaseName=Northwind";
      String user = "sa";
      String password = "";
      con = DriverManager.getConnection(uri,user,password);
      System.out.println("连接数据库成功!");
      meta = con.getMetaData();
      System.out.println("连接的数据库:\t" + meta.getURL());
      System.out.println("Driver:   \t" + meta.getDriverName());
      System.out.println("Version:\t" + meta.getDriverVersion());
   }
   catch(SQLException ex) { System.out.println("连接异常:"+ex.toString());      }
 }
}
```

16.4 数据库查询

按照查询的方式不同，可将查询分为顺序查询、游动查询、随机查询、参数查询、排序查询和使用通配符查询。

16.4.1 顺序查询

这种查询获得的结果集（ResultSet 对象）中的游标只能一行行地向下移动，既不能向上移动游标，也不能跳行移动游标。相关知识点介绍如下。

● 数据库的列序号是从 1 开始的。

● next()方法返回一个数据，当游标移动到最后一行之后返回 false。

● 对于 ResultSet 类，初始化时游标被设定在结果集第一行之前，必须调用 next()方法移动到第一行。

【例 16-2】 顺序地查询，列出表 Employees 中的数据。

程序清单 16-2　SeqQuery.java

```
import java.sql.*;    import java.util.Vector;    import javax.swing.JFrame;
import javax.swing.JOptionPane; import javax.swing.JTable;
import javax.swing.table.DefaultTableModel;
/**
 *TableModel 的一个实现，它使用一个 Vector 来存储单元格的值对象
 *addRow(Object[] rowData) 添加一行到模型的结尾。
 *JTable 用来显示和编辑常规二维单元表,new JTable(TableModel dm) 构造一个 JTable，
 *使用数据模型 dm、默认的列模型和默认的选择模型对其进行初始化。
 *
 */
public class SeqQuery {
    Connection con;           //连接对象
    Statement st;             //语句对象
    ResultSet rs;             //结果集
    static String strDriver = "com.microsoft.jdbc.sqlserver.SQLServerDriver";//驱动程序
    static String strURL = "jdbc:sqlserver://127.0.0.1:1433;DatabaseName=Northwind";
static String user = "sa";
    static String password = "";
/**
     *查询数据库，将结果集存储到 DefaultTableModel 对象中
     *返回 DefaultTableModel
     */
      public DefaultTableModel sQuery()throws Exception{
         String sqlStatement="select EmployeeID,LastName,FirstName from Employees;";
         Vector vName=new Vector();
         DefaultTableModel tableModel=new DefaultTableModel(vName,0);      //创建数据元
         try{
             Class.forName(strDriver);                //加载驱动程序
             con = DriverManager.getConnection(strURL, user, password);      //获取数据库连接
              DatabaseMetaData metadata=con.getMetaData();       //获取数据库元数据
              st=con.createStatement();               //创建语句对象
              rs=st.executeQuery(sqlStatement);  //执行查询语句
              tableModel.addRow(vName);          //表模型的列名，即属性名
              ResultSetMetaData    rsmt = rs.getMetaData();           //获取结果集元数据
              int k=rsmt.getColumnCount();          //字段个数
              for(int i=1;i<=k;i++) { vName.addElement(rsmt.getColumnLabel(i));} //添加列名
              while(rs.next()){
                  Vector vData=new Vector();      //保存一行数据
                  for(int i=1;i<=k;i++){ vData.addElement(rs.getObject(i));   }
                  tableModel.addRow(vData);       //添加列名到 tableModel
             }
             rs.close();
             con.close();                             //关闭数据库连接
             if(tableModel.getRowCount()<=1){
                //如果没有记录，则弹出消息对话框
```

```
                    JOptionPane.showMessageDialog(null," 没 有 此 记 录 !!"," 系 统 提 示 ",JOptionPane.
INFORMATION_MESSAGE);
                    }
                }
                catch(SQLException e){ e.printStackTrace();   return null;   }
                return tableModel;
            }
            public static void main(String args[]) throws Exception{
                JFrame frame = new JFrame("顺序查询");
                frame.setSize(400, 300);         //设置窗口大小
                frame.setVisible(true);          //使窗口可见
                frame.validate();
                frame.setDefaultCloseOperation(JFrame.EXIT_ON_CLOSE);

                DefaultTableModel tableModel=null;
                SeqQuery q=new SeqQuery();

                tableModel=q.sQuery();           //生成表模型
                JTable jTable=new JTable(tableModel);//根据 tableModel 创建并初始化 JTable

                jTable.setVisible(true);
                jTable.setRowHeight(30);
                frame.add(jTable);               //把表添加到窗口中
                if(jTable.getRowCount()<=0){
                JOptionPane.showMessageDialog(null,"没有数据","系统提示",JOptionPane.INFORMATION_
MESSAGE);
                }
            }
        }
```

16.4.2 游动查询

有时需要在结果集中前后移动游标，以便获取某条记录。此时必须返回一个可滚动的结果集。为了获取可滚动的结果集，必须使用下述方法先获得一个 Statement 对象。

```
Statement   stmt= conn．createStatement(int type, int   concurrency )；
```

通过上述 Statement 对象获得可滚动结果集（ResultSet），ResultSet 类的方法介绍如下：

- public boolean previous()：将游标向上移动。游标指向第一行之前时返回 false。
- public void beforeFirst()：将游标移到结果集的初始位置，即在第一行之前。
- public void afterLast()：将游标移到结果集最后一行之后。
- public void first()：将游标移到结果集的第一行。
- public void last()：将游标移到结果集的最后一行。
- public boolean isAfterLast()：判断游标是否在最后一行之后。
- public boolean isBeforeFirst()：判断游标是否在第一行之前。

- public boolean isFirst()：判断游标是否指向结果集的第一行。
- public boolean isLast()：判断游标是否指向结果集的最后一行。
- public int getRow()：返回游标当前所指向的行号。行号从 1 开始，如果结果集没有记录，则返回 0。
- public boolean absolute(int row)：将游标移到参数 row 指定的行号。如果 row 取负值，则代表倒数的行数。例如，asolute(−1)表示移到最后一行，asolute(−2)表示移到倒数第二行。当移到第一行前面或最后一行的后面时，该方法返回 false。

【例 16-3】 游动查询。

程序清单 16-3　ScrollQuery.java

```
import java.sql.*;
public class ScrollQuery {
    static String strDriver = "com.microsoft.jdbc.sqlserver.SQLServerDriver";
    static String strURL = "jdbc:sqlserver://127.0.0.1:1433;DatabaseName=Northwind";
    static String user = "sa";
    static String password = "";
    public static void main(String[] args) {
      Connection connDB = null;
      Statement sql = null;
      ResultSet rs = null;
      ResultSetMetaData rsmt = null;
      //加载驱动程序类
    try {
          Class.forName(strDriver);     System.out.println("加载驱动程序......成功！");
      }
    catch (java.lang.ClassNotFoundException e)
     {    System.err.print("ClassNotFoundException:"); System.err.println(e.getMessage());
      }
    // 连接到指定数据源
    try {
          connDB = DriverManager.getConnection(strURL, user, password);
          System.out.println("数据库连接......成功！");        System.out.println();
      }
    catch (SQLException se) {    System.out.println("无法连接数据库！");      }
     // 创建可滚动的 ResultSet
     try {
          // 创建可滚动的语句对象
          //该语句对象生成的结果集（ResultSet）中的游标可以上下移动
          sql = connDB.createStatement(ResultSet.TYPE_SCROLL_INSENSITIVE,
                                              ResultSet.CONCUR_READ_ONLY);
          //执行查询语句
          rs = sql.executeQuery("select EmployeeID,LastName,FirstName from Employees");
          rsmt = rs.getMetaData();
          int columns = rsmt.getColumnCount();
          for (int i = 1; i <= columns; i++) {
```

```
                    System.out.print(rsmt.getColumnLabel(i) + " "+ "\t");
                }
            System.out.println("\n----------------");
            //下面使用 ResultSet 的 next()方法实现顺序查询
            while (rs.next()) {
                    for (int i = 1; i <= columns; i++) { System.out.print(rs.getString(i) + "      "+ "\t"); }
                     System.out.println();
                }
            System.out.println("------------------");
           //rs.previous()方法使游标向上移动
            while (rs.previous()) {
                for (int i = 1; i <= columns; i++) { System.out.print(rs.getString(i) + "      " + "\t");    }
                System.out.println();
            }
             System.out.println("----------------");
           //absolute(int rand)游标移至某个记录
             int rand = (int) (Math.random() * 10);
             System.out.println("rand" + rand);
             nt randTimes = 0;
             while (rs.absolute(rand)) {
                 rand = (int) (Math.random() * 10);
                 for (int i = 1; i <= columns; i++) { System.out.print(rs.getString(i) + "      " + "\t"); }
                 System.out.println();
                 randTimes++;
                 if(randTimes>columns)break;
             }
             System.out.println("----------------");       connDB.close();
        }
      catch (SQLException se) {    se.printStackTrace();    }
    }
}
```

16.4.3 排序查询

可以在 SQL 语句中使用 ORDER BY 子语句对记录进行排序。

【例 16-4】 排序地查询。

程序清单 16-4　OrderQuery.java

```
import java.sql.*;    import java.util.Vector;    import javax.swing.JFrame;
import javax.swing.JOptionPane;    import javax.swing.JTable;
import javax.swing.table.DefaultTableModel;
/**
 *TableModel 的一个实现，它使用一个 Vector 来存储单元格的值对象
 *addRow(Object[] rowData) 添加一行到模型的结尾。
 *JTable 用来显示和编辑常规二维单元表，new JTable(TableModel dm) 构造一个 JTable，
 *使用数据模型 dm、默认的列模型和默认的选择模型对其进行初始化。
```

```
 *
 */
public class OrderQuery {
      Connection con;          //连接对象
      Statement st;            //语句对象
      ResultSet rs;            //结果集
      static String strDriver = "com.microsoft.jdbc.sqlserver.SQLServerDriver";//驱动程序
      static String strURL = "jdbc:sqlserver://127.0.0.1:1433;DatabaseName=Northwind";
      static String user = "sa";
      static String password = "";
      /**
           *查询数据库，将结果集存储到 DefaultTableModel 对象中
           *返回 DefaultTableModel
           */
      public DefaultTableModel sQuery()throws Exception{
          //根据 LastName 进行排序
String sqlStatement="select EmployeeID,LastName,FirstName from Employees
 order by LastName";
          Vector vName=new Vector();
//下面是创建一个 DefaultTableModel
DefaultTableModel tableModel=new DefaultTableModel(vName,0);
          try{
                       Class.forName(strDriver);        //加载驱动程序
                       con = DriverManager.getConnection(strURL, user, password);//获取数据库连接
                    DatabaseMetaData metadata=con.getMetaData();  //获取数据库元数据
                 st=con.createStatement();               //创建语句对象
                 rs=st.executeQuery(sqlStatement);  //执行查询语句
                 tableModel.addRow(vName);          //表模型的列名，即属性名
                 ResultSetMetaData    rsmt = rs.getMetaData();          //获取结果集元数据
                 int k=rsmt.getColumnCount();         //字段个数
                 //添加列名
                 for(int i=1;i<=k;i++) { vName.addElement(rsmt.getColumnLabel(i));    }
                 while(rs.next())
                   {
                      Vector vData=new Vector();     //保存一行数据
                      for(int i=1;i<=k;i++){ vData.addElement(rs.getObject(i)); }
                      tableModel.addRow(vData);     //添加列名到 tableModel
                   }
                 rs.close();
                 con.close();                             //关闭数据库连接
                 if(tableModel.getRowCount()<=1)
                 {
                    //如果没有记录，则弹出消息对话框
                    JOptionPane.showMessageDialog(null,"没有此记录!!","系统提示"，JOptionPane.
INFORMATION_ MESSAGE);
                 }
```

```
            }
            catch(SQLException e){    e.printStackTrace();    return null;        }
            return tableModel;
        }
        public static void main(String args[]) throws Exception{
            JFrame frame = new JFrame("排序查询");
            frame.setSize(400, 300); //设置窗口大小
            frame.setVisible(true); //使窗口可见
            frame.validate();
            frame.setDefaultCloseOperation(JFrame.EXIT_ON_CLOSE);
            DefaultTableModel tableModel=null;
            OrderQuery q=new OrderQuery();
            tableModel=q.sQuery();//生成表模型
            JTable jTable=new JTable(tableModel);//根据 tableModel 创建并初始化 JTable

            jTable.setVisible(true);    jTable.setRowHeight(30); frame.add(jTable);//把表添加到窗口中
            if(jTable.getRowCount()<=0){
            JOptionPane.showMessageDialog(null,"没有数据","系统提示",JOptionPane.INFORMATION_
MESSAGE);
            }
        }
    }
```

16.4.4 模糊查询

可以用 SQL 语句操作符“like”进行模式匹配，用“%”代替一个或多个字符，用下划线“_”代替一个字符。例如，下面的 SQL 语句可用来查询姓氏为“王”的记录。

```
    Select  *  from  students  where  name  like  '王%'
```

关于通配符介绍如下：

- 字符“%”和“_”类似于 SQL LIKE 子句中的通配符。“%”匹配一个或多个字符，“_”匹配一个字符。
- 可以在查询语句中的条件子句使用 LIKE 进行模式般配，以获得一组有相似属性的记录。

【例 16-5】 模糊查询，查找 LastName 字段中含有字母 C 的记录。

程序清单 16-5 MQuery.java

```
    import java.sql.*;
    public class MQuery {
        static String strDriver = "com.microsoft.jdbc.sqlserver.SQLServerDriver";
        static String strURL = "jdbc:sqlserver://127.0.0.1:1433;DatabaseName=Northwind";
        static String user = "sa";
    static String password = "";
```

```
    public static void main(String[] args) {
    Connection connDB = null;
    Statement sql = null;
    ResultSet rs = null;
    ResultSetMetaData rsmt = null;
    //加载驱动程序类
    try {
          Class.forName(strDriver);
          System.out.println("加载驱动程序......成功！ ");
       }
     catch (java.lang.ClassNotFoundException e)
       {
          System.err.print("ClassNotFoundException:");
          System.err.println(e.getMessage());
       }
    // 连接到指定数据源
    try {
           connDB = DriverManager.getConnection(strURL, user, password);
          System.out.println("数据库连接......成功！ ");
          System.out.println();
       }
     catch (SQLException se) {  System.out.println("无法连接数据库！ ");     }
     //模糊查询，查找 LastName 中含有字母 C 的记录
     try {
           sql = connDB.createStatement();
           rs = sql.executeQuery("select EmployeeID,LastName,FirstName from Employees
           where LastName like   '%C%'");
           rsmt = rs.getMetaData();
           int columns = rsmt.getColumnCount();
           while (rs.next()) { // boolean java.sql.ResultSet.next()
               for (int i = 1; i <= columns; i++) {
                  System.out.print("(" + rsmt.getColumnLabel(i) + ")"+
                  rs.getString(rsmt.getColumnLabel(i)) + " \t");
               }
               System.out.println();
          }
          connDB.close();
       }
   catch (SQLException se) {     se.printStackTrace();    }
  }
}
```

16.5 数据库更新

数据更新操作包括添加数据、删除数据和修改数据。

16.5.1 添加数据

添加数据是指向表中添加记录。其语法格式如下：

```
insert into tablename(column[,column...]) values(value[,value...])
```

其中，tablename 表示将要插入数据的表名称，column 是指要对其进行操作的表中的列名称，value 是指将要插入的与 column 对应的数据值。

- 可以省略所有的列，这时默认对全部的列插入数据，所以要提供所有列的数据。
- 使用 insert 语句一次只能插入一行数据。
- 执行增、删、改操作要使用 Statement 对象的 public int executeUpdate(String sqlStatement) 方法，通过参数 sqlStatement 指定的方式实现向数据库表中增、删、改数据。

【例 16-6】 添加数据。

程序清单 16-6　Insert.java

```
import java.sql.*;
public class Insert {
        static String strDriver = "com.microsoft.jdbc.sqlserver.SQLServerDriver";
        static String strURL = "jdbc:sqlserver://127.0.0.1:1433;DatabaseName=Northwind";
        static String user = "sa";
        static String password = "";
        public static void main(String[] args) {
        Connection connDB = null;
        Statement sql = null;
        ResultSet rs = null;
        ResultSetMetaData rsmt = null;
        try {
                Class.forName(strDriver);
                System.out.println("加载驱动程序......成功！");
            }
         catch (java.lang.ClassNotFoundException e)
           {
               System.err.print("ClassNotFoundException:");
               System.err.println(e.getMessage());
           }
        // 连接到指定数据源
        try {
               connDB = DriverManager.getConnection(strURL, user, password);
               System.out.println("数据库连接......成功！");          System.out.println();
            }
         catch (SQLException se) {  System.out.println("无法连接数据库！");       }
         //顺序查询
        try {
               sql = connDB.createStatement();
               System.out.println("插入前");
```

```
                rs = sql.executeQuery("select EmployeeID,LastName,FirstName from Employees");
                rsmt = rs.getMetaData();
                int columns = rsmt.getColumnCount();
                while (rs.next()) { // boolean java.sql.ResultSet.next()
                    for (int i = 1; i <= columns; i++) {
                        System.out.print("(" + rsmt.getColumnLabel(i) + ")"+
                        rs.getString(rsmt.getColumnLabel(i)) + " \t");
                    }
                    System.out.println();
                }
                //执行插入
                System.out.println("\n 执行 sql 语句："+ "insert into
                 Employees (LastName,FirstName)values('Bruce','Li')");
                sql.executeUpdate("insert into Employees (LastName,FirstName)values('Bruce','li')");
                System.out.println("执行成功!\n");

                System.out.println("插入之后\n");
                rs = sql.executeQuery("select EmployeeID,LastName,FirstName from Employees");
                rsmt = rs.getMetaData();
                columns = rsmt.getColumnCount();
                while (rs.next()) {
                    for (int j = 1; j < columns; j++) {System.out.print(rs.getString(j) + "    " + "\t");      }
                    System.out.println();
                }
                connDB.close();
            }
        catch (SQLException se) {    se.printStackTrace();    }
    }
}
```

16.5.2 删除数据

删除表中的某些数据的语法格式如下：

```
delete from tablename where condition
```

其中，table 是指要被删除的表名称。condition 是指将要被删除的数据应该满足的条件，如果为空则删除表中所有数据。

【例 16-7】 删除数据。

程序清单 16-7　Delete.java

```
import java.sql.*;
public class Delete {
            static String strDriver = "com.microsoft.jdbc.sqlserver.SQLServerDriver";
    static String strURL = "jdbc:sqlserver://127.0.0.1:1433;DatabaseName=Northwind";
    static String user = "sa";
```

```
static String password = "";
    public static void main(String[] args) {
    Connection connDB = null;
    Statement sql = null;
    ResultSet rs = null;
    ResultSetMetaData rsmt = null;
    try {
        Class.forName(strDriver);
        System.out.println("加载驱动程序......成功！ ");
      }
    catch (java.lang.ClassNotFoundException e) {
        System.err.print("ClassNotFoundException:");
        System.err.println(e.getMessage());
     }
    // 连接到指定数据源
    try {
         connDB = DriverManager.getConnection(strURL, user, password);
        System.out.println("数据库连接......成功！ ");
        System.out.println();
      }
    catch (SQLException se) {    System.out.println("无法连接数据库！ ");      }
    //顺序查询
    try {
        sql = connDB.createStatement();
        System.out.println("删除前");
        rs = sql.executeQuery("select EmployeeID,LastName,FirstName from Employees");
        rsmt = rs.getMetaData();
        int columns = rsmt.getColumnCount();
        while (rs.next()) { // boolean java.sql.ResultSet.next()
            for (int i = 1; i <= columns; i++) {
              System.out.print("(" + rsmt.getColumnLabel(i) + ")"+
              rs.getString(rsmt.getColumnLabel(i)) + " \t");
            }
            System.out.println();
        }
        //删除数据
        System.out.println("\n 执行 sql 语句："+ "delete from    Employees where FirstName='Li'");
        sql.executeUpdate("delete from    Employees where FirstName='Li'");
        System.out.println("执行成功!\n");
        System.out.println("删除之后:");
        rs = sql.executeQuery("select EmployeeID,LastName,FirstName from Employees");
        rsmt = rs.getMetaData();
        columns = rsmt.getColumnCount();
        while (rs.next()) {
          for (int j = 1; j < columns; j++) {System.out.print(rs.getString(j) + "      " + "\t");}
          System.out.println();
```

```
            }
            connDB.close();
        }
        catch (SQLException se) {    se.printStackTrace();    }
    }
}
```

16.5.3 修改数据

修改数据是指根据表中某一关键字，修改满足某些条件的记录。语句格式如下：

```
update tablename set column=value[,column=value...] where condition
```

其中，table 是指要更新数据的表名称，column 是指将要更新的表中的列名称，value 是指该列指定的值或子查询，condition 是指将要更新的数据应该满足的条件。

【例 16-8】 修改数据。

程序清单 16-8　Update.java

```
import java.sql.*;
public class Update {
    static String strDriver = "com.microsoft.jdbc.sqlserver.SQLServerDriver";
    static String strURL = "jdbc:sqlserver://127.0.0.1:1433;DatabaseName=Northwind";
    static String user = "sa";
    static String password = "";
    public static void main(String[] args) {
    Connection connDB = null;
    Statement sql = null;
    ResultSet rs = null;
    ResultSetMetaData rsmt = null;
    //加载驱动程序类
    try {
        Class.forName(strDriver);    System.out.println("加载驱动程序......成功！");
        }
    catch (java.lang.ClassNotFoundException e) {
        System.err.print("ClassNotFoundException:");
        System.err.println(e.getMessage());
        }
    // 连接到指定数据源
    try { connDB = DriverManager.getConnection(strURL, user, password);
        System.out.println("数据库连接......成功！");        System.out.println();
        }
    catch (SQLException se) {    System.out.println("无法连接数据库！");    }
    //顺序查询
    try {  sql = connDB.createStatement();    System.out.println("更新前");
        rs = sql.executeQuery("select EmployeeID,LastName,FirstName
                    from Employees where EmployeeID = 5");
```

```
            rsmt = rs.getMetaData();
                int columns = rsmt.getColumnCount();
                while (rs.next()) { // boolean java.sql.ResultSet.next()
                    for (int i = 1; i <= columns; i++) {
                        System.out.print("(" + rsmt.getColumnLabel(i) + ")"+
                        rs.getString(rsmt.getColumnLabel(i)) + " \t");
                    }
                    System.out.println();
                }
                //使用 executeUpdate()方法更新数据
                System.out.println("修改员工号为 5 的员工的 LastName : update Employees
                            set LastName = 'Bruce' where EmployeeID = 5");
                sql.executeUpdate("update Employees set LastName = 'Bruce' where EmployeeID = 5");
                System.out.println("更新后：");
                rs = sql.executeQuery("select EmployeeID,LastName,FirstName
                              from Employees where EmployeeID = 5");
                rsmt = rs.getMetaData();
                columns = rsmt.getColumnCount();
                while (rs.next()) {
                    for (int j = 1; j < columns; j++) {System.out.print(rs.getString(j) + "      " + "\t");}
                    System.out.println();
                }
                connDB.close();
            }
            catch (SQLException se) {   se.printStackTrace();   }
        }
    }
```

16.6 高级连接管理

综合前面几节所讲内容，下面通过窗口实现使用 JDBC 对数据库进行各种基本操作。主要涉及以下几个知识点：

- 创建表、删除表的语句也可以通过下面的格式实现

```
Statement.executeUpdate(String arg0) // arg0 代表创建表、或删除表的 SQL 语句
```

- 创建表的格式

```
create table table_name (column_name type[constraint] ... );
```

- 删除表的格式

```
drop table table_name[restrict|cascade]
```

提示：Oracle 中只能用 cascade，默认的是 restrict。

【例 16-9】 高级应用。

程序清单 16-9 Apply.java

```
import java.sql.*;   import javax.swing.*;   import java.awt.*;
import java.awt.event.*;   import java.util.*;
public class Apply extends JFrame implements ActionListener {
  //数据库变量定义
  private Connection connection;
  private Statement statement;
  private ResultSet resultSet;
  private ResultSetMetaData rsMetaData;
  //GUI 变量定义
  private JTable table;
  private JLabel label;
  private JTextField jInput;
  private JButton submitQuery;
  private JButton submitDelete;
  public Apply() {
     super("输入 FirstName 提交进行查询，删除");           //Form 的标题
     //URL 中指定 JDBC 中设置的 DSN 名称
     String strURL = "jdbc:sqlserver://127.0.0.1:1433;DatabaseName=Northwind";
     String user = "sa";
     String password = "";
     //加载驱动程序以连接数据库
     try {
           Class.forName("com.microsoft.jdbc.sqlserver.SQLServerDriver");
           connection = DriverManager.getConnection(strURL, user, password);
        }
        //捕获加载驱动程序异常
     catch (ClassNotFoundException cnfex) {
           System.err.println("装载 驱动程序失败。");
           cnfex.printStackTrace();
           System.exit(1); // terminate program
        }
       //捕获连接数据库异常
     catch (SQLException se) {
           System.err.println("无法连接数据库");
           se.printStackTrace();
           System.exit(1); // terminate program
        }
     /**如果数据库连接成功，则建立 GUI */
     String test = "select EmployeeID,LastName,FirstName from Employees";//SQL 语句
     jInput = new JTextField();
     submitQuery = new JButton("查询");
     submitDelete = new JButton("删除");
```

```
        //Button 事件
        submitQuery.addActionListener(this);     submitDelete.addActionListener(this);

        JPanel topPanel = new JPanel();
        JPanel submitPanel = new JPanel();
        topPanel.setLayout(new BorderLayout());
        submitPanel.setLayout(new GridLayout(1, 2));

        //将"输入查询"编辑框布置到 "CENTER"
        topPanel.add(jInput, BorderLayout.CENTER);
        topPanel.add(new Label("FirstName:"), BorderLayout.NORTH);
        //将"提交"按钮加到"提交"面板中,再布置到 topPanel 的 SOUTH
        submitPanel.add(submitDelete);
        submitPanel.add(submitQuery);
        topPanel.add(submitPanel, BorderLayout.SOUTH);
        table = new JTable();
        Container c = getContentPane();
        c.setLayout(new BorderLayout());
        //将 topPanel 编辑框布置到 NORTH
        c.add(topPanel, BorderLayout.NORTH);
        //将 table 编辑框布置到 CENTER
        c.add(table, BorderLayout.CENTER);
        getTableQuery();
        setSize(500, 300);       setVisible(true);
    }
    public void actionPerformed(ActionEvent e) {
        if (e.getSource()== submitQuery) { getTableQuery();   }
        if (e.getSource()== submitDelete) { getTableUpdate();   }
    }
    private void getTableQuery() {
        try {
            //执行 SQL 语句
            //String query = jInput.getText();
            String text = jInput.getText();
            String query = "select EmployeeID,LastName,FirstName
            from Employees where FirstName like'%"+text+"%'";
            statement = connection.createStatement();
            resultSet = statement.executeQuery(query);
            displayResultSet(resultSet);   //在表格中显示查询结果
        }
        catch (SQLException se) {   se.printStackTrace();   }
    }
    private void getTableUpdate() {
        try {
            //执行 SQL 语句
            String text = jInput.getText();
```

```
            String query = "delete from    Employees where FirstName='"+text+"'";
            statement = connection.createStatement();
            int nResultLine = statement.executeUpdate(query);

            //在输入框中显示查询结果
            jInput.setText("已经删除" + nResultLine + "行");
        }
        catch (SQLException se) {    se.printStackTrace();    }
}
private void displayResultSet(ResultSet rs) throws SQLException {

        boolean moreRecords = rs.next();        //定位到达第一条记录
        //如果没有记录，则提示一条消息
        if (!moreRecords) {
            JOptionPane.showMessageDialog(this, "结果集中无记录");
            setTitle("无记录显示");
            return;
        }
        Vector columnHeads = new Vector();
        Vector rows = new Vector();
        try {
            //获取字段的名称
            ResultSetMetaData rsmd = rs.getMetaData();
            for (int i = 1; i <= rsmd.getColumnCount(); ++i)
                columnHeads.addElement(rsmd.getColumnName(i));
            //获取记录集
            do {
                rows.addElement(getNextRow(rs, rsmd));
            } while (rs.next());
            //在表格中显示查询结果
            table = new JTable(rows, columnHeads);
            JScrollPane scroller = new JScrollPane(table);
            Container c = getContentPane();
            c.remove(1);
            c.add(scroller, BorderLayout.CENTER);
            c.validate();                    //刷新 Table
        }
         catch (SQLException se) {
            while (se != null) {
                System.out.println("数据库异常被捕获了");
                System.out.println(se.getSQLState());
                System.out.println(se.getMessage());
                System.out.println(se.getErrorCode());
                se = se.getNextException();
            }
        }
```

```
    }
    private Vector getNextRow(ResultSet rs, ResultSetMetaData rsmd) throws SQLException {
        Vector currentRow = new Vector();
        for (int i = 1; i <= rsmd.getColumnCount(); ++i) currentRow.addElement(rs.getString(i));
            return currentRow; //返回一条记录
    }
    public void shutDown() {
        try {   //断开数据库连接
            connection.close();
            }
         catch (SQLException se)
            {
              System.err.println("Unable     to     disconnect");          se.printStackTrace();
            }
    }
    public static void main(String args[]) {
        final Apply app = new Apply();
        app.addWindowListener(new WindowAdapter() {
            public void windowClosing(WindowEvent e) {
                app.shutDown();   System.exit(0);
            }
        });
    }
}
```

程序运行结果如图 16-6 所示。

输入FirstName提交进行查询，删除

FirstName:

删除 查询

EmployeeID	LastName	FirstName
1	Davolio	Nancy
2	Fuller	Andrew
3	Leverling	Janet
4	Peacock	Margaret
5	Bruce	Steven
6	Suyama	Michael
7	King	Robert
8	Callahan	Laura
9	Dodsworth	Anne

图 16-6　例 16-9 运行结果

16.7　本章小结

JDBC（API）是由 Java 接口组成的，每种数据库引擎均可通过实现 JDBC 接口来定义一个类，这个类被称为 JDBC 驱动程序。当采用 JDBC 建立数据连接时，可以不考虑底层操

作部分，而只需针对应用程序进行设计即可。

客户端连接数据库前，必须首先设置数据库引擎，然后再建立数据库，最后安装 JDBC 驱动程序。按 JDBC 驱动程序的不同，客户端与数据库服务器有 4 种不同连接方式。

16.8 习题

1．描述下面的 JDBC 接口：Driver、Connection、Statement 和 ResultSet。

2．如何创建一个数据库的链接对象？MySOL、Access 和 Oracle 的 URL 是什么？

3．DatabaseMetaData 的作用是什么？描述 DatabaseMetaData 中的方法。如何得到 DatabaseMataData 的一个实例？举例说明。

4．ResultSetMataData 的作用是什么？描述 ResultSetMataData 中的方法。如何得到 ResultSetMataData 的一个实例？举例说明。

5．如何创建一个可滚动的结果集？如何创建一个可更新的结果集？举例说明。

6．如何创建一个可滚动并可更新 ResultSet？举例说明。

7．如何在结果集中求得列的数目？如何在结果集中求得列的名称？举例说明。

8．如何把图像存储到一个数据库中？如何从一个数据库检索图像？举例说明。

第 17 章　多媒体技术

多数语言没有内置多媒体功能，Java 语言支持多媒体功能。多媒体文件主要是指图像和音频文件。多媒体应用主要包括：绘制动画、播放音频、图像制作和播放。

17.1　小程序媒体技术

音频信息存储在文件中。Java2 能播放的音频文件有 WAV、AIFF、MIDI、AU 和 RMT 格式。实际应用中，播放音频文件有两种方式：在小程序中播放音频文件和在应用程序中播放音频文件。

17.1.1　播放音频

Applet 类中有三个重要方法，常用于音频播放 play 方法、读取音频文件的位置（URL）。可以通过 getCodeBase()方法和 getDocumentBase()方法获取音频文件的位置。

1．播放音频文件

方法 play 用于播放音频文件，其格式如下：

```
public    void play(URL    url, String    filename);
```

该方法从网络位置的 url 处下载音频文件 filename 播放。若找不到文件什么也不做。

注意：Java 安全机制规定，浏览器只允许从存放网页文件（HTML 文件）的目录或子目录中读取文件。

2．读取音频文件的位置（url）

下面是获取音频文件所在的 URL 的两种方法。

（1）获取 Applet 主类字节码文件所在目录

方法 getCodeBase()获取 Applet 主类字节码文件所在的目录作为 url 值。例如：

```
play(getCodeBase(), "soundfile.au");   //音频文件的 URL 通过 getCodeBase(),获取
```

要播放的音频文件 soundfile.au 与 Applet 主类字节码文件在同一目录。

（2）获取网页文件所在目录

方法 getDocumentBase()获取包含 Applet 小程序的网页文件所在的目录作为 url 值。例如：

```
play(getDocumentBase(),"soundfile.au"); //音频文件的 URL 通过 getDocumentBase(),获取
```

要播放的音频文件 soundfile.au 与网页文件在同一目录。

3．音频剪辑

每次播放音频文件时都要通过方法 play(URL url, String filename)下载音频文件，如果希望多次播放音频，可以为音频文件创建一个音频剪辑对象，其中音频对象可以反复使用。

创建音频剪辑的方法如下：

（1）使用绝对 url 指定音频文件

```
public AudioClip    getAudioClip(URL url);
```

该 url 包含音频文件所在的网络位置和音频文件名。

（2）使用相对 url 指定音频文件

```
public AudioClip    getAudioClip(URL url, String    name);
```

该方法使用 getCodeBase()或者 getDocumentBase()方法读取 url（相对 URL）。name 是要播放的音频文件名。

4．AudioClip 类

Java.applet 包中的 AudioClip 类包含三个方法，用于控制音频剪辑中的声音。

- public void   play()：每次调用播放音频剪辑一次。
- public void   loop()：重复播放剪辑。
- public void   stop()：停止播放剪辑。

【例 17-1】 显示走动的时钟。在时钟是整时、整分时，通过播放音频文件报时。

程序清单 17-1   ClockAppletWithAudio.java

```
import java.applet.*;import java.awt.*;import java.util.*;
public class ClockAppletWithAudio extends CurrentTimeApplet
{
  // 创建音频剪辑数组
  protected AudioClip[] hourAudio = new AudioClip[12];
  protected AudioClip minuteAudio;
  protected AudioClip amAudio;
  protected AudioClip pmAudio;
  ClockWithAudio clock; // 声明一个时钟
  public void init()
  {
    super.init();
    //创建用于时针报时的音频剪辑。音频文件构造音频剪辑对象
    for (int i=0; i<12; i++)    hourAudio[i] = getAudioClip(getCodeBase(), "timeaudio/hour"+i+".au");

    // 为上午和下午报时，创建音频剪辑
    amAudio = getAudioClip(getCodeBase(), "timeaudio/am.au");
    pmAudio = getAudioClip(getCodeBase(), "timeaudio/pm.au");
  }

  // 覆盖父类方法 createClock
  public void createClock()
```

```
{
   getContentPane().add(clock = new ClockWithAudio(locale, timeZone, this));
}

public void announceTime(int s, int m, int h) //该方法实现报时。每分钟报时一次
{
   if (s == 0)
   {
      hourAudio[h%12].play();// 时针报时
      // 加载分针报时文件，并创建分针报时剪辑对象
      minuteAudio = getAudioClip(getCodeBase(), "timeaudio/minute"+m+".au");

      // 允许时针报时完成后的延迟时间
      try
      {
         Thread.sleep(1500);
      }
      catch(InterruptedException ex)
      {       }

      minuteAudio.play();// 分针报时

      // 允许分针报时完成后的延迟时间
      try
      {
         Thread.sleep(1500);
      }
      catch(InterruptedException ex)
      {       }

      // 上午、下午报时
      if (h < 12)
         amAudio.play(); //执行上午报时的音频剪辑
      else
         pmAudio.play();//执行下午报时的音频剪辑
   }
}
public void start()// 启动线程
{
   clock.resume();
}
public void stop()// 挂起线程
{
   clock.suspend();
}
}
```

程序清单 17-2　ClockWithAudio.java（显示时钟，并报时）

```
import java.awt.*;import java.util.*;import java.text.*;
public class ClockWithAudio extends Clock
{
  protected ClockAppletWithAudio applet;

  // 用指定的地区、时区、时钟所在的容器创建一个时钟
  public ClockWithAudio(Locale locale, TimeZone timeZone, ClockAppletWithAudio applet)
  {
    super(locale, timeZone); // 调用父类构造方法
    this.applet = applet; //时钟所在的容器
  }

  // 修改 paintComponent()方法，时钟重画时，实现报时
  public void paintComponent(Graphics g)
  {
     super.paintComponent(g); // 调用父类的 paintComponent 方法

    // 获得当前时间
    GregorianCalendar calendar = new GregorianCalendar(timeZone);

    // 获得 second, minute and hour
    int s = (int)calendar.get(GregorianCalendar.SECOND);
    int m = (int)calendar.get(GregorianCalendar.MINUTE);
    int h = (int)calendar.get(GregorianCalendar.HOUR_OF_DAY);

    applet.announceTime(s, m, h); //每当时钟重画时，就调用该方法，实现报时
  }
}
```

该例子包含两个类。ClockAppletWithAudio 类扩展了 CurrentTimeApplet 类，它提供了报时功能。ClockWithAudio 类扩这了 Clock 类，每当时钟重画时，调用报时功能。

CurrentTimeApplet 和 Clock 在第 13 章中已经定义。

所有的音频文件都保存在 timeaudio 目录中。时针对应的 12 个音频文件在 hour0.au、hour1.au、hour2.au、…hour11.au 中。上午、下午音频文件保存在 am.au 和 pm.au 中。

分针报时对应的音频文件在 minute1.au、minute2.au、…minute59.au 中。

17.1.2　显示图像

为了在小程序中显示图像，需要用 Applet 类的方法 getImage()从 Intenet 上装入一个图像。

1．装入图像文件

getImage()方法装入图像文件的两种格式如下：

- public Image　getImage(URL url)：从指定的 URL 装入图像。

● public Image getImage(URL url,String filename)：从给定的 URL 装入指定的图像文件。

加载图像文件，创建图像的图标（ImageIcon）的示例如下：

```
Image        image=getImage(url, filename); //加载图像文件
ImageIcon    imageIcon=new ImageIcon(image);//创建图像的图标对象
```

2．绘制图像

Graphics 类的 drawImage()方法用于绘制图像，该方法的四种格式如下：

● drawImage(Image img,int x,int y,Color bgcolor, ImageObserver observer)。
● drawImage(Image img,int x,int y, ImageObserver observer)。
● drawImage(Image img,int x,int y,int w,int h, ImageObserver observer)。
● drawImage(Image img,int x,int y,int w,int h, Color bgcolor, ImageObserver observer)。

方法的作用是在指定位置绘制图像。其中，x,y 指定图像的左上角坐标，Bgcolor 指定图像的背景色，observer 是显示图像的对象，w,h 指定图像的矩形区域。

Component 类实现了接口 ImageObserver，因此，每个 GUI 组件都是 ImageObserver 的实例。

【例 17-2】 在 Applet 中显示图像。用户在文本框中输入文件名，程序在面板上显示图像。

程序清单 17-3　DisplayImageApplet.java

```
import java.awt.*;import java.awt.event.*;import javax.swing.*;
import javax.swing.border.LineBorder;
public class DisplayImageApplet extends JApplet    implements ActionListener
{
  private ImagePanel imagePanel = new ImagePanel();              // 显示图像的面板
  private JTextField jtfFilename = new JTextField(20);           // 输入图像文件的文本框
  private JButton jbtShow = new JButton("Show Image");          // 单击该按钮，显示图像

  public void init()            // 初始化 applet
  {  // 面板 p1 包含文本框和按钮
    JPanel p1 = new JPanel();
    p1.setLayout(new FlowLayout());
    p1.add(new Label("图像文件名"));
    p1.add(jtfFilename);      p1.add(jbtShow);

    // 将显示图像的面板和包含按钮的面板加入 Applet 容器
    getContentPane().add(imagePanel, BorderLayout.CENTER);
    getContentPane().add(p1, BorderLayout.SOUTH);

    imagePanel.setBorder(new LineBorder(Color.black, 1)); // 为面板 imagePane 设置边框

    //为文本框和按钮注册监听器
    jbtShow.addActionListener(this);
```

```
        jtfFilename.addActionListener(this);
    }

    public void actionPerformed(ActionEvent e) // 处理行为事件
    {
        if ((e.getSource() instanceof JButton) ||   (e.getSource() instanceof   JTextField))
            displayImage();
    }

    private void displayImage()// 在面板中显示图像的方法
    {
        // 加载图像
        Image image = getImage(getCodeBase(),   jtfFilename.getText().trim());
        imagePanel.showImage(image); // 在面板中显示图像
    }
}

class ImagePanel extends JPanel// 显示图像的面板
{
    private String filename; //图像文件名
    private Image image = null; // 图像对象
    public ImagePanel()
    {  }
    public void showImage(Image image) // 设置和显示图像
    {
        this.image = image;       repaint(); // repaint()执行时自动调用 paintComponent()方法
    }
    public void paintComponent(Graphics g) // 在面板上绘制图像
    {
        super.paintComponent(g);
        if (image != null)        g.drawImage(image, 0, 0, getWidth(), getHeight(), this);//绘制图像
    }
}
```

17.2 应用程序媒体技术

在应用程序中只能使用 java.lang.Class 类装入音频或图像文件。虚拟机在装入一个类或接口时，都会为每个或接口创建一个 Class 类的实例。这个实例描述了被装入的那个类或接口的信息，比如，被装入类的成员变量、方法、类名称等信息。

Class 类中的方法 getResource(filename)可以得到文件 filename 所在的 URL。filename 的位置必须与被装载的类在同一目录，或是被装入类的子目录。

1．获取媒体文件的 URL

获得图像或音频文件的 URL 代码示例如下：

```
URL url=this.getClass.getResource(filename);   //构造音频或图像的 URL
AudioClip audioClip=Applet.newAudioClip(url); //获取音频剪辑对象
```

2．获取媒体文件

在应用程序中，获取 URL 处的图像代码示例如下：

```
ImageIcon imageIcon = new ImageIcon(url);   // 依据 URL 获取 image icon 对象
Image   image= imageIcon.getImage();        // 依据图标对象获得 image 对象
```

【例 17-3】 图像和音频的使用。

程序清单 17-4　ResourceLocatorDemo.java

```
import java.awt.*;import java.awt.image.*;import java.awt.event.*;import javax.swing.*;
import javax.swing.border.*;import java.net.URL;import java.applet.*;
public class ResourceLocatorDemo extends JApplet   implements ActionListener, ItemListener
{
  private ImagePanel imagePanel = new ImagePanel();            // 创建一个用于显示图像的面板
  private JComboBox jcboCountry = new JComboBox();             // 显示国家的组合框
  private JButton jbtPlayAnthem = new JButton("Play Anthem"); // 播放音频的按钮
  private String country = "United States of America";   // 在组合框中选中的国家保存在这里

  public void init()// 初始化界面
  {
    // 面板 p 包含标签、组合框和按钮
    JPanel p = new JPanel();
    p.add(new JLabel("Select a country"));     p.add(jcboCountry);     p.add(jbtPlayAnthem);

    //组合框初始化
    jcboCountry.addItem("United States of America");
    jcboCountry.addItem("United Kingdom");
    jcboCountry.addItem("Denmark");
    jcboCountry.addItem("Norway");


    // 初始化面板大小、显示的国旗
    imagePanel.showImage(createImage("us.gif"));
    imagePanel.setPreferredSize(new Dimension(300, 300));

    // 将面板 p 和显示图像的面板加入 applet 容器中
    getContentPane().add(p, BorderLayout.NORTH);
    getContentPane().add(imagePanel, BorderLayout.CENTER);
    imagePanel.setBorder(new LineBorder(Color.black, 1));

    // 为按钮和组合框注册监听器
    jbtPlayAnthem.addActionListener(this);     jcboCountry.addItemListener(this);
  }
```

```
public void actionPerformed(ActionEvent e) // 处理 ActionEvent
{
  // 依据组合框选择的国家，获取声音文件
  String filename = null;

  if (country.equals("United States of America"))
    filename = "us.mid";
  else if (country.equals("United Kingdom"))
    filename = "uk.mid";
  else if (country.equals("Denmark"))
    filename = "denmark.mid";
  else if (country.equals("Norway"))
    filename = "norway.mid";

  createAudioClip(filename).play();// 依据音频文件，创建音频剪辑，并播放音频
}

// 处理来自组合框的 ItemEvent
public void itemStateChanged(ItemEvent e)
{
   country = (String)jcboCountry.getSelectedItem();// 获取组合框中选择的国家
   String filename = null; // 保存图像文件
  //依据组合框的选择项，确定图像文件
  if (country.equals("United States of America"))
    filename = "us.gif";
  else if (country.equals("United Kingdom"))
    filename = "uk.gif";
  else if (country.equals("Denmark"))
    filename = "denmark.gif";
  else if (country.equals("Norway"))
    filename = "norway.gif";

  imagePanel.showImage(createImage(filename)); //加载图像文件，并在面板中显示
}

// 根据音频文件创建音频剪辑
public AudioClip createAudioClip(String filename)
{
  // 获得音频文件的 URL
  URL url = this.getClass().getResource("anthems/" + filename);
  return Applet.newAudioClip(url); // 返回音频剪辑
}

// 根据指定的文件名创建图像文件
public Image createImage(String filename)
{
```

```
    // 获取图像文件的 URL
    URL url = this.getClass().getResource("images/" + filename);

    ImageIcon imageIcon = new ImageIcon(url);   // 创建 image icon 对象
    return imageIcon.getImage();// 返回 image 对象
  }

  public static void main(String[] args)
  {
     JFrame frame = new JFrame("Display Flags and Play Anthem");
     ResourceLocatorDemo applet = new ResourceLocatorDemo();// 创建一个 applet 容器
     frame.getContentPane().add(applet, BorderLayout.CENTER); // 将 apple 实例加入框架

    // 调用 Applet 容器中的 init() and start()
    applet.init();      applet.start();

    // 显示框架
    frame.pack();       frame.setVisible(true);
  }
}
```

17.3 本章小结

本章介绍了 java 多媒体程序中如何播放音频和显示图像，也介绍了在如何使用 Class 类中的方法装入媒体文件。在小程序和应用程序中都可以使用 Class 类来装入媒体文件。

音频和图像文件都是通过 URL 来访问的。

17.4 习题

1．编写程序，利用文件对话框选择音频文件，并使用 3 个按钮 Play、Loop 和 Stop 控制音频。点击 Play 按钮，音频文件播放一次；单击 Loop 按钮，音频文件连续地重复播放；单击 Stop 按钮，停止播放。

2．编写一个小程序，显示数字时钟。每个时针有报时，上、下午有报时。

3．编写一个小程序，显示动画。对程序的要求如下：

- 用户通过文本框，指定动画的速度。
- 用户可以指定音频文件，以便动画运行时播放声音。

本科精品教材推荐

《计算机网络——原理、技术与应用》

书号：978-7-111-30641-2　　定价：39.00元

作者：王相林　　配套资源：电子教案、教学网站/视频

推荐简言：

★ 本书采用"自顶向下方法"，从应用层开始，介绍计算机网络5层体系结构，符合人们从应用开始接受、学习知识的习惯。

★ 写作力求反映最新的计算机网络理论、技术和应用知识。

★ 本书内容结构脉络清晰、知识讲授循序渐进。书中的内容和例子均经过了验证。每章有思考题与习题。

★ 给出了使用该书的教学建议，以适合不同专业和层次计算机网络课程教学内容和教学时数的需求。

《操作系统原理》

书号：978-7-111-43389-7　　定价：49.90元

作者：周苏　　配套资源：电子教案

推荐简言：

★ 本书对现代操作系统的概念、结构和机制进行了系统、全面的阐述，展示了操作系统原理的全景图。

★ 本书理论联系实际，结合一系列了解和熟悉操作系统原理丰富知识的学习，把操作系统的概念、理论和技术知识融入实践当中，加深学生对操作系统知识的认识、理解和掌握。

★ 坚持"因材施教"，力图反映操作系统领域的最新发展，具有较强的系统性和可读性。

《离散数学 第2版》

书号：978-7-111-28922-7　　定价：34.00元

作者：王元元　　配套资源：电子教案

推荐简言：

★ 普通高等教育"十一五"国家级规划教材。

★ 本书涵盖了经典"离散结构"或"离散数学"课程的主要内容，并适度扩充了计算机科学中常用的组合论基础知识，以及形式系统、形式推理、可计算性的基础理论。

★ 本书内容可通过适当选材，有针对性地用于注重计算机科学理论或强调计算机应用技术的学科专业，具有内容系统全面、阐述浅显易懂、编排合理新颖、习题编配丰富、使用灵活方便的特点。

《数字逻辑 第2版》

书号：978-7-111-41926-6　　定价：36.00元

作者：武庆生　　配套资源：电子教案

推荐简言：

★ 本书将数字逻辑设计和数字集成电路结合起来讲授，完整地描述了不同规模数字集成电路及其在数字系统逻辑设计中的应用。

★ 力求把重点放在基础知识、基本技能和基本方法上，同时介绍最新的数字系统设计领域新的设计理念和设计技术。

★ 本书由数字逻辑基本知识和基本逻辑器件出发，详细讨论组合逻辑电路和时序逻辑电路的分析和设计，进而介绍了常用中规模通用集成电路、大规模可编程逻辑器件及应用。

《Linux 应用基础教程》

书号：978-7-111-35895-4　　定价：58.00元

作者：梁如军　　配套资源：电子教案

推荐简言：

★ 涉及从Linux基本操作、系统管理到网络服务和安全的诸多内容。因Linux系统通常用于托管的服务器中，为了节省篇幅并涵盖更多应知应会内容，全书以字符操作界面为主讲解。

★ 教材中大量使用了图表对内容进行表述和归纳，便于读者理解及查阅。

★ Linux课程的实践性很强，教材中为重要的配置案例编写了详细的操作步骤。各章均设有思考和实验环节(上机题目和要求）方面的内容对提高学生的动手能力起到推动作用。

《计算机专业英语》

书号：978-7-111-19984-7　　定价：29.00元

作者：张强华　　配套资源：光盘素材、电子教案

推荐简言：

★ 贴近行业选择素材，面向职场强化能力。依据当前IT行业的最新发展，精心选择了本书素材。

★ 有效进行听力训练，告别"无声"教材时代。配备听力光盘以Mp3格式录制的文件。

★ 贴近教材特征，易学、易教、易用。以Unit为单位，每Unit由课文、单词、词组、缩略语、讲解、习题、构词法、阅读材料、参考译文、参考答案和参考试卷（含答案）组成。

★ 既考虑教学需要，也兼顾了计算机行业的一些考试。

精品教材推荐目录

序号	书号	书　名	作者	定价	配套资源
1	23989	新编计算机导论	周　苏	32	电子教案
2	33365	C++程序设计教程——化难为易地学习 C++	黄品梅	35	电子教案
3	36806	C++程序设计　**——北京高等教育精品教材立项项目**	郑　莉	39.8	电子教案、源代码、习题答案
4	23357	数据结构与算法	张晓莉	29	电子教案、配套教材、习题答案
5	08257	计算机网络应用教程(第 3 版)　**——北京高等教育精品教材**	王　洪	32	电子教案
6	30641	计算机网络——原理、技术与应用	王相林	39	电子教案、教学网站、超星教学录像
7	20898	TCP/IP 协议分析及应用　**——北京高等教育精品教材**	杨延双	29	电子教案
8	36023	无线移动互联网：原理、技术与应用　**——北京高等教育精品教材立项项目**	崔　勇	52	电子教案
9	24502	计算机网络安全教程(第 2 版)	梁亚声	34	电子教案
10	25930	网络安全技术及应用	贾铁军	41	电子教案
11	33323	物联网技术概论	马　建	36	电子教案
12	34147	物联网实验教程	徐勇军	43	配光盘
13	37795	无线传感器网络技术	郑　军	39.8	电子教案
14	39540	物联网概论	韩毅刚	45	电子教案、教学建议
15	26532	软件开发技术基础(第 2 版)　**——“十二五”普通高等教育本科国家级规划教材**	赵英良	34	电子教案
16	28382	软件工程导论	陈　明	33	电子教案
17	33949	软件工程(第 2 版)	瞿　中	42	电子教案
18	37759	软件工程实践教程 (第 2 版)	刘　冰	49	电子教案
19	08968	数值计算方法(第 2 版)	马东升	25	电子教案、配套教材
20	28922	离散数学(第 2 版)　**——“十一五”国家级规划教材**	王元元	34	电子教案
21	41926	数字逻辑(第 2 版)	武庆生	36	电子教案
22	43389	操作系统原理	周苏	49.9	电子教案
23	35895	Linux 应用基础教(Red Hat Enterprise Linux/CentOS 5)	梁如军	58	电子教案
24	40995	单片机原理及应用教程(第 3 版)	赵全利	39	电子教案、习题答案、源代码
25	23424	嵌入式系统原理及应用开发　**——北京高等教育精品教材**	陈　渝	38	电子教案
26	19984	计算机专业英语	张强华	32	电子教案、素材、实验实训指导、配光盘
27	28837	人工智能导论	鲍军鹏	39	电子教案
28	31266	人工神经网络原理　**——北京高等教育精品教材**	马　锐	25	电子教案
29	26103	信息安全概论	李　剑	28	电子教案
30	40967	计算机系统安全原理与技术(第 3 版)	陈　波	49	电子教案
31	33288	网络信息对抗(第 2 版) **—“十一五”国家级规划教材**	肖军模	42	电子教案、配套教材
32	37234	网络攻防原理	吴礼发	38	电子教案
33	40081	防火墙技术与应用	陈　波	29	电子教案